全国住房和城乡建设职业教育教学指导委员会规划推荐教材

通风与空调工程

（第三版）

杨　婉　主编

中国建筑工业出版社

图书在版编目（CIP）数据

通风与空调工程/杨婉主编. — 3 版. — 北京：
中国建筑工业出版社，2024.5（2025.8 重印）
全国住房和城乡建设职业教育教学指导委员会规划推
荐教材
　ISBN 978-7-112-29737-5

　Ⅰ. ①通…　Ⅱ. ①杨…　Ⅲ. ①通风设备-建筑安装-
高等职业教育-教材②空气调节设备-建筑安装-高等职
业教育-教材　Ⅳ. ①TU83

中国国家版本馆 CIP 数据核字（2024）第 072554 号

本书共 14 个单元，涵盖了通风与空气调节工程的基础理论和专业技术知识。全书注重工程性和实用性，主要内容包括认识通风与空调工程、通风方式，全面通风，局部通风，自然通风，通风排气中有害物的净化，湿空气焓湿图及应用，空调房间冷（热）、湿负荷计算，空气热、湿处理过程及空调设备，空气调节系统，空气的净化处理，空调风系统设计计算，空调冷源设备与水系统，通风与空调节能技术。

本书是高等职业教育"供热通风与空调工程技术""建筑设备工程技术"等专业及专业群的专业课必用书，在编写过程中力求以职业需求为导向、以培养学生工程应用能力为目标，着重于对学生实际能力的培养。本书也可供相关领域工程技术人员参考使用。

为了便于本课程教学，作者自制免费课件资源，索取方式为：1. 邮箱：jckj @cabp.com.cn；2. 电话：(010) 58337285；3. 建筑设备 QQ 服务群：622178184。

责任编辑：司　汉　张　健　齐庆梅
责任校对：赵　力

全国住房和城乡建设职业教育教学指导委员会规划推荐教材

通风与空调工程
（第三版）
杨　婉　主编

*

中国建筑工业出版社出版、发行（北京海淀三里河路 9 号）
各地新华书店、建筑书店经销
北京鸿文瀚海文化传媒有限公司制版
建工社（河北）印刷有限公司印刷

*

开本：787 毫米×1092 毫米　1/16　印张：20　插页：1　字数：496 千字
2024 年 8 月第三版　　2025 年 8 月第二次印刷
定价：**56.00** 元（赠教师课件）
ISBN 978-7-112-29737-5
（42753）

教材编审委员会

主　编

杨　婉　成都航空职业技术学院

副主编

冀晓霞　成都航空职业技术学院

张　炯　山西工程科技职业大学

安佰平　山东星科智能科技股份有限公司

参　编

杨晶焱　成都航空职业技术学院

伦　炜　广东建设职业技术学院

主　审

邓雪峰　湖南城建职业技术学院

第三版前言

高等职业教育的培养目标是能主动适应行业经济技术发展，具有"严谨、审慎、精细、诚实"的职业素养和创新意识的技术技能人才。根据这一原则，同时依据高等职业教育供热通风与空调工程技术专业教学标准和《通风与空调工程》课程标准，编写本书。本书面向高等职业教育建筑设备类专业，主要服务于该专业群的专业课程教学。

《通风与空调工程》是高等职业技术教育供热通风与空调工程技术专业的主要专业课之一。其任务是使学生熟悉通风与空气调节系统的工作原理、组成及构造，具备有关设计计算能力；熟悉空调冷水系统布置原则并具备有关计算能力；理解空调冷却水系统组成、设备构造及选择方法；了解通风空调领域新技术、新工艺、新材料、新产品；能绘制通风空调系统施工图；具有从事一般通风与舒适性空调系统设计、安装和配置设备的能力；认知通风空调节能新技术，掌握本专业的发展动态。

本书特色：

（1）职业教育特色

在编写过程中力求以职业需求为导向、以能力培养为目标，着重对学生实际能力的培养。全书结合供热通风与空调工程行业发展现状，按照学生认知规律、技能发展规律和具体工作岗位对专业知识及技能的要求构建知识内容。书中内容职业教育针对性和适用性强，并有助于提升学生的工程素养。

（2）对接国家现行规范、标准

在编写中贯彻了最新规范、标准和技术措施，培养学生遵守职业道德和职业规范素质，实现与职业岗位的无缝对接，同时培养严格依据规范、实事求是、精益求精的"大国工匠"精神。

（3）融入思政元素，注重落实立德树人根本任务

在内容整体设计过程中，将专业知识和思政元素有机统一，注重培养学生科学思维、动手能力和创新精神。书中的"拓展小课堂"栏目，注重提高同学们的职业道德修养和责任担当意识，激发其爱国情怀，对树立正确人生观和价值观起到引领作用。

本书是高等职业技术教育必用书，也可供相关领域工程技术人员参考使用。

本书由杨婉任主编，冀晓霞、张炯、安佰平任副主编。具体编写分工为：教学单元1、教学单元2、教学单元9、教学单元11、教学单元12、教学单元14由杨婉执笔；教学单元3、教学单元4由张炯执笔；教学单元5、教学单元6由杨婉、杨晶焮执笔；教学单元7由伦炜执笔；教学单元8、教学单元10由冀晓霞执笔；教学单元13由杨晶焮执笔。安佰平制作了本书部分数字资源。

本书在编写过程中，有关研究、设计、施工、管理单位和各兄弟院校的专家、教师们给予了大力支持，提供了很多资料，在此表示衷心感谢。

由于编者水平有限，书中难免有疏漏之处，敬请读者批评指正。

目　录

教学单元1

Chapter **01**

认识通风与空调工程

1-1

认识通风与
空调工程

教学单元概述

本教学单元主要讲述通风与空调工程的任务和作用、通风与空气调节工程的基本方法、通风与空气调节工程的发展概况及发展方向。

知识目标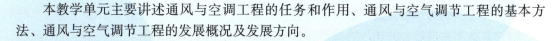

1. 掌握通风与空气调节工程的任务和作用；
2. 熟悉通风与空气调节工程的基本方法；
3. 了解通风与空气调节工程的发展概况及发展方向。

能力目标

能正确识读通风与空气调节工程系统图。

1.1　通风与空气调节的任务和作用

人类在生存中，长期与自然环境做着斗争，其目的之一就是要解决外界环境对人类的危害。

夏季的炎热、冬季的寒冷，都会妨碍人类正常的生产和生活，甚至会危及人体的健康乃至生命。在工业生产中，某些生产过程会散发各种粉尘、有害蒸气和气体等有害物污染空气环境，给人类的健康、动植物的生长以及工业生产带来许多危害。例如，在选矿、烧结和铸造车间，生产过程中产生大量粉尘，工人长期在这种含尘量高的空气中工作，会引起严重的矽肺病。

随着社会的发展，人类在抵御环境侵害的能力方面，手段越来越多。从消极防御逐步发展到积极主动地去控制环境，并且能从保证人类生存的基本条件逐步发展为创造合适的空气环境。例如，在各种精密机械和仪器的生产过程中，由于加工产品的精度高，其装配和检验过程十分严格，因此需要把空气的温度和湿度控制在相当小的范围内，如某些计量室，要求全年保持空气温度为 20℃±0.1℃，相对湿度为 50%±5% 的空气环境。又如在电子工业中，大规模集成电路产品的体积缩小数千倍，这不仅对空气温度、湿度有一定的要求，而且对空气中所含尘粒的大小和数量也有相当严格的规定。因此，在电子工业中要建立大量的"洁净室"，以降低空气中灰尘颗粒的含量，以免引起集成电路短路或腐蚀。

纺织、合成纤维、印刷、电影胶片洗印、大型生产过程的控制室等都对环境的温、湿度有不同程度的控制要求；在农业方面，大型温室、机械化畜类养殖场和生物生长室等，同样需要控制环境的温、湿度；而对于食品的保存，则要创造适于食品保存的空气环境；在科学研究、国防和军事方面，也对室内空气环境有一定的要求，如地下工程（武器弹药库、隧道、地下铁道等）的通风减湿，特殊空间环境的创造和控制等。

随着经济的发展和人民生活水平的提高，不仅对体育馆、商场、影剧院、饭店、医院等公共设施，甚至对居室都要求设置完善的通风空调系统，保证人体处于舒适的空气环境。

综上所述，无论在生产工艺中为了保证产品的质量，还是在工业及民用建筑中满足人的活动和舒适的需要，都要维持一定的空气环境。而这种采用人工的方法，创造和保证满足一定的空气环境，就是通风与空气调节的任务。

通风的目的，是把室外新鲜空气经过适当处理（如过滤、加热、冷却等）送至室内，把室内废气经除尘、除害等处理后排至室外，从而保证室内空气的新鲜程度，达到国家规定的卫生标准，以及排放到室外的废气符合排放标准。通风的根本作用就是控制生产过程中产生的粉尘、有毒有害气体、高温、高湿，创造良好的生产环境和保护大气环境。

空气调节是通风的高级形式，其作用是采用人工的方法，创造和保持一定的温度、湿度、气流速度以及一定的室内空气洁净度（简称四度），以满足生产工艺和人体的舒适性要求。随着现代技术的发展，人们越来越注重建筑的生态环境，因此，空气调节有时还对空气的成分、良好的光环境、声环境等提出要求。

空气调节分为舒适性空调和工艺性空调两类，前者是为了保证人体健康和舒适性要求，后者是满足生产过程的需要，两者是互相统一的。对于有特殊要求的生产工艺过程，则可根据生产需要，建立生产工艺所需的空调系统。

综上所述，通风与空气调节与工农业生产、科学研究和国防军事的发展紧密相关，与人民的生活息息相关，随着国民经济的发展和人民生活水平的提高，其应用将更加广泛。

1.2　通风与空气调节工程的基本方法

室内的空气环境，一般要受两个方面的干扰：一方面是来自室内生产过程和人所产生的余热、余湿及其他有害物的干扰；另一方面是来自室外太阳辐射和气候变化所产生的外热作用及外部有害物的干扰。因此，通风及空气调节的基本方法就是采用适当的手段，消除室内、室外两方面的干扰，从而达到控制室内空气环境的目的。通风与空调，不仅要研究对空气的各种处理方法，还要研究室内空间各种干扰量的计算、通风空调系统的各组成部分的设计选择、处理空气冷热源的选择以及干扰变化情况下通风空调系统的运行调节、自动控制等问题。

图 1-1 是一个典型的通风系统的简图。该系统属于全面送风系统，新鲜空气经百叶窗进入空气处理室，在空气处理室中，空气首先经过滤器，除掉空气中的灰尘，然后再进入空气换热器，在换热器中经加热或冷却处理后，经风机、风道、送风口送入房间。

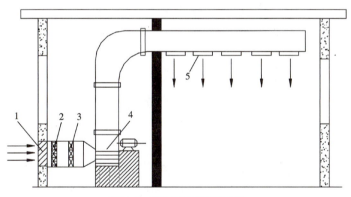

图 1-1　机械全面送风系统

1—百叶窗；2—空气过滤器；3—空气换热器；4—风机；5—送风口

图 1-2 也是一个典型的通风系统的简图。该系统属于全面排风系统，主要用于处理生产车间产生的粉尘、有害气体等。在该系统中，有害物经排风口、排风管道从室内抽出，经除尘或净化设备处理达到排放标准后，经风帽排至室外。

图 1-3 是一个典型的空气调节系统的简图。新风经百叶窗进入空气处理室后，经过滤、加热（或冷却）处理，再由风机送到房间。在空气的处理过程中，空调系统不是简单地对空气进行过滤、加热，而是从温度、湿度等多方面对空气综合控制，总的来说，空气调节系统的空气处理室要比通风系统的更复杂，对空气参数的处理精度也比通风系统更高。

通风与空调工程课程，是高等职业技术教育供热通风与空气调节工程技术专业的一门

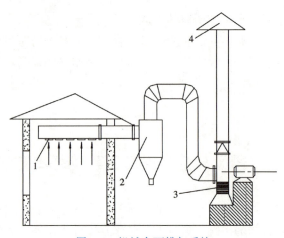

图 1-2 机械全面排气系统

1—排风口；2—净化设备；3—风机；4—风帽

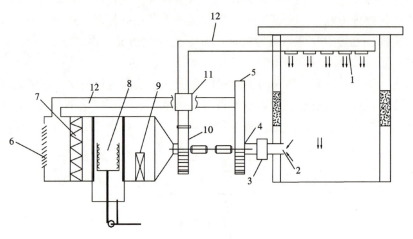

图 1-3 空调调节系统图

1—送风口；2—回风口；3—消声器；4—回风机；5—排风口；6—百叶窗；7—过滤器；
8—喷水池；9—加热器；10—送风机；11—消声器；12—送风管道

主要专业课，是一门实践性很强的工学结合课程，本课程以热工学基础、流体力学泵与风机为基础，同时，又与空调用制冷技术、供热工程、锅炉房与换热站、建筑设备控制技术等课程密切相关。在实际工程中，需要综合应用上述各方面的理论与实践知识，才能顺利完成通风空调对象的设计、施工安装及运行管理任务。

1.3 通风与空气调节工程的发展概况

通风与空气调节技术形成于 20 世纪初，它随着工业发展和科学技术水平的提高而日趋完善。回顾 20 世纪，暖通空调行业取得了长足的进步。美国工程院（美国机械工程师学会）评出的 20 世纪最伟大的工程技术成就 20 项中将空调及制冷技术列入其中之一。因为有了空调及制冷技术，人们无论在最热或最冷的地方都可以工作或生活。

在我国，通风与空气调节技术的发展并不太迟。1931 年，上海纺织厂安装了带喷水室的空气调节系统，其冷源为深井水。随后在一些电影院、银行、高层建筑也实现了空气调节。1966 年研制成功了第一台风机盘管机组，组合式空调机组在 20 世纪 50 年代已应用于纺织工业，尤其是 20 世纪的后 10 年，通风空调行业取得了突飞猛进的发展。目前，通风空调技术已遍布各个领域，在全国范围内，有着相当强大的从事暖通空调专业设计、研究、施工和运行管理的队伍。

拓展小课堂

改革开放以来，我国制造业持续快速发展，建成了门类齐全、独立完整的产业体系，《中国制造 2025》是中国政府实施制造强国战略的第一个十年行动纲领，为中国制造业未来 10 年设计顶层规划和路线图，通过努力实现中国制造向中国创造、中国速度向中国质量、中国产品向中国品牌三大转变，推动中国到 2025 年基本实现工业化，迈入制造强国行列。

目前，我国通风空调行业民族品牌众多，新技术的应用和产量都位居世界前列，保持技术领先优势离不开工程技术人员善于钻研、精益求精、不畏困难的工匠精神。同学们要向工程技术人员学习，将为实现中华民族伟大复兴而奋斗的情怀落实到岗位报国的具体工作中，培养责任担当和使命感。

1.4　通风与空气调节工程的发展方向

1. 技术创新

作为制造业大国，我国制造业在自主创新能力、资源利用效率、产业结构水平、信息化程度、质量效益等方面仍有很大进步空间，暖通空调行业应鼓励在智能化技术、变频技术、地源热泵技术、蓄冷技术、太阳能及可再生能源技术等方面的技术创新，在认真做好策划和设计、注重积累和分析、经过运行考核、在得出可行结论的基础上，鼓励新技术的推广和应用，实现将我国建设成为制造业强国的发展目标。

2. 实现信息技术在工程中的应用

目前，建筑信息模型（Building Information Modeling，BIM）已成为建筑发展的重要方向，BIM 技术以三维技术为基础，以建筑全生命周期为主线，通过参数模型整合各种项目的相关信息，在项目策划、设计、施工、调试、运行和维护全过程中进行信息共享和传递，使建筑工程在其整个进程中显著提高效率、大量减少风险。供热通风和空气调节工程不仅要推动 BIM 技术的应用，同时还必须充分利用信息化带来的信息收集、处理的有利条件，加强通风与空气调节系统设备的管理创新，切实提高管理效益、提高能源的利用率。

3. 绿色低碳发展

《中华人民共和国国民经济和社会发展第十四个五年规划和 2035 年远景目标纲要》（简称"十四五"规划）明确提出，要加快推动绿色低碳发展，支持绿色技术创新，推进重点行业和重要领域绿色化改造，发展绿色建筑，降低碳排放强度。持续改善环境质量，推进用能权、碳排放权市场化交易，完善节能减排约束性指标管理。调查显示，我国建筑能耗占社会总能耗的比例约为 33%，其中空调系统能耗比例为 40%～60%。因此，对建筑尤其是大型公共建筑空调系统能耗现状进行统计和测试，并依据实际统计和测试的相关数据和结果，进行能耗分析，提出了节能策略和措施，对我国建筑绿色低碳发展具有十分重要的意义。

作为供热通风和空调工程专业人士，无论是从事研究、工程设计、施工、运行管理、设备开发，都应有绿色低碳发展理念，提高节能和环保意识，促进行业健康发展。

🔍 拓展小课堂

1. 同学们要深刻认识中国式现代化的本质要求是：坚持中国共产党领导，坚持中国特色社会主义，实现高质量发展，发展全过程人民民主，丰富人民精神世界，实现全体人民共同富裕，促进人与自然和谐共生，推动构建人类命运共同体，创造人类文明新形态。

2. 工程技术人员应坚持绿水青山就是金山银山，增强绿色低碳发展理念，利用可再生能源和相关技术，为我国 2030 年前实现碳排放达峰和 2060 年前实现碳中和的目标作出贡献，增强制度自信和道路自信，增强民族自信心和自豪感，树立以中国式现代化全面推进中华民族伟大复兴的信念。

单元小结 🔍

通风是空气调节的低级形式，以创造良好的室内环境和保护大气环境为目的；空气调节是通风的高级形式，以控制温度、湿度、气流速度、洁净度等基本参数为目的；两者是相互统一的。本课程以《建筑制图与识图》和《热工学理论基础》为前期课程，同时为后续课程《通风与空调施工技术》《安装工程计量与计价》及《安装工程施工组织设计》等奠定基础。

思考题与习题 🔍

1. 简述通风与空调工程的主要任务。
2. 根据服务对象的不同，空气调节可分为哪两大类？
3. 分析通风与空调工程和绿色建筑的关系。

教学单元**2**

Chapter 02

通风方式

通风方式

教学单元概述

本教学单元介绍有害物浓度、卫生标准和排放标准，通风方式，建筑物的通风和建筑物的防火排烟。

知识目标

1. 认知室内污染物的来源；
2. 了解标准中规定的有害物浓度限值和最高允许排放浓度；
3. 通过任务的实施，进行各种场所通风系统的选择与计算；
4. 通过任务的实施，进行各种场所自然排烟、机械排烟、机械加压送风等防排烟方式的选择与计算。

能力目标

1. 能正确选择防排烟方式，并对其进行设计计算；
2. 能正确进行各种场所的通风系统设计计算。

2.1 有害物浓度、卫生标准和排放标准

随着人们生活水平的提高，与生活环境美化程度要求相应的室内装饰、装修的范围越来越广，然而根据调查统计，建筑物中的装饰材料会散发大量的有害物质，是造成室内环境污染的最主要因素，已被列入对公众健康危害最大的五种环境因素之一。

1. 污染物的分类

按污染物性质可分为化学污染物、物理污染物和生物污染物。化学污染物分无机污染物、有机污染物；物理污染物分为噪声、微波辐射和放射性污染物；生物污染物分为微生物和病毒污染。按污染物在空气中的状态可分为气体污染物和颗粒状污染物。

（1）气体污染物

气体污染物无论是气体分子还是蒸气分子，它们的扩散情况与自身的相对密度有关系，相对密度小者向上飘浮，相对密度大者向下沉降，如 SO_2、CO、CH_4、NO_x、HF、O_3 等，并受气象条件的影响，可随气流扩散到很远的地方。

（2）颗粒状污染物

颗粒状污染物是分散在大气中的微小液体和固体颗粒，粒子在空气中的悬浮状态与粒径、密度有关。粒径大于 $100\mu m$ 的颗粒物可较快地沉降到地面上，称为降尘；粒径小于 $10\mu m$ 的颗粒物可长期飘浮在大气中，称为飘尘。飘尘具有胶体性质，故称为气溶胶。它易随呼吸进入人体肺脏，在肺泡内沉积，并可进入血液，对人体健康危害极大。因为其可以被人体吸入，又可称为可吸入粒子。

2. 室内污染物的来源

根据建筑使用功能的不同，不同建筑中污染物的来源也不同。

（1）工业建筑中污染物的来源

工业有害物主要是指工业生产中散发的粉尘（dust）、有害蒸气和气体（harmful gas and vapour）、余热、余湿。工业建筑中的主要污染物是伴随生产工艺过程产生的，来源于工业生产中所使用或生产的原料、辅助原料、半成品、成品、副产品以及废气、废水、废渣和废热。不同的生产过程有着不同的污染物，能够通过人的呼吸进入人体内部危害人体，又能通过人体外部器官的接触伤害人体，对人体健康有极大的危害和影响。污染物的种类和发生量必须通过对工艺过程详细了解后获得，通常应咨询工艺工程师和查阅有关的工艺手册。

（2）民用建筑中污染物的来源

民用建筑中的空气污染不像工业建筑那么严重，但却存在多种污染源，导致空气品质下降。民用建筑中的各种污染物的来源主要有以下几个方面：

1）室内装饰材料及家具的污染。它们是造成室内空气污染的主要因素，如油漆、胶合板、刨花板、内墙涂料、塑料贴面、粘合剂等物品均会挥发甲醛、苯、甲苯、氯仿等有毒气体，且具有相当的致癌性。

2）无机材料的污染。例如，由地下土壤和建筑物墙体材料和装饰石材、地砖、瓷砖中的放射性物质释放的氡气污染。氡气是无色无味的天然放射性气体，对人体危害极大。

3）室外污染物的污染。室外大气环境的严重污染加剧了室内空气的污染程度。由室

外空气带入的污染物，如固体颗粒、SO_2、花粉等。

4）燃烧产物造成的室内空气污染。做饭与吸烟是室内燃烧的主要途径，厨房中的油烟和烟气中的烟雾成分极其复杂，其中含有多种致癌物质。

5）人体产生的污染。人体自身的新陈代谢及各种生活废弃物的挥发也是室内空气污染的一种途径。人体本身通过呼吸道、皮肤、汗腺可排出大量的污染物；另外，如化妆、洗涤、灭虫等也会造成室内空气污染。

6）设备产生的污染。如复印机，甚至空气处理设备本身。

3. 有害物浓度

有害物对人体的危害，不但取决于有害物的性质，还取决于有害物在空气中的含量。单位体积空气中的有害物含量称为浓度。一般地说，有害物浓度越大，有害物的危害也越大。

有害蒸气或气体的浓度有两种表示方法，一种是质量浓度，另一种是体积浓度。质量浓度即每立方米空气中所含有害蒸气或气体的毫克数，以 mg/m^3 表示；体积浓度即每立方米空气中所含有害蒸气或气体的毫升数，以 mL/m^3 表示。因为 $1m^3 = 10^6 mL$，常采用百万分率符号 ppm 表示，即 $1mL/m^3 = 1ppm$，1ppm 表示空气中某种有害蒸气或气体的体积浓度为百万分之一。例如，通风系统中，若二氧化硫的浓度为 10ppm，就相当于每立方米空气中含有二氧化硫 10mL。

在标准状况下，质量浓度和体积浓度可以按式（2-1）进行换算：

$$Y = \frac{M \times 10^3}{22.4 \times 10^3} \cdot C = \frac{M}{22.4} \cdot C \tag{2-1}$$

式中　Y——有害气体的质量浓度，mg/m^3；

　　　M——有害气体的摩尔质量，g/mol；

　　　C——有害气体的体积浓度，ppm 或 mL/m^3。

粉尘在空气中的含量，即含尘浓度也有两种表示方法。一种是质量浓度；另一种是颗粒浓度，即每立方米空气中所含有粉尘的颗粒数。在工业通风与空气调节技术中，一般采用质量浓度，颗粒浓度主要用于要求超净的车间。

4. 卫生标准和排放标准

（1）《工作场所有害因素职业接触限值　第 1 部分：化学有害因素》GBZ 2.1—2019 的有关规定

本标准规定了工作场所职业接触化学有害因素的卫生要求、检测评价及控制原则，适用于工业企业卫生设计以及工作场所化学有害因素职业接触的管理、控制和职业卫生监督检查等。

职业接触限值（OELs）是指劳动者在职业活动过程中长期反复接触某种或多种职业性有害因素，不会引起绝大多数接触者不良健康效应的容许接触水平。化学有害因素的职业接触限值包括时间加权平均容许浓度、短时间接触容许浓度和最高容许浓度三类。

时间加权平均容许浓度（PC-TWA）是指以时间为权数规定的 8h 工作日、40h 工作周的平均容许接触浓度。短时间接触容许浓度（PC-STEL）是指在实际测得的 8h 工作日、40h 工作周平均接触浓度遵守 PC-TWA 前提下，容许劳动者短时间（15min）接触的加权平均浓度。最高容许浓度（MAC）指在一个工作日内、任何时间、工作地点的化学有害因素均不应超过的浓度。

表 2-1 为工作场所空气中部分化学因素职业接触限值，表 2-2 为工作场所空气中部分粉尘职业接触限值，表 2-3 为工作场所空气中生物因素职业接触限值。

表 2-1 工作场所空气中部分化学因素职业接触限值

序号	化学物质名称		OELs(mg/m³)		
			MAC	PC-TWA	PC-STEL
1	氨		—	20	30
2	苯		—	6	10
3	苯胺		—	3	—
4	臭氧		0.3	—	—
5	二苯胺		—	10	—
6	二甲胺		—	5	10
7	氮氧化物		—	5	10
8	二氧化硫		—	5	10
9	二氧化碳		—	9000	18000
10	甲苯		—	50	100
11	甲醛		0.5	—	—
12	尿素		—	5	10
13	溴		—	0.6	2
14	一氧化碳	非高原	—	20	20
		高原 海拔 2000～3000m	20	—	—
		海拔＞3000m	15	—	—
15	松节油		—	300	

表 2-2 工作场所空气中部分粉尘职业接触限值

序号	粉尘名称	PC-TWA(mg/m³)	
		总尘	呼尘
1	白云石粉尘	8	4
2	玻璃钢粉尘	3	—
3	沉淀 SiO₂（白炭黑）	5	—
4	大理石粉尘	8	4
5	电焊烟尘	4	—
6	谷物粉尘（游离 SiO₂ 含量＜10％）	4	—
7	滑石粉尘（游离 SiO₂ 含量＜10％）	3	1
8	活性炭粉尘	5	—
9	煤尘（游离 SiO₂ 含量＜10％）	4	2.5
10	棉尘	1	—
11	石膏粉尘	8	4

续表

序号	粉尘名称	PC-TWA(mg/m³)	
		总尘	呼尘
12	石墨粉尘	4	2
13	水泥粉尘（游离 SiO_2 含量＜10%）	4	1.5
14	石灰石粉尘	8	4
15	洗衣粉混合尘	1	—
16	烟草尘	2	—
17	云母粉尘	2	1.5
18	珍珠岩粉尘	8	4
19	蛭石粉尘	3	—
20	矽尘 10%≤游离 SiO_2 含量≤50%	1	0.7
	50%＜游离 SiO_2 含量≤80%	0.7	0.3
	游离 SiO_2 含量＞80%	0.5	0.2

注：表中列出的各种粉尘（石棉纤维尘除外），凡游离 SiO_2 高于 10% 者，均按矽尘容许浓度对待

表 2-3 工作场所空气中生物因素职业接触限值

序号	化学物质名称	OELs		
		MAC	PC-TWA	PC-STEL
1	白僵蚕孢子	$6×10^7$ （孢子数/m³）	—	—
2	枯草杆菌蛋白酶	—	15ng/m³	30ng/m³
3	工业酶	—	1.5μg/m³	3μg/m³

按照劳动者实际接触化学有害因素的水平可将劳动者的接触水平分为 5 级，与其对应的控制措施见表 2-4。

表 2-4 职业接触水平及其分类控制

接触等级	等级描述	推荐的控制措施
0(≤1% OEL)	无接触	不需采取行动
Ⅰ(＞1%,≤10% OEL)	接触极低,根据已有信息无相关效应	一般危害告知,如标签、SDS 等
Ⅱ(＞10%,≤50% OEL)	有接触但无明显健康效应	一般危害告知,特殊危害告知,即针对具体因素的危害进行告知
Ⅲ(＞50%,≤OEL)	显著接触,需采取行动限制活动	一般危害告知、特殊危害告知、职业卫生监测、职业健康监护、作业管理
Ⅳ(＞OEL)	超过 OELs	一般危害告知、特殊危害告知、职业卫生监测、职业健康监护、作业管理、个体防护用品和工程、工艺控制

注：作业管理包括对作业方法、作业时间等制定作业标准，使其标准化；改善作业方法；对作业人员进行指导培训以及改善作业条件或工作场所环境等

（2）《民用建筑工程室内环境污染控制标准》GB 50325—2020 的有关规定

本规范适用于新建、扩建和改建的民用建筑工程室内环境污染控制，本标准控制的室内环境污染物包括氡、甲醛、氨、苯、甲苯、二甲苯和总挥发性有机化合物。

民用建筑工程根据控制室内环境污染的不同要求，划分为以下两类：①Ⅰ类民用建筑工程：住宅、居住功能公寓、医院病房、老年人照料房屋设施、幼儿园、学校教室、学生宿舍等；②Ⅱ类民用建筑工程：办公楼、商店、旅馆、文化娱乐场所、书店、图书馆、展览馆、体育馆、公共交通等候室、餐厅等。

表面氡析出率是指单位面积、单位时间土壤或材料表面析出的氡的放射性活度。内照射指数（I_{Ra}）是指建筑材料中天然放射性核素镭-226的放射性比活度，除以比活度限量值 200 而得的商。外照射指数（I_{γ}）是指建筑材料中天然放射性核素镭-226、钍-232 和钾-40 的放射性比活度，分别除以比活度限量值 370、260、4200 而得的商之和。氡浓度是指单位体积空气中氡的放射性活度。

民用建筑工程所使用的砂、石、砖、砌块、水泥、混凝土、混凝土预制构件等无机非金属建筑主体材料，其放射性限量应符合表 2-5 的规定。

表 2-5　无机非金属建筑主体材料放射性限量

测定项目	限量
内照射指数（I_{Ra}）	≤1.0
外照射指数（I_{γ}）	≤1.0

民用建筑工程所使用的无机非金属装修材料，包括石材、建筑卫生陶瓷、石膏板、吊顶材料、无机瓷质砖粘结材料等，进行分类时，其放射性限量应符合表 2-6 的规定。

表 2-6　无机非金属装修材料放射性限量

测定项目	限量	
	A	B
内照射指数（I_{Ra}）	≤1.0	≤1.3
外照射指数（I_{γ}）	≤1.3	≤1.9

民用建筑工程所使用的加气混凝土和空心率（孔洞率）大于 25% 的空心砖、空心砌块等建筑主体材料，其放射性限量应符合表 2-7 的规定。

表 2-7　加气混凝土和空心率（孔洞率）大于 25% 的建筑主体材料放射性限量

测定项目	限量
表面氡析出率[Bq/(m² · s)]	≤0.015
内照射指数（I_{Ra}）	≤1.0
外照射指数（I_{γ}）	≤1.3

民用建筑工程室内用人造木板及其制品，应测定游离甲醛释放量。当采用环境测试舱法测定游离甲醛释放量时，环境测试舱法测定的人造木板及其制品的游离甲醛释放量不应大于 0.124mg/m³。

民用建筑工程室内用水性涂料和水性腻子，应测定游离甲醛的含量，其限量应符合表 2-8 的规定。

表 2-8　室内用水性涂料和水性腻子中游离甲醛限量

测定项目	限量	
	其他水性涂料	其他水性腻子
游离甲醛（mg/kg）	≤100	

民用建筑工程室内用酚醛防锈涂料、防水涂料、防火涂料及其他溶剂型涂料，应按其规定的最大稀释比例混合后，测定 VOC 和苯、甲苯＋二甲苯＋乙苯的含量，其限量均应符合表 2-9 的规定。

表 2-9　室内用酚醛防锈涂料、防水涂料、防火涂料及其他溶剂型涂料中
VOC、苯、甲苯＋二甲苯＋乙苯限量

涂料名称	VOC （g/L）	苯 （%）	甲苯＋二甲苯＋乙苯 （%）
酚醛防锈涂料	≤270	≤0.3	—
防水涂料	≤750	≤0.2	≤40
防火涂料	≤500	≤0.1	≤10
其他溶剂型涂料	≤600	≤0.3	≤30

民用建筑工程竣工验收时，必须进行室内环境污染物浓度检测，其限量应符合表 2-10 的规定。

表 2-10　民用建筑工程室内环境污染物浓度限量

污染物	Ⅰ类民用建筑工程	Ⅱ类民用建筑工程
氡（Bq/m³）	≤150	≤150
甲醛（mg/m³）	≤0.07	≤0.08
氨（mg/m³）	≤0.15	≤0.20
苯（mg/m³）	≤0.06	≤0.09
甲苯（mg/m³）	≤0.15	≤0.20
二甲苯（mg/m³）	≤0.20	≤0.20
TVOC（mg/m³）	≤0.45	≤0.50

注：1. 污染物浓度测量值，除氡外均指室内污染物浓度测量值扣除室外上风向空气中污染物浓度测量值（本底值）后的测量值。

2. 污染物浓度测量值的极限值判定，采用全数值比较法。

（3）《室内空气质量标准》GB/T 18883—2022 的有关规定

本标准适用于住宅和办公建筑物，其他室内环境可参照本标准执行。室内空气应无毒、无害、无异常嗅味。室内空气质量标准见表 2-11。

表 2-11　室内空气质量指标及要求

序号	指标分类	指标	计量单位	要求	备注
01	物理性	温度	℃	22～28	夏季
				16～24	冬季
02		相对湿度	%	40～80	夏季
				30～60	冬季
03		风速	m/s	≤0.3	夏季
				≤0.2	冬季
04		新风量	$m^3/(h\cdot人)$	≥30	—
05	化学性	臭氧(O_3)	mg/m^3	≤0.16	1 小时平均
06		二氧化氮(NO_2)	mg/m^3	≤0.20	1 小时平均
07		二氧化硫(SO_2)	mg/m^3	≤0.50	1 小时平均
08		二氧化碳(CO_2)	%	≤0.10	1 小时平均
09		一氧化碳(CO)	mg/m^3	≤10	1 小时平均
10		氨(NH_3)	mg/m^3	≤0.20	1 小时平均
11		甲醛(HCHO)	mg/m^3	≤0.08	1 小时平均
12		苯(C_6H_6)	mg/m^3	≤0.03	1 小时平均
13		甲苯(C_7H_8)	mg/m^3	≤0.20	1 小时平均
14		二甲苯(C_8H_{10})	mg/m^3	≤0.20	1 小时平均
15		总挥发性有机化合物(TVOC)	mg/m^3	≤0.60	8 小时平均
16		三氯乙烯(C_2HCl_3)	mg/m^3	≤0.006	8 小时平均
17		四氯乙烯(C_2Cl_4)	mg/m^3	≤0.12	8 小时平均
18		苯并[a]芘(BaP)	ng/m^3	≤1.0	24 小时平均
19		可吸入颗粒物(PM_{10})	mg/m^3	≤0.10	24 小时平均
20		细颗粒物($PM_{2.5}$)	mg/m^3	≤0.05	24 小时平均
21	生物性	细菌总数	CFU/m^3	≤1500	—
22	放射性	氡(^{222}Rn)	Bq/m^3	≤300	年平均(参考水平)

（4）《大气污染物综合排放标准》GB 16297—1996 的有关规定

本标准适用于现有污染源大气污染物排放管理，以及建设项目的环境影响评价、设计、环境保护设施竣工验收及其投产后的大气污染物排放管理。

最高允许排放浓度是指处理设施后排气筒中污染物任何 1h 浓度平均值不得超过的限值；或指无处理设施排气筒中污染物任何 1h 浓度平均值不得超过的限值。最高允许排放速率是指一定高度的排气筒任何 1h 排放污染物的质量不得超过的限值。无组织排放是指大气污染物不经过排气筒的无规则排放。低矮排气筒的排放属有组织排放，但在一定条件下也可造成与无组织排放相同的后果。因此，在执行"无组织排放监控浓度限值"指标时，由低矮排气筒造成的监控点污染物浓度增加不予扣除。

本标准设置下列三项指标：①通过排气筒排放废气的最高允许排放浓度。②通过排气筒排放的废气，按排气筒高度规定的最高允许排放速率。任何一个排气筒必须同时遵守上述两项指标，超过其中任何一项均为超标排放。③以无组织方式排放的废气，规定无组织排放的监控点及相应的监控浓度限值。该指标由省、自治区、直辖市人民政府环境保护行政主管部门决定是否在本地区实施，并报国务院环境保护行政主管部门备案。

本标准规定的最高允许排放速率，现有污染源分一、二、三级，新污染源分为二、三级。按污染源所在的环境空气质量功能区类别，执行相应级别的排放标准，即：①位于一类区的污染源执行一级标准（一类区禁止新、扩建污染源，一类区现有污染源改建执行现有污染源的一级标准）；②位于二类区的污染源执行二级标准；③位于三类区的污染源执行三级标准。

现有污染源大气污染物排放限值见表 2-12，新污染源大气污染物排放限值见表 2-13。

表 2-12　现有污染源大气污染物排放限值

序号	污染物	最高允许排放浓度（mg/m³）	排气筒（m）	一级	二级	三级	监控点	浓度（mg/m³）
				最高允许排放速率(kg/h)			无组织排放监控浓度限值	
1	二氧化硫	1200（硫、二氧化硫、硫酸和其他含硫化合物生产） 700（硫、二氧化硫、硫酸和其他含硫化合物使用）	15 20 30 40 50 60 70 80 90 100	1.6 2.6 8.8 15 23 33 47 63 82 100	3.0 5.1 17 30 45 64 91 120 160 200	4.1 7.7 26 45 69 98 140 190 240 310	无组织排放源上风向设参照点，下风向设监控点	0.50（监控点与参照点浓度差值）
2	氮氧化物	1700（硝酸、氮肥和火炸药生产） 420（硝酸使用和其他）	15 20 30 40 50 60 70 80 90 100	0.47 0.77 2.6 4.6 7.0 9.9 14 19 24 31	0.91 1.5 5.1 8.9 14 19 27 37 47 61	1.4 2.3 7.7 14 21 29 41 56 72 92	无组织排放源上风向设参照点，下风向设监控点	0.15（监控点与参照点浓度差值）
3	颗粒物	22（炭黑尘、燃料尘）	15 20 30 40	禁排	0.60 1.0 4.0 6.8	0.87 1.5 5.9 10	周界外浓度最高点	肉眼不可见
		80（玻璃棉尘、石英粉尘、矿渣棉尘）	15 20 30 40	禁排	2.2 3.7 14 25	3.1 5.3 21 37	无组织排放源上风向设参照点，下风向设监控点	2.0（监控点与参照点浓度差值）
		150（其他）	15 20 30 40 50 60	2.1 3.5 14 24 36 51	4.1 6.9 27 46 70 100	5.9 10 40 69 110 150	无组织排放源上风向设参照点，下风向设监控点	5.0（监控点与参照点浓度差值）

序号	污染物	最高允许排放浓度（mg/m³）	最高允许排放速率(kg/h)				无组织排放监控浓度限值	
			排气筒（m）	一级	二级	三级	监控点	浓度（mg/m³）
4	氟化氢	150	15	禁排	0.30	0.46	周界外浓度最高点	0.25
			20		0.51	0.77		
			30		1.7	2.6		
			40		3.0	4.5		
			50		4.5	6.9		
			60		6.4	9.8		
			70		9.1	14		
			80		12	19		
5	氯气	85	25	禁排	0.60	0.90	周界外浓度最高点	0.50
			30		1.0	1.5		
			40		3.4	5.2		
			50		5.9	9.0		
			60		9.1	14		
			70		13	20		
			80		18	28		
6	苯	17	15	禁排	0.60	0.90	周界外浓度最高点	0.50
			20		1.0	1.5		
			30		3.3	5.2		
			40		6.0	9.0		
7	甲苯	60	15	禁排	3.6	5.5	周界外浓度最高点	0.30
			20		6.1	9.3		
			30		21	31		
			40		36	54		
8	甲醛	30	15	禁排	0.30	0.46	周界外浓度最高点	0.25
			20		0.51	0.77		
			30		1.7	2.6		
			40		3.0	4.5		
			50		4.5	6.9		
			60		6.4	9.8		
9	氯化氢	2.3	25	禁排	0.18	0.28	周界外浓度最高点	0.03
			30		0.31	0.46		
			40		1.0	1.6		
			50		1.8	2.7		
			60		2.7	4.1		
			70		3.9	5.9		
			80		5.5	8.3		

表 2-13　新污染源大气污染物排放限值

序号	污染物	最高允许排放浓度 (mg/m³)	最高允许排放速率 (kg/h)			无组织排放监控浓度限值	
			排气筒 (m)	二级	三级	监控点	浓度 (mg/m³)
1	二氧化硫	960 (硫、二氧化硫、硫酸和其他含硫化合物生产)	15	2.6	3.5	周界外浓度最高点	0.40
			20	4.3	6.6		
			30	15	22		
			40	25	38		
		550 (硫、二氧化硫、硫酸和其他含硫化合物使用)	50	39	58		
			60	55	83		
			70	77	120		
			80	110	160		
			90	130	200		
			100	170	270		
2	氮氧化物	1400 (硝酸、氮肥和火炸药生产)	15	0.77	1.2	周界外浓度最高点	0.12
			20	1.3	2.0		
			30	4.4	6.6		
			40	7.5	11		
		240 (硝酸使用和其他)	50	12	18		
			60	16	25		
			70	23	35		
			80	31	47		
			90	40	61		
			100	52	78		
3	颗粒物	18 (炭黑尘、燃料尘)	15	0.15	0.74	周界外浓度最高点	肉眼不可见
			20	0.85	1.3		
			30	3.4	5.0		
			40	5.8	8.5		
		60 (玻璃棉尘、石英粉尘、矿渣棉尘)	15	1.9	2.6	周界外浓度最高点	1.0
			20	3.1	4.5		
			30	12	18		
			40	21	31		
		120 (其他)	15	3.5	5.0	周界外浓度最高点	1.0
			20	5.9	8.5		
			30	23	34		
			40	39	59		
			50	60	94		
			60	85	130		
4	氟化氢	100	15	0.26	0.39	周界外浓度最高点	0.20
			20	0.43	0.65		
			30	1.4	2.2		
			40	2.6	3.8		
			50	3.8	5.9		
			60	5.4	8.3		
			70	7.7	12		
			80	10	16		

续表

序号	污染物	最高允许排放浓度（mg/m³）	最高允许排放速率（kg/h）			无组织排放监控浓度限值	
			排气筒（m）	二级	三级	监控点	浓度（mg/m³）
5	氯气	65	25	0.52	0.78	周界外浓度最高点	0.40
			30	0.87	1.3		
			40	2.9	4.4		
			50	5.0	7.6		
			60	7.7	12		
			70	11	17		
			80	15	23		
6	苯	12	15	0.50	0.80	周界外浓度最高点	0.40
			20	0.90	1.3		
			30	2.9	4.4		
			40	5.6	7.6		
7	甲苯	40	15	3.1	4.7	周界外浓度最高点	2.4
			20	5.2	7.9		
			30	18	27		
			40	30	46		
8	甲醛	25	15	0.26	0.39	周界外浓度最高点	0.20
			20	0.43	0.65		
			30	1.4	2.2		
			40	2.6	3.8		
			50	3.8	5.9		
			60	5.4	8.3		
9	氯化氢	1.9	25	0.15	0.24	周界外浓度最高点	0.024
			30	0.26	0.39		
			40	0.88	1.3		
			50	1.5	2.3		
			60	2.3	3.5		
			70	3.3	5.0		
			80	4.6	7.0		

🔍 **拓展小课堂**

　　国家标准由国务院有关行政主管部门依据职责提出、组织起草、征求意见和技术审查，由国务院标准化行政主管部门负责立项、编号和对外通报的对全国经济、技术发展有重大意义，且在全国范围内统一执行的技术要求，分强制性国家标准和推荐性国家标准。生产经营单位必须认真执行国家标准或行业标准，这是生产经营单位的一项义务，也是减少或杜绝生产安全事故的基本条件；

　　国家标准在执行过程中应具有认真负责的工作态度及爱岗敬业的职业道德。

2.2 通风方式

通风（Ventilation）是指为改善生产和生活条件，采用自然或机械的方法，对某一空间进行换气，以造成安全、卫生等适宜空气环境的技术。即用自然或机械的方法向某一房间或空间送入室外空气和由某一房间或空间排出空气的过程，送入的空气可以是处理的，也可以是不经处理的。换句话说，通风是利用室外空气（称新鲜空气或新风）来置换建筑物内的空气（简称室内空气）以改善室内空气品质。

通风的功能主要是为提供人呼吸所需要的氧气；稀释室内污染物或气味；排除室内工艺过程产生的污染物；除去室内多余的热量（称余热）或湿量（称余湿）；提供室内燃烧设备燃烧所需的空气。建筑中通风系统，可能只完成其中的一项或几项任务，其中利用通风除去室内余热和余湿的功能是有限的，它受室外空气状态的限制。

通风系统的通风方式可从通风系统的服务对象、气流方向、控制空间区域范围和动力等角度进行分类。

（1）根据通风服务对象的不同

可分为民用建筑通风和工业建筑通风。民用建筑通风是对民用建筑中人员及活动所产生的污染物进行治理而进行的通风；工业建筑通风是对生产过程中的余热、余湿、粉尘和有害气体等进行控制和治理而进行的通风。

（2）根据通风气流方向的不同

可分为排风和进风。排风是在局部地点或整个房间内，把不符合卫生标准的污浊空气排至室外；进风是把新鲜空气或经过净化符合卫生要求的空气送入室内。

（3）根据通风控制空间区域范围的不同

可分为局部通风和全面通风。局部通风是指为改善室内局部空间的空气环境，向该空间送入或从该空间排出空气的通风方式；全面通风也称稀释通风，它是对整个车间或房间进行通风换气，将新鲜的空气送入室内，以改变室内的温、湿度和稀释有害物的浓度，同时把污浊空气不断排至室外，使工作地带的空气环境符合卫生标准的要求。

防止室内有害物污染空气的最有效方法是采用局部通风，局部通风系统所需要的风量小、效果好，设计时应优先考虑。但是，如果由于条件限制、有害物源不固定等原因，不能采用局部通风，或者采用局部通风后，室内有害物浓度仍达不到卫生要求时，可采用全面通风，全面通风所需要的风量大大超过局部通风，相应的设备也比较庞大。

（4）根据通风系统动力的不同

可分为机械通风和自然通风。机械通风是依靠风机造成的压力作用使空气流动的通风方式；自然通风是依靠室外风力造成的风压，以及由室内外温差和高度差产生的热压使空气流动的通风方式。自然通风不需要专门的动力，在某些热车间是一种经济有效的通风方式。

2.3　建筑物的通风

住宅建筑中的厨房及无外窗卫生间通常污染源较集中，机房设备通常会产生大量余热、余温、泄漏制冷剂或可燃气体等，变配电器室内温度太高，会影响设备工作效率，汽车在行驶过程中通常会排出 CO、NO_x 和 C_mH_n 等其他有害物。而这些场所靠自然通风往往不能满足使用和安全要求，因此应设置机械通风系统。

机械通风系统进风口的位置，应符合下列规定：（1）为了使送入室内的空气免受外界环境的不良影响而保持清洁，因此进风口应设在室外空气较清洁的地点。（2）为了防止排风（特别是散发有害物质的排风）对进风的污染，进、排风口的相对位置，应遵循避免短路的原则；进风口宜低于排风口 3m 以上，当进排风口在同一高度时，宜在不同方向设置，且水平距离一般不宜小于 10m。用于改善室内舒适度的通风系统可根据排风中污染物的特征、浓度，通过计算适当减少排风口与新风口距离。（3）为了防止送风系统把进风口附近的灰尘、碎屑等扬起并吸入，故规定进风口下缘距室外地坪不宜小于 2m，同时还规定当布置在绿化地带时，不宜小于 1m。

建筑物全面排风系统吸风口的布置，在不同情况下应有不同的设计要求，目的是保证有效地排除室内余热、余温及各种有害物质。具体应符合下列规定：（1）位于房间上部区域的吸风口，除用于排除氢气与空气混合物时，吸风口上缘至顶棚平面或屋顶的距离不大于 0.4m。（2）用于排除氢气与空气混合物时，吸风口上缘至顶棚平面或屋顶的距离不大于 0.1m。（3）用于排除密度大于空气的有害气体时，位于房间下部区域的排风口，其下缘至地板距离不大于 0.3m。（4）因建筑结构造成有爆炸危险气体排出的死角处，应设置导流设施。

2.3.1　住宅通风

由于人们对住宅空气品质的要求提高，住宅内的通风换气得到重视。住宅内的通风换气应首先考虑采用自然通风，但在无自然通风条件或自然通风不能满足卫生要求的情况下，应设机械通风或自然通风与机械通风结合的复合通风系统。"不能满足室内卫生条件"是指室内有害物浓度超标，影响人的舒适和健康。应使气流从较清洁的房间流向污染较严重的房间，因此使室外新鲜空气首先进入起居室、卧室等人员主要活动、休息场所（注：采用自然通风的生活、工作的房间的通风开口有效面积不应小于该房间地板面积的 5%），然后从厨房、卫生间排出到室外。

而污染源较集中的住宅厨房及无外窗卫生间，应采用机械排风系统，设计时应预留机械排风系统开口；厨房和卫生间全面通风换气次数不宜小于 3 次/h，为保证有效的排气，应有足够的进风通道，当厨房和卫生间的外窗关闭或卫生间无外窗时，需通过门进风，应在下部设置有效截面不小于 0.02m^2 时的固定百叶，或距地面留出不小于 30mm 的缝隙。厨房排油烟机的排气量一般为 300～500m^3/h，有效进风截面不小于 0.02m^2 时，相当于进风风速 4～7m/s，由于排油烟机有较大压头，换气次数基本可以满足 3 次/h 要求。卫生间排风机的排气量一般为 80～100m^3/h，虽然压头较小，但换气次数也可以满足要求；住宅建筑的厨房、卫生间宜设竖向排风道，竖向排风道应具有防火、防倒灌的功能

（详见教学单元12.3），顶部应设置防止室外风倒灌装置，排风道设置位置和安装应符合《住宅厨房和卫生间排烟（气）道制品》JG/T 194—2018的要求。

2.3.2 设备机房通风

机房设备会产生大量余热、余湿、泄漏的制冷剂或可燃气体等，因此设备机房应保持良好的通风。但一般情况靠自然通风往往不能满足使用和安全要求，因此应设置机械通风系统，并尽量利用室外空气为自然冷源排除余热、余湿。不同的季节应采取不同的运行策略，实现系统节能。设备有特殊要求时，其通风应满足设备工艺要求。

（1）制冷机房的通风

制冷设备的可靠性不好会导致制冷剂的泄漏带来安全隐患，制冷机房在工作过程中会产生余热，良好的自然通风设计能够较好地利用自然冷量消除余热，稀释室内泄漏制冷剂，达到提高安全保障并且节能的目的。制冷机房采用自然通风时，机房通风所需要的自由开口面积可按下式计算：

$$F = 0.138G^{0.5} \tag{2-2}$$

式中 F——自由开口面积，m^2；

G——机房中最大制冷系统灌注的制冷工质量，kg。

制冷机房设备间排风系统宜独立设置且应直接排向室外。冬季室内温度不宜低于10℃，冬季值班温度不应低于5℃，夏季不宜高于35℃。制冷机房可能存在制冷剂的泄漏，对于泄漏气体密度大于空气时，设置下部排风口更能有效排除泄漏气体，但一般排风口应上、下分别设置。

1）氟制冷机房应分别计算通风量和事故通风量。当机房内设备放热量的数据不全时，通风量可取4～6次/h。事故通风量不应小于12次/h。事故排风口上沿距室内地坪的距离不应大于1.2m。

2）氨是可燃气体，其爆炸极限为16%～27%，当氨气大量泄漏而又得不到吹散稀释的情况下，如遇明火或电气火花，则将引起燃烧爆炸。因此氨冷冻站应设置可靠的机械排风和事故通风排风系统来保障安全。机械排风通风量不应小于3次/h，事故通风量宜按183 $m^3/(m^2 \cdot h)$ 进行计算，且最小排风量不应小于34000 m^3/h。事故排风机应选用防爆型，排风口应位于侧墙高处或屋顶。

连续通风量按每平方米机房面积9 m^3/h 和消除余热（余热温升不大于10℃）计算，取二者最大值。事故通风的通风量按能排走机房内由于工质泄漏或系统破坏散发的制冷工质质量确定，根据工程经验，可按下式计算：

$$L = 247.8G^{0.5} \tag{2-3}$$

式中 L——连续通风量，m^3/h；

G——机房中最大制冷系统灌注的制冷工质量，kg。

3）吸收式制冷机在运行中属真空设备，无爆炸可能性，但它是以天然气、液化石油气、人工煤气为热源燃料，火灾危险性主要来自这些有爆炸危险的易燃燃料以及因设备控制失灵、管道阀门泄漏以及机件损坏时的燃气泄漏，机房因液体蒸气、可燃气体与空气形成爆炸混合物，遇明火或热源产生燃烧和爆炸，因此应保证良好的通风。直燃溴化锂制冷机房宜设置独立的送、排风系统。燃气直燃溴化锂制冷机房的通风量不应小于6次/h，事故通风量不应小于 12 次/h。燃油直燃溴化锂制冷机房的通风量不应小于 3 次/h，事故通风量不应小于 6 次/h。机房的送风量应为排风量与燃烧所需的空气量之和。

泵房、热力机房、中水处理机房、电梯机房等采用机械通风时，换气次数可按表 2-14 选用。

表 2-14　部分设备机房机械通风换气次数

机房名称	清水泵房	软化水间	污水泵房	中水处理机房	蓄电池室	电梯机房	热力机房
换气次数（次/h）	4	4	8～12	6～12	10～12	10	6～12

（2）柴油发电机房等设备机房通风

柴油发电机房及变配电室由于使用功能、季节等特殊性，设置独立的通风系统能有效保障系统运行效果和节能，对于大、中型建筑更为重要。

柴油发电机房室内各房间温湿度要求宜符合表 2-15 的规定。

表 2-15　柴油发电机房各房间温湿度要求

房间名称	冬季		夏季	
	温度（℃）	相对湿度（%）	温度（℃）	相对湿度（%）
机房（就地操作）	15～30	30～60	30～35	40～75
机房（隔室操作、自动化）	5～30	30～60	32～37	≤75
控制及配电室	16～18	≤75	28～30	≤75
值班室	16～20	≤75	≤28	≤75

柴油发电机房宜设置独立的送、排风系统。其送风量应为排风量与发电机组燃烧所需的空气量之和。

柴油发电机房的排风量应按以下计算确定：

1）当柴油发电机采用空气冷却方式时，排风量应按公式（2-4）计算确定。式中 Q 的确定方式为：

① 开式机组 Q 为柴油机、发电机和排烟管的散热量之和；

② 闭式机组 Q 为柴油机气缸冷却水管和排烟管的散热量之和；

③ 以上数据由生产厂家提供，当无确切资料时，可按以下估算取值：

全封闭式机组取发电机额定功率的 0.3～0.35；

半封闭式机组取发电机额定功率的 0.5。

2）当柴油发电机采用水冷却方式时，排风量可按≥20m³/(kW·h) 的机组额定功率进行计算。

3）柴油发电机生产企业直接提供的排风量参数。

柴油发电机房的进（送）风量应为排风量与机组燃烧空气量之和，燃烧空气量按 7m³/(kW·h) 的机组额定功率进行计算。

柴油发电机房内的储油间应设机械通风，风量应按≥5 次/h换气选取。

柴油发电机与排烟管应采用柔性连接；当有多台合用排烟管时，排烟管支管上应设单向阀；排烟管应单独排至室外；排烟管应有隔热和消声措施。绝热层按防止人员烫伤的厚度计算，柴油发电机的排烟温度宜由设备厂商提供。

（3）变配电室等设备机房通风

变配电室通常由高、低压器配电室及变压器组成，其中的电器设备散发一定的热量，尤以变压器的发热量为大。若变配电器室内温度太高，会影响设备工作效率。

地面上变配电室宜采用自然通风，当不能满足要求时应采用机械通风；地面下变配电室应设置机械通风。当设置机械通风时，气流宜由高低压配电区流向变压器区，再由变压器区排至室外。变配电室宜独立设置机械通风系统。设置在变配电室内的通风管道应采用不燃材料制作。

变配电室的通风量应按以下方式确定：

1）根据热平衡公式（2-4）计算确定：

$$L = \frac{Q}{0.337 \times (t_p - t_s)} \tag{2-4}$$

式中　t_p——排风温度，℃；

　　　t_s——送风温度，℃。

其中变压器发热量 Q（kW）可由设备厂商提供或按下式计算：

$$Q = (1 - \eta_1) \cdot \eta_2 \cdot \phi \cdot W = (0.0126 \sim 0.0152)W \tag{2-5}$$

式中　η_1——变压器效率，一般取 0.98；

　　　η_2——变压器负荷效率，一般取 0.70～0.80；

　　　ϕ——变压器功率因数，一般取 0.90～0.95；

　　　W——变压器功率，kV·A。

2）当资料不全时可采用换气次数法确定通风量，一般按：变电室 5～8 次/h；配电室 3～4 次/h。

排风温度不宜高于 40℃。当通风无法保障变配电室设备工作要求时，宜设置空调降温系统。下列情况变配电室可采用降温装置，但最小新风量应≥3 次/h 换气或≥5% 的送风量：

1）机械通风无法满足变配电室的温度、湿度要求；

2）变配电室附近有现成的冷源，且采用降温装置比通风降温合理。

2.3.3　汽车库通风

汽车库（场）是用来停放或维修车辆的场所。科学分析表明，燃油汽车尾气中含有上百种不同的化合物，其中的污染物有固体悬浮微粒、CO、CO_2、C_mH_n、NO_x、Pb 及 SO_x 等，一辆燃油轿车一年排出的有害废气比自身重量大 3 倍，因此汽车在汽车库内的行驶过程中会释放大量尾气。从绿色低碳的角度，应大力发展新能源车。

通过相关实验分析得出将燃油汽车排出的 CO 稀释到容许浓度时，NO_x 和 C_mH_n 远远低于它们相应的允许浓度。也就是说，只要保证 CO 浓度排放达标，其他有害物即使有一些分布不均匀，也有足够的安全倍数保证将其通过排风带走，所以以 CO 为标准来考虑车库通风量是合理的。选用国家现行有关工业场所有害因素职业接触限值标准的规定，CO 的短时间接触容许浓度为 30mg/m^3。汽车库通风应符合《车库建筑设计规范》JGJ 100—2015 的有关规定：

（1）自然通风时，车库内 CO 最高允许浓度大于 $30mg/m^3$ 时，应设机械通风系统。

（2）汽车库应按下列原则确定通风方式：

1）地上单排车位≤30 辆的汽车库，当可开启门窗的面积≥$2m^2$/辆且分布较均匀时，可采用自然通风方式；

2）当汽车库可开启门窗的面积≥$0.3m^2$/辆且分布较均匀时，可采用机械排风、自然进风的通风方式；

3）当汽车库不具备自然进风条件时，应设置机械送风、排风系统。

（3）送排风量宜采用稀释浓度法计算，对于单层停放的汽车库可采用换气次数法计算，并应取两者较大值。送风量宜为排风量的 80％～90％。

1）用于停放单层汽车的换气次数法

① 汽车出入较频繁的商业类等建筑，按 6 次/h 换气选取；

② 汽车出入一般的普通建筑，按 5 次/h 换气选取；

③ 汽车出入频率较低的住宅类等建筑，按 4 次/h 换气选取；

④ 当层高<3m 时，应按实际高度计算换气体积；当层高≥3m 时，可按 3m 高度计算换气体积。

但采用换气次数法计算通风量时存在以下问题：

① 车库通风量的确定，此时通风目的是稀释有害物以满足卫生要求的允许浓度。也就是说，通风量的计算与有害物的散发量及散发时的浓度有关，而与房间容积（亦即房间换气次数）并无确定的数量关系。例如，两种有害物散发情况相同，且平面布置和大小也相同，只是层高不同的车库，按有害物稀释计算的排风量是相同的，但按换气次数计算，二者的排风量就不同了。

② 换气次数法并没有考虑到实际中的（部分或全部）双层停车库或多层停车库情况，与单层车库采用相同的计算方法也是不尽合理的。

以上说明换气次数法有其固有弊端。正因为如此，提出对于全部或部分为双层或多层停车库情形，排风量应按稀释浓度法计算；单层停车库的排风量宜按稀释浓度法计算，如无计算资料时，可参考换气次数估算。

2）当全部或部分为双层停放汽车时，宜采用单车排风量法

① 汽车出入较频繁的商业类等建筑，按每辆 $500m^3/h$ 选取；

② 汽车出入频率一般的普通建筑，按每辆 $400m^3/h$ 选取；

③ 汽车出入频率较低的住宅类等建筑，按每辆 $300m^3/h$ 选取。

3）当采用稀释浓度法计算排风量时，建议采用以下公式，送风量应按排风量的 80％～90％选用。

$$L = \frac{G}{y_1 - y_0} \tag{2-6}$$

式中　L——车库所需的排风量，m^3/h；

　G——车库内排放 CO 的量，mg/h；

　y_1——车库内 CO 的允许浓度，为 $30mg/m^3$；

　y_0——室外大气中 CO 的浓度，一般取 $2\sim3mg/m^3$。

$$G = My \tag{2-7}$$

式中　M——库内汽车排出气体的总量，m^3/h；

　　　y——典型汽车排放 CO 的平均浓度，mg/m^3，根据中国汽车尾气排放现状，通常情况下可取 $55000mg/m^3$。

$$M = \frac{T_1}{T_0} \cdot m \cdot t \cdot \kappa \cdot n \tag{2-8}$$

式中　n——车库中的设计车位数；

　　　κ——1h 内出入车数与设计车位数之比，也称车位利用系数，一般取 $0.5 \sim 1.2$；

　　　t——车库内汽车的运行时间，一般取 $2 \sim 6min$；

　　　m——单台车单位时间的排气量，m^3/min；

　　　T_1——库内车的排气温度，$500 + 273 = 773K$；

　　　T_0——库内以 20℃计的标准温度，$273 + 20 = 293K$。

　　地下汽车库内排放 CO 的多少与所停车的类型、产地、型号、排气温度及停车启动时间等有关，一般地下停车库大多数按停放小轿车设计。按照车库排风量计算式，应当按每种类型的车分别计算其排出的气体量，但地下车库在实际使用时车辆类型、出入台数都难以估计。为简化计算，m 值可取 $0.02m^3/(min \cdot 台) \sim 0.025m^3/(min \cdot 台)$。

　　(4) 可采用风管通风或诱导通风方式，以保证室内不产生气流死角。风管通风是指利用风管将新鲜气流送到工作区以稀释污染物，并通过风管将稀释后的污染气流收集排出室外的传统通风方式；诱导通风是指利用空气射流的引射作用进行通风的方式。当采用接风管的机械进、排风系统时，应注意气流分布的均匀性，减少通风死角。当车库层高较低，不易布置风管时，为了防止气流不畅，杜绝死角，可采用诱导式通风系统。

　　(5) 车流量随时间变化较大的车库，风机宜采用多台并联方式或设置风机调速装置。对于车流量变化较大的车库，由于其风机设计选型时是根据最大车流量选择的（最不利原则），而往往车库的高峰车流量持续时间很短，如果持续以最大通风量进行通风，会造成风机运行能耗的浪费。这种情况，当车流量变化有规律时，可按时间设定风机开启台数；无规律时宜采用 CO 浓度传感器联动控制多台并联风机或可调速风机的方式，会起到很好的节能效果。CO 浓度传感器的布置方式：当采用传统的风管机械进、排风系统时，传感器宜分散设置；当采用诱导式通风系统时，传感器应设在排风口附近。

　　(6) 严寒和寒冷地区，地下汽车库宜在坡道出入口处设热空气幕，防止冷空气的大量侵入。

　　(7) 车库内排风与排烟可共用一套系统，但应满足消防规范要求。

建筑防排烟

2.4　建筑物的防火排烟

2.4.1　防烟排烟系统的作用

　　火灾事实充分说明，烟气是造成建筑火灾人员伤亡的主要因素。

防烟、排烟系统的作用是及时排除火灾产生的大量烟气，阻止烟气向防烟分区外扩散，确保建筑物内人员的顺利疏散和安全避难，并为消防救援创造有利条件。建筑内的防烟、排烟是保证建筑内人员安全疏散的必要条件。

新建、扩建和改建建筑的防火排烟应按《建筑设计防火规范（2018 年版）》GB 50016—2014 执行。

2.4.2　防火防烟分区

建筑物中，防火和防烟分区的划分极其重要。除应减少建筑物内部可燃物数量，对装修陈设尽量采用不燃或难燃材料以及设置自动灭火系统之外，最有效的办法是划分防火和防烟分区。

1. 防火分区划分

（1）防火分区划分

防火分区的作用在于发生火灾时，可将火势控制在一定的范围内，以有利于消防扑救、减少火灾损失。

防火分区的划分，既要从限制火势蔓延、减少损失方面考虑，又要顾及便于平时使用管理，以节省投资，依据建筑分类的不同而进行。我国民用建筑根据其建筑高度和层数可分为单、多层民用建筑和高层民用建筑，高层民用建筑根据其建筑高度、使用功能和楼层的建筑面积可分为一类和二类，见表 2-16。

表 2-16　民用建筑的分类

名称	高层民用建筑		单、多层民用建筑
	一类	二类	
住宅建筑	建筑高度大于 54m 的住宅建筑（包括设置商业服务网点的住宅建筑）	建筑高度大于 27m，但不大于 54m 的住宅建筑（包括设置商业服务网点的住宅建筑）	建筑高度不大于 27m 的住宅建筑（包括设置商业服务网点的住宅建筑）
公共建筑	1. 建筑高度大于 50m 的公共建筑； 2. 建筑高度 24m 以上部分任一楼层建筑面积大于 1000m² 的商店、展览、电信、邮政、财贸金融建筑和其他多种功能组合的建筑； 3. 医疗建筑、重要公共建筑、独立建造的老年人照料设施； 4. 省级及以上的广播电视和防灾指挥调度建筑、网局级和省级电力调度建筑； 5. 藏书超过 100 万册的图书馆、书库	除一类高层公共建筑外的其他高层公共建筑	1. 建筑高度大于 24m 的单层公共建筑； 2. 建筑高度不大于 24m 的其他公共建筑

民用建筑的耐火等级可分为一、二、三、四级，不同耐火等级建筑相应构件的燃烧性能和耐火极限见表 2-17。

民用建筑的耐火等级应根据其建筑高度、使用功能、重要性和火灾扑救难度等确定，并应符合下列规定：

1）地下或半地下建筑（室）和一类高层建筑的耐火等级不应低于一级；

2）单、多层重要公共建筑和二类高层建筑的耐火等级不应低于二级；

表 2-17 不同耐火等级建筑相应构件的燃烧性能和耐火极限 (h)

构件名称		耐火等级			
		一级	二级	三级	四级
墙	防火墙	不燃性 3.00	不燃性 3.00	不燃性 3.00	不燃性 3.00
	承重墙	不燃性 3.00	不燃性 2.50	不燃性 2.00	难燃性 0.50
	非承重外墙	不燃性 1.00	不燃性 1.00	不燃性 0.50	可燃性
	楼梯间和前室的墙 电梯井的墙 住宅建筑单元之间 的墙和分户墙	不燃性 2.00	不燃性 2.00	不燃性 1.50	难燃性 0.50
	疏散走道两侧的隔墙	不燃性 1.00	不燃性 1.00	不燃性 0.50	难燃性 0.25
	房间隔墙	不燃性 0.75	不燃性 0.50	难燃性 0.50	难燃性 0.25
柱		不燃性 3.00	不燃性 2.50	不燃性 2.00	难燃性 0.50
梁		不燃性 2.00	不燃性 1.50	不燃性 1.00	难燃性 0.50
楼板		不燃性 1.50	不燃性 1.00	不燃性 0.50	可燃性
屋顶承重构件		不燃性 1.50	不燃性 1.00	可燃性	可燃性
疏散楼梯		不燃性 1.50	不燃性 1.00	不燃性 0.50	可燃性
吊顶(包括吊顶搁栅)		不燃性 0.25	难燃性 0.25	难燃性 0.15	可燃性

3)除木结构建筑外,老年人照料设施的耐火等级不应低于三级;

4)建筑高度大于 100m 的民用建筑,其楼板的耐火极限不应低于 2.00h;

5)一、二级耐火等级建筑的上人平屋顶,其屋面板的耐火极限分别不应低于 1.50h 和 1.00h。

不同耐火等级建筑的允许建筑高度或层数、防火分区最大允许建筑面积见表 2-18。

表 2-18 不同耐火等级建筑的允许建筑高度或层数、防火分区最大允许建筑面积

名称	耐火等级	允许建筑高度 或层数	防火分区的最大 允许建筑面积(m²)	备注
高层民用建筑	一、二级	按表 2-16 确定	1500	对于体育馆、剧场的观众厅,防火分区的最大允许建筑面积可适当增加
单、多层民用建筑	一、二级	按表 2-16 确定	2500	
	三级	5 层	1200	
	四级	2 层	600	
地下或半地下 建筑(室)	一级	—	500	设备用房的防火分区最大允许建筑面积不应大于 1000m²

(2)防火分区分隔物

1)防火墙

防火墙应直接设置在建筑的基础或框架、梁等承重结构上。防火墙应从楼地面基层隔断至梁、楼板或屋面板的底面基层。防火墙上不应开设门、窗、洞口,确需开设时,应设置不可开启或火灾时能自动关闭的甲级防火门、窗。

可燃气体和甲、乙、丙类液体的管道严禁穿过防火墙。防火墙内不应设置排气道。防火墙的构造应能在防火墙任意一侧的屋架、梁、楼板等受到火灾的影响而破坏时，不会导致防火墙倒塌。

2）防火门、窗和防火卷帘

防火门应符合《防火门》GB 12955—2008 的规定，按其耐火极限可分为甲级、乙级和丙级防火门，其耐火极限分别不应低于 1.20h、0.90h 和 0.60h。

防火门的设置应符合下列规定：

① 常开防火门应能在火灾时自行关闭，并应有信号反馈的功能；

② 应具有自闭功能，双扇防火门应具有按顺序关闭的功能；

③ 防火门内外两侧应能手动开启；

④ 设置在建筑变形缝附近时，防火门应设置在楼层较多的一侧，并应保证防火门开启时门扇不跨越变形缝。

设置在防火墙、防火隔墙上的防火窗，应采用不可开启的窗扇或具有火灾时能自行关闭的功能。防火窗应符合《防火窗》GB 16809—2008 的有关规定。

防火分区间采用防火卷帘分隔时，应符合下列规定：

① 除中庭外，当防火分隔部位的宽度不大于 30m 时，防火卷帘的宽度不应大于 10m；当防火分隔部位的宽度大于 30m 时，防火卷帘的宽度不应大于该部位宽度的 1/3，且不应大于 20m；

② 防火卷帘应具有火灾时，能靠自重自动关闭功能；

③ 防火卷帘应具有防烟性能，与楼板、梁、墙、柱之间的空隙应采用防火封堵材料封堵；

④ 需在火灾时自动降落的防火卷帘，应具有信号反馈的功能。

2. 防烟分区设置

防烟分区是指用挡烟垂壁、挡烟梁、挡烟隔墙等划分的可把烟气限制在一定范围的空间区域，是为有利于建筑物内人员安全疏散与有组织排烟，而采取的技术措施。

设置防烟分区能较好地保证在一定时间内，使火场上产生的高温烟气不致随意扩散，以便蓄积和迅速排除。防烟分区一般应结合建筑内部的功能分区和排烟系统的设计要求进行设置。

（1）建筑的下列场所或部位应设置防烟设施

1）防烟楼梯间及其前室；

2）消防电梯间前室或合用前室；

3）避难走道的前室、避难层（间）。

（2）防烟分区设置原则

1）不设排烟设施的房间（包括地下室）和走道，不划分防烟分区；

2）防烟分区不应跨越防火分区；

3）对有特殊用途的场所，如地下室、防烟楼梯间、消防电梯、避难层间等，应单独划分防烟分区；

4）每个防烟分区的面积，对于高层民用建筑和其他建筑（含地下建筑和人防工程），其建筑面积不宜大于 $500m^2$；当顶棚（或顶板）高度在 6m 以上时，可不受此限。需设排烟设施的走道、净高不超过 6m 的房间应采用挡烟垂壁、隔墙或从顶棚突出不小于 0.5m 的梁划分防烟分区，梁或垂壁至室内地面的高度不应小于 1.8m。

2.4.3　防烟排烟方式

建筑中的防烟排烟方式有自然排烟方式、机械排烟方式和机械加压送风防烟方式。

1. 自然排烟方式

燃烧时的高温会使气体膨胀产生浮力，火焰上方的高温气体与环绕火的冷空气流之间的密度不同将产生压力不均匀分布，从而使建筑内的空气和烟气产生流动。自然排烟是利用建筑内气体流动的上述特性，采用靠外墙上的可开启外窗或高侧窗、天窗、敞开阳台与凹廊或专用排烟口、竖井等将烟气排除。此种排烟方式结构简单、经济，不需要电源及专用设备，且烟气温度升高时排烟效果也不下降，具有可靠性高、投资少、管理维护简便等优点。

因此，上述应设防排烟设施的部位，在有条件时应尽可能采用自然排烟方式进行烟控设计。自然排烟方式受火灾时的建筑环境和气象条件影响较大，设计时应予以关注。

我国现有多层民用建筑和工业厂房中成功采用自然排烟的实例很多，如北京工人体育馆的比赛大厅，最高处在中间，各面均设有排烟窗，平时排除大厅内的余热和废气，火灾时用来排烟。

根据自然排烟时的烟气流动特性，当防烟楼梯间前室或合用前室利用阳台、凹廊自然排烟时，火灾时烟气经走廊扩散至敞开的前室而被排出，故此防烟楼梯间可不设防烟设施；另外，防烟楼梯间的前室或合用前室如有不同朝向的可开启外窗，且可开启外窗的面积分别不小于 $2.0m^2$ 和 $3.0m^2$、前室或合用前室能顺利将烟气排出，因而该防烟楼梯间可不设置防烟设施，如图 2-1 所示。

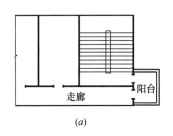
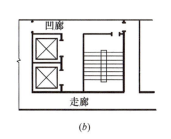
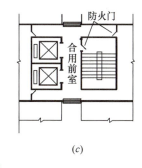

(a) *(b)* *(c)*

图 2-1　可不设置防烟设施的防烟楼梯间示意图

（*a*）带阳台的防烟楼梯间；（*b*）带凹廊的防烟楼梯间；（*c*）两个不同朝向有开启外窗的前室或合用前室

（1）自然排烟口的面积

《建筑设计防火规范（2018 年版）》GB 50016—2014 规定：设置自然排烟设施的场所，其自然排烟口的净面积应符合下列规定：

1）防烟楼梯间前室、消防电梯间前室，不应小于 $2.0m^2$；合用前室，不应小于 $3.0m^2$。

2）靠外墙的防烟楼梯间，每 5 层内可开启排烟窗的总面积不应小于 $2.0m^2$。

3）中庭、剧场舞台，不应小于该中庭、剧场舞台楼地面面积的 5%。

4）体育馆等高大空间建筑，不应小于该场所平面面积的 5%。

5）其他场所，宜取该场所建筑面积的 2%～5%。

《建筑设计防火规范（2018 年版）》GB 50016—2014 规定：除建筑高度超过 50m 的公共建筑和建筑高度超过 100m 的住宅建筑外，靠外墙的防烟楼梯间及其前室、消防电梯间前室和合用前室，宜采用自然排烟方式。并且采用自然排烟的开窗面积应符合下列规定：

1）防烟楼梯间前室、消防电梯间前室可开启外窗面积不应小于 2.0m²，合用前室不应小于 3.0m²。

2）靠外墙的防烟楼梯间每五层内可开启外窗总面积之和不应小于 2.0m²。

3）长度不超过 60m 的内走道可开启外窗面积不应小于走道面积的 2%。

4）需要排烟的房间可开启外窗面积不应小于该房间面积的 2%。

5）净空高度小于 12m 的中庭可开启的天窗或高侧窗的面积不应小于该中庭地面积的 5%。

（2）自然排烟设施的设置

1）为便于排除烟气，排烟窗宜设置在屋顶上或靠近顶板的外墙上方。例如，一座需进行自然排烟的 5 层建筑，一至五层的排烟窗可设在各层的顶板下，其中五层也可设在屋顶上。

2）有些建筑中用于自然排烟的开口正常使用时需处于关闭状态，需自然排烟时这些开口要能够应急打开。因此，排烟窗口应有方便开启的装置，包括手动和自动装置。

3）烟气的自然流动受较多条件的限制，为能有效地排除烟气，排烟窗距房间最远点的水平距离不应超过 30m。但在设计时，为减少室外风压对自然排烟的影响，提高排烟的效果，排烟口处宜尽量设置与建筑型体一致的挡风措施，并应根据空间高度与室内的火灾荷载情况尽量缩短该距离。内走道与房间应尽量设置 2 个或 2 个以上且朝向不同的排烟窗。

2. 机械排烟方式

机械排烟是利用风机的负压排出火灾区域内产生的烟气。

（1）机械排烟系统的布置要求

机械排烟系统的设置应符合下列规定：

1）横向宜按防火分区设置。防火分区是控制建筑物内火灾蔓延的基本空间单元。机械排烟系统按防火分区设置就是要避免管道穿越防火分区，从根本上保证防火分区的完整性。但实际情况往往十分复杂，受建筑的平面形状、使用功能、空间造型及人流、物流等情况的限制，排烟系统往往不得不穿越防火分区。

2）穿越防火分区的排烟管道设置防火阀的情况有两种：①机械排烟系统水平不按防火分区设置，或排烟风机和排烟口不在一个防火分区，此时管道在穿越防火分区处设置防火阀；②竖向管道穿越防火分区时，垂直排烟管道宜设置在管井内，并在各防火分区水平支管与垂直风管的连接处设置防火阀。

3）穿越防火分区的排烟管道应在穿越处设置排烟防火阀。排烟系统管道上安装排烟防火阀，在一定时间内能满足耐火稳定性和耐火完整性的要求，可起隔烟阻火作用。通常房间发生火灾时，房间内的排烟口开启，同时联动排烟风机启动排烟，人员进行疏散。当排烟管道内的烟气温度达到或超过 280℃ 时，烟气中有可能卷吸火焰或夹带火种。因此，当排烟系统必须穿越防火分区时，应设置烟气温度超过 280℃时能自行关闭的防火阀。

（2）机械排烟系统要求补风的场所

当设置了机械排烟系统的地下建筑（包括独立的地下、半地下建筑和附建的地下室、半地下室）和地上密闭场所（主要指其外墙和屋顶均未开设可开启外窗），因自然补风不能满足要求时，应同时设置补风系统（包括机械进风和自然进风），且进风量不小于排烟量的 50%，以便系统组织气流，使烟气尽快并畅通地被排除。但补风量也不能过大，一般不宜超过 80%。

对于一般有可开启门窗的地上建筑或自然通风良好的地下建筑，在排烟过程中空气在压差的作用下可通过通风口或门窗缝隙补充进入排烟空间内时，可不设补风系统。

（3）机械排烟系统排烟量的确定

设置机械排烟设施的部位，其排烟量应符合下列规定：

1）担负一个防烟分区排烟或净空高度大于 6.0m 的不划防烟分区的房间时，应按每平方米面积不小于 $60m^3/h$ 计算（单台风机最小排烟量不应小于 $7200m^3/h$）。

2）担负两个或两个以上防烟分区排烟时，应按最大防烟分区面积每平方米不小于 $120m^3/h$ 计算。

3）中庭体积小于或等于 $17000m^3$ 时，其排烟量按其体积的 6 次/h 换气计算；中庭体积大于 $17000m^3$ 时，其排烟量按其体积的 4 次/h 换气计算，但最小排烟量不应小于 $102000m^3/h$。

（4）排烟口、排烟阀和排烟防火阀的设置

1）排烟口或排烟阀应按防烟分区设置，较大的防烟分区常需设置数个排烟口，排烟支管上应设置当烟气温度超过 280℃时能自行关闭的排烟防火阀。排烟时，需同时开启所有排烟口，其排烟量等于各排烟口排烟量的总和，故排烟口应尽量设在防烟分区的中央部位。排烟口至该防烟分区最远点的水平距离如超过 30m，将可能使烟气过于冷却而与烟气层下的空气混合在一起，影响排烟效果。此时，应调整排烟口的布置。

2）排烟阀应与排烟风机联锁，当任一排烟阀开启时，排烟风机均应能自行启动。即一经报警，确认发生火灾后，由消防控制中心开启或手动开启排烟阀，则排烟风机应立即投入运行，同时关闭着火区的通风空调系统。但应注意：①排烟阀要注意设置与感烟探测器联锁的自动开启装置，或由消防控制中心远距离控制的开启装置以及手动开启装置，除火灾时将其打开外，平时需一直保持闭锁状态。②手动开启装置设置在墙面上时，距地面宜为 0.8～1.5m；设置在顶棚下时，距地面宜为 1.8m。

3）排烟口应设置在顶棚或靠近顶棚的墙面上。为了使在疏散人员的安全出口前 1.5m 附近区域没有烟气，排烟口与附近安全出口（沿疏散方向）的水平距离不应小于 1.5m。烟气温度较高，排烟口距可燃物较近易使可燃物引燃，故设在顶棚上的排烟口与可燃物的距离不应小于 1.0m。由于烟气本身的特点，排烟风机宜设置在最高排烟口的上部以利于排除烟气。

4）排烟口风速不宜大于 10m/s，过大会过多地吸入周围空气，使排出的烟气中空气所占的比例增大，影响实际排烟效果。

3. 机械加压送风防烟方式

机械加压送风防烟是利用风机把一定量的室外空气送入需设置防烟的部位，使这些部位内的空气压力高于火灾区域的空气压力，从而保持门洞处有一定空气流速，以避免烟气侵入。建筑物内的防烟楼梯间及其前室、消防电梯间前室或合用前室在火灾时若无法采用自然排烟，应采用机械加压送风的防烟措施。目前国内对不具备自然排烟条件的防烟楼梯间及其前室进行加压送风的做法有以下三种：①只对防烟楼梯间进行加压送风，其前室不送风；②防烟楼梯间及其前室分别设置两个独立的加压送风系统，进行加压送风；③对防烟楼梯间加压送风，并在楼梯间通往前室的门上或墙上设置余压阀，将楼梯间超压的风量通过余压阀送至前室。但要注意：不同楼层的防烟楼梯间与合用前室之间的门、合用前室与走道之间的门同时开启或部分开启时，气流的走向和风量的分配十分复杂，而且防烟楼梯间与合用前室要维持的正压值不同，因此防烟楼梯间和合用前室的机械加压送风系统宜分别独立设置。

（1）机械加压送风系统送风量的确定

由于建筑条件不同，如开门数量、门的尺寸和门扇数量、缝隙大小及风速等的差异均可直接影响机械加压送风系统的通风量，故设计时应进行计算确定机械加压送风防烟系统的加压送风量。对垂直疏散通道加压送风量的计算方法很多，其理论依据提出的共同点都是使加压部位的门关闭时要保持一定的正压值，门开启时门洞处应具有一定的风速才能有效阻挡烟气。此外，设计确定其风量时还应考虑疏散人员推开门所需力量不宜过高。常用的两个基本计算方法是：

1）压差法：当疏散通道门关闭时，加压部位保持一定的正压值所需送风量。

$$L_y = 0.827 \times A \times \Delta P^{1/N} \times 1.25 \times 3600 \qquad (2\text{-}9)$$

式中　L_y——加压送风量，m^3/h；

　　0.827——计算常数（漏风率系数）；

　　　A——门、窗缝隙的计算漏风总面积，m^2；门缝宽度：疏散门 0.002～0.004m，电梯门 0.005～0.006m；

　　ΔP——门、窗两侧的压差值，对于防烟楼梯间取 40～50Pa，对于前室、消防电梯前室、合用前室取 25～30Pa；

　　　N——指数，对于门缝及较大漏风面积取 2，对于窗缝取 1.6；

　1.25——不严密处附加系数。

2）风速法：开启着火层疏散门时，需要相对保持门洞处一定风速所需送风量。

$$L_y = \frac{nFV(1+b)}{a} \times 3600 \qquad (2\text{-}10)$$

式中　L_y——加压送风量，m^3/h；

　　　F——每个门的开启面积，m^2；

　　　V——开启门洞处的平均风速，取 0.6～1.0m/s；

　　　a——背压系数，根据加压间密封程度，在 0.6～1.0 范围内取值；

　　　b——漏风附加率，取 0.1～0.2；

　　　n——同时开启门的计算数量，当建筑物为 20 层以下时取 2，当建筑物为 20 层及以上时取 3。

根据以上压差法和风速法分别算出风量并取其大值，再与表 2-19 或表 2-20 中相应加压送风做法所需的加压送风量比较，取其中大值作为系统计算加压送风量。

表 2-19　非高层建筑的最小机械加压送风量

条件和部位		加压送风量(m³/h)
前室不送风的防烟楼梯间		25000
防烟楼梯间及其合用前室分别加压送风	防烟楼梯间	16000
	合用前室	13000
消防电梯间前室		15000
防烟楼梯间采用自然排烟,前室或合用前室加压送风		22000

注:表内的风量是按开启宽×高=1.5m×2.1m 的双扇门为基础的计算值。当采用单扇门时,其风量宜按表列数值乘以 0.75 确定;当有 2 个或 2 个以上门时,其风量应按表列数值乘以 1.50～1.75 确定。开启门时,通过门的风速不应小于 0.70m/s。

表 2-20　高层建筑的最小机械加压送风量

条件和部位		系统负担层数	加压送风量(m³/h)
前室不送风的防烟楼梯间		<20 层	25000～30000
		20 层～32 层	35000～40000
防烟楼梯间及其合用前室分别加压送风	防烟楼梯间	<20 层	16000～20000
		20 层～32 层	20000～25000
	合用前室	<20 层	12000～16000
		20 层～32 层	18000～22000
消防电梯间前室		<20 层	15000～20000
		20 层～32 层	22000～27000
防烟楼梯间采用自然排烟,前室或合用前室加压送风		<20 层	22000～27000
		20 层～32 层	28000～32000

注:表内的风量是按开启宽×高=1.6m×2.0m 的双扇门为基础的计算值。当采用单扇门时,其风量宜按表列数值乘以 0.75 确定;当有 2 个或 2 个以上门时,其风量应按表列数值乘以 1.50～1.75 确定。开启门时,通过门的风速不应小于 0.70m/s。

(2) 机械加压送风系统最不利环路阻力损失外的余压值的确定

机械加压送风系统最不利环路阻力损失外的余压值是加压送风系统设计中的一个重要技术指标。该数值是指在加压部位相通的门窗关闭时,足以阻止着火层的烟气在热压、风压、浮力、膨胀力等联合作用下进入加压部位,而同时又不致过高造成人们推不开通向疏散通道的门。

吸风管道和最不利环路的送风管道的摩擦阻力与局部阻力的总和为加压送风机的全压。美国、英国、加拿大的有关规范规定的正压值一般取 25～50Pa。我国规定防烟楼梯间正压值为 40～50Pa;前室、合用前室为 25～30Pa。

(3) 加压送风口的设置

防烟楼梯间的前室或合用前室的加压送风口应每层设置 1 个。防烟楼梯间的加压送风口宜每隔 2～3 层设置 1 个,这样既可方便整个防烟楼梯间压力值达到均衡,又可避免在需要一定正压送风量的前提下,不因正压送风口数量少而导致风口断面太大。

机械加压送风防烟系统中送风口的风速不宜大于 7.0m/s。

（4）机械加压送风（或排烟）管道的设置

1）采用金属风管时，不应大于 20m/s。

2）采用内表面光滑的混凝土等非金属风道时，不应大于 15m/s。

（5）机械加压送风系统设计的注意事项

1）防烟楼梯间和合用前室的机械加压送风系统宜分别独立设置。

2）建筑层数超过 32 层时，其送风系统及送风量应分段设计。

3）剪刀楼梯间可合用一个风道，其风量按两楼梯间风量计算，送风口应分别设置。塔式住宅设置一个前室的剪刀楼梯应分别设置加压送风系统。

4）地上和地下同一位置的防烟楼梯间需采用机械加压送风时，均应满足加压风量的要求。

5）前室的加压送风口为常闭型时，应设置手动和自动开启装置，并与加压送风机的启动装置联锁，手动开启装置宜设在距地面 0.8～1.5m 处或常闭加压风阀。

6）前室的加压送风口为常开型时，加压送风量应计入火灾时不开门的楼层门缝的漏风量，可取总风量的 10%～20%，并应在加压风机的压出管上设置止回阀。

7）采用机械加压送风系统的楼梯间或前室，当某些层有外窗时，应尽量减少开窗面积或设固定窗扇，系统加压送风量应计算窗缝的漏风量。

8）封闭避难层（间）的机械加压送风量，应按避难层（间）净面积每平方米不少于 30m³/h 计算。

9）加压送风的楼梯间与前室宜设置防止超压的泄压装置。

🔍 拓展小课堂

1. 建筑物的防火排烟工程是由多专业共同协作完成，在此过程中，应具有遵纪守法、廉洁自律、大局意识、团结协作意识；

2. 安全意识、职业判断能力为保证建筑物正常使用提供保障。

单元小结 🔍

本单元主要介绍了四个问题。第一个问题是有害物浓度、卫生标准和排放标准，主要介绍了有害物的分类、常见有害物的产生来源、有害物浓度的表示、几个标准中规定的有害物浓度限值和最高允许排放浓度。第二个问题是通风方式，主要介绍了通风的定义、作用及分类。第三个问题是建筑物的通风，主要介绍了建筑物中设备机房和汽车库等场所的通风设计要求。第四个问题是建筑物的防火排烟，主要介绍了防火分区的划分、防烟分区的设置、防烟排烟系统的作用及防烟排烟的方式。

思考题与习题 🔍

1. 有害气体的体积浓度与质量浓度如何换算？

2. 某营业性饭店厨房排油烟系统风量 20000m³/h，油烟质量浓度 13mg/m³，选择油烟净化设备的最小去除效率。

3. 有一住宅楼的地下车库，设计车位数 200 个，现停车 150 辆，若小轿车的排气量为 1.5m³/(台·h)，汽车在库内平均运行时间为 6min，车库 CO 的允许质量浓度为 100mg/m³，车库排气温度为 28℃。求：该车库的排风量。

4. 某高层民用建筑中庭体积为 18000m³，需设置机械排烟系统。求：其最小排烟量。

5. 某高层民用建筑的地下 1 层为办公用房，总面积 600m²，分为 2 个防烟分区，面积分别是 400m² 和 200m²。求：设置 1 个排烟系统时排烟风机的风量。

6. 某高层民用建筑的内走道（图 2-2）需要单独设置机械排烟系统。求：其排烟风机的最小排烟量。

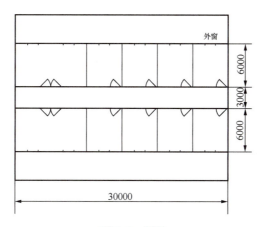

图 2-2　题图

7. 某 18 层高层民用建筑的合用前室设置加压送风系统。求：当前室门为 2m×1.6m 时采用风速法计算出的最小正压送风量。

8. 某高层民用建筑地下室内走道长 80m，宽 2.5m，与走道相通的房间总面积 960m²，其中无窗房间 300m²，设固定窗房间 500m²，设可开启外窗房间 160m²。求：在设计走道排烟系统时计算风量的排烟面积。

9. 某高层写字楼地下 1 层内走道长 65m，宽 2m，与走道相通的房间总面积 800m²，其中无窗房间 300m²，设固定窗房间 100m²，设可开启外窗房间 400m²。求：欲设 1 个机械排烟系统，在不考虑划分防烟分区的情况下其最小排烟风量。

10. 一多层建筑防烟楼梯间的计算加压送风系统风量 16400m³/h，共设 5 个送风口。求：每个风口的有效面积按规范要求的最小值。

11. 一多层建筑防烟楼梯间的计算加压送风系统风量 18000m³/h。求：如采用金属风道，规范规定风道断面面积的最小值。

12. 一多层建筑防烟楼梯间的计算加压送风系统风量 16200m³/h。求：如采用非金属风道，规范规定风道断面面积的最小值。

13. 一多层建筑的排烟系统，排烟风量 30000m³/h，设排烟口 5 个。求：每个排烟口的有效面积按规范要求的最小值。

教学单元3

全面通风

Chapter **03**

3-1

全面通风

教学单元概述

本教学单元主要讲述全面通风量的确定方法、全面通风的空气平衡与热平衡、全面通风的气流组织形式，并介绍了置换通风的原理及基本方式，简单介绍了置换通风的设计知识。

知识目标

1. 掌握全面通风量的确定方法；
2. 掌握全面通风的空气平衡与热平衡；
3. 熟悉全面通风的气流组织形式；
4. 掌握置换通风的原理及基本方式，了解置换通风的设计知识。

能力目标

1. 能根据一些已知条件，计算全面通风量；
2. 能根据空气平衡与热平衡方程，计算送风量与送风温度；
3. 能合理布置送、排风口，确定全面通风气流组织形式。

全面通风也称稀释通风，它主要是对整个车间或房间进行通风换气，将新鲜的空气送入室内以改变室内的温、湿度和稀释有害物的浓度，并不断地把污浊空气排出室外，使室内空气中有害物浓度符合卫生标准的要求。当车间内不能采用局部排风或局部排风不能达到要求时，应采用全面通风。要使全面通风达到良好的通风效果，不仅需要有足够的通风量，而且还要对气流进行合理的组织。

3.1 全面通风量的确定

全面通风量是指为了使房间内的空气环境符合规范允许的卫生标准，用于稀释通风房间的有害物浓度或排除房间内的余热、余湿所需的通风换气量。

3.1.1 为稀释有害物所需的通风量

$$L = \frac{kx}{y_p - y_s} \tag{3-1}$$

式中　L——全面通风量，m^3/s；

　　　k——安全系数，一般在 3～10 范围内选用；

　　　x——有害物散发量，g/s；

　　　y_p——室内空气中有害物的最高允许浓度，g/m^3，可从有关标准中查取；

　　　y_s——送风中含有的有害物浓度，g/m^3。

3.1.2 为消除余热所需的通风量

$$G = \frac{Q}{C_p (t_p - t_s)} \text{或} L = \frac{Q}{C_p \rho (t_p - t_s)} \tag{3-2}$$

式中　G——全面通风量，kg/s；

　　　Q——室内余热（指显热）量，kW；

　　　C_p——空气的定压比热容，可取 $1.01kJ/(kg \cdot ℃)$；

　　　ρ——空气的密度，kg/m^3；

　　　t_p——排风温度，$℃$；

　　　t_s——送风温度，$℃$。

3.1.3 为消除余湿所需的通风量

$$G = \frac{W}{d_p - d_s} \text{或} L = \frac{W}{\rho (d_p - d_s)} \tag{3-3}$$

式中　W——余湿量，g/s；

　　　d_p——排风含湿量，g/kg；

　　　d_s——送风含湿量，g/kg。

需要注意的是，当通风房间同时存在多种有害物时，一般情况下，应分别计算，然后取其中的最大值作为房间的全面换气量。但是，当房间内同时散发数种溶剂（苯及其同系物、醇、醋酸酯类）的蒸气，或数种刺激性气体（三氧化硫、二氧化硫、氯化氢、氟化氢、氮氧化物及一氧化碳）时，由于这些有害物对人体的危害在性质上是相同的，在计算全面通风量时，应把它们看成是一种有害物质，房间所需的全面换气量应当是分别排除每一种有害气体所需的全面换气量之和。

当房间内有害物质的散发量无法具体计算时，全面通风量可根据经验数据或通风房间的换气次数估算，通风房间的换气次数 n 定义为：通风量 L 与通风房间体积 V 的比值：

$$n = \frac{L}{V} \qquad (3\text{-}4)$$

式中　n——通风房间的换气次数，次/h，可从有关的设计规范或手册中查取；

　　　L——房间的全面通风量，m^3/h；

　　　V——通风房间的体积，m^3。

各种房间的换气次数，可从有关的资料中查取，表 3-1 给出了住宅建筑最小换气次数。

表 3-1　住宅建筑最小换气次数

人均居住面积 F_P	换气次数（次/h）
$F_P \leqslant 10\mathrm{m}^2$	0.70
$10\mathrm{m}^2 < F_P \leqslant 20\mathrm{m}^2$	0.60
$20\mathrm{m}^2 < F_P \leqslant 50\mathrm{m}^2$	0.50
$F_P > 50\mathrm{m}^2$	0.45

【例 3-1】某车间内同时散发苯和醋酸乙酯，散发量分别为 80mg/s、100mg/s，求所需的全面通风量。

【解】查相关设计手册得最高允许浓度为：苯 $y_{p1} = 40\mathrm{mg/m}^3$，醋酸乙酯 $y_{p2} = 300\mathrm{mg/m}^3$。送风中不含有这两种有机溶剂蒸气，故 $y_{s1} = y_{s2} = 0$。取安全系数 $k = 6$。则

苯　　　$$L_1 = \frac{kx_1}{y_{p1} - y_{s1}} = \frac{6 \times 80}{40 - 0}\mathrm{m}^3/\mathrm{s} = 12\mathrm{m}^3/\mathrm{s}$$

醋酸乙酯　$$L_2 = \frac{kx_2}{y_{p2} - y_{s2}} = \frac{6 \times 100}{300 - 0}\mathrm{m}^3/\mathrm{s} = 2\mathrm{m}^3/\mathrm{s}$$

数种有机溶剂的蒸气混合存在，全面通风量为各自所需之和，即

$$L = L_1 + L_2 = (12 + 2)\mathrm{m}^3/\mathrm{s} = 14\mathrm{m}^3/\mathrm{s}$$

🔍 拓展小课堂

完成本节例题，要求查询相关手册，合理确定计算参数，培养同学们"严态度、严细节、严责任"的三严意识，提高工程意识；培养认真负责的工作态度及爱岗敬业的职业道德。

3.2　全面通风的空气平衡和热平衡

3.2.1　空气平衡

在通风房间内，无论采取哪种通风方式，都必须保证空气质量的平衡，即在单位时间内进入室内的空气质量与同一时间内排出的空气质量保持相等。空气平衡可以用以下公式表示：

$$G_{zj}+G_{jj}=G_{zp}+G_{jp} \tag{3-5}$$

式中　G_{zj}——自然进风量，kg/s；

　　　G_{jj}——机械进风量，kg/s；

　　　G_{zp}——自然排风量，kg/s；

　　　G_{jp}——机械排风量，kg/s。

在未设有自然通风的房间中，当机械进、排风风量相等（$G_{jj}=G_{jp}$）时，室内外压力相等，压差为零。当机械进风量大于机械排风量（$G_{jj}>G_{jp}$）时，室内压力升高，处于正压状态，反之，室内压力降低，处于负压状态。由于通风房间不是非常严密的，当处于负压状态时，室内的部分空气会通过房间不严密的缝隙或窗户、门洞等渗入室内，渗入室内的空气称为无组织进风。

在工程设计中，为了满足通风房间或邻室的卫生条件要求，采用使机械送风量略大于机械排风量（通常取 5%～10%）、让一部分机械送风量从门窗缝隙自然渗出的方法，使洁净度要求较高的房间保持正压，以防止污染空气进入室内；或采用使机械送风量略小于机械排风量（通常取 10%～20%）、使一部分室外空气通过从门窗缝隙自然渗入室内补充多余的排风量的方法，使污染程度较严重的房间保持负压，以防止污染空气向邻室扩散。但是处于负压的房间，负压不应过大，否则会导致不良后果，室内负压引起的危害见表 3-2。

表 3-2　室内负压引起的危害

负压(Pa)	风速(m/s)	危　害
2.45～4.9	2～2.9	使操作者有吹风感
2.45～12.25	2～45	自然通风的抽力下降
4.9～12.25	2.9～4.5	燃烧炉出现逆火
7.35～12.25	3.5～6.4	轴流式排风扇排风能力下降
12.25～49	4.5～9	大门难以启闭
12.25～61.25	6.4～10	局部排风扇系统能力下降

3.2.2　热平衡

通风房间的空气热平衡，是指为保持通风房间内温度不变，必须使室内的总得热量等于总失热量。即：

$$\sum Q_d = \sum Q_s \tag{3-6}$$

式中　　$\sum Q_d$——总得热量，kW；

$\sum Q_s$ —— 总失热量，kW。

热平衡方程式为：

$$\sum Q_h + cL_p\rho_n t_n = \sum Q_f + cL_{jj}\rho_{jj}t_{jj} + cL_{zj}\rho_w t_w + cL_{hx}\rho_n(t_s - t_n) \qquad (3-7)$$

式中　$\sum Q_h$ —— 围护结构、材料吸热的总失热量，kW；

$\sum Q_f$ —— 生产设备、产品及供暖散热设备的总放热量，kW；

L_p —— 局部和全面排风风量，m^3/s；

L_{jj} —— 机械进风量，m^3/s；

L_{zj} —— 自然进风量，m^3/s；

L_{hx} —— 再循环空气量，m^3/s；

ρ_n —— 室内空气密度，kg/m^3；

ρ_w —— 室外空气密度，kg/m^3；

t_n —— 室内排出空气温度，℃；

t_w —— 室外空气计算温度，℃，在冬季，对于局部排风及稀释有害气体的全面通风，采用冬季供暖室外计算温度。对于消除余热、余湿及稀释低毒性有害物质的全面通风，采用冬季通风室外计算温度。冬季通风室外计算温度是指历年最冷月平均温度的平均值；

t_{jj} —— 机械进风温度，℃；

t_s —— 再循环送风温度，℃；

c —— 空气的质量比热，其值为 1.01kJ/（kg·℃）。

在不同的工业厂房，由于生产设备和通风方式等因素的不同，其车间得、失热量也存在着较大的差异。设计时不仅要考虑生产设备、产品、供暖设备及送风系统的得热量，还要考虑围护结构、低于室温的生产材料及排风系统等的失热量。在对全面通风系统进行设计计算时，应将空气质量平衡和热平衡统一考虑，来满足通风量和热量平衡的要求。

【例3-2】已知某车间排除有害气体的局部排风量 $G_p = 0.5kg/s$，冬季工作区的温度 $t_n = 15℃$，建筑物围护结构热损失 $Q = 5.8kW$，当地冬季供暖室外计算温度 $t_w = -25℃$，试确定需要设置的机械送风量和送风温度。

【解】（1）确定机械送风量和自然进风量

为防止室内有害气体向室外扩散，取机械送风量等于机械排风量的90％，不足的部分由室外空气通过门窗缝隙自然渗入室内来补充。此时所需机械送风量为：

$$G_{jj} = 0.9G_{jp} = 0.9 \times 0.5 = 0.45kg/s$$

自然进风量为：

$$G_{zj} = 0.5 - 0.45 = 0.05kg/s$$

（2）确定送风温度

根据热平衡方程：

$$G_{jj}Ct_{jj}+G_{zj}Gt_{zj}=G_{jp}Ct_{jp}+Q$$

$$t_{jj}=(G_{jp}Ct_{jp}+Q-G_{zj}Ct_{zj})/G_{jj}C$$
$$=[0.5\times1.01\times15+5.8-0.05\times1.01\times(-25)]/(0.45\times1.01)$$
$$=32.2℃$$

要保持室内的温度和压力一定，就应保持热平衡和空气平衡。在实际生产中，通风形式比较复杂，有的情况要根据排风量确定送风量；有的情况要根据热平衡的条件来确定空气参数。通风系统的平衡问题非常复杂，是一个动态平衡过程，室内温度、送风温度、送风量等各种因素都会影响这个平衡。如果上述条件发生变化，可以按照下列方法进行相应的调整：

（1）如冬季根据平衡求得送风温度低于规范的规定，可直接将送风温度提高至规定的数值；

（2）如冬季根据平衡求得送风温度高于规范的规定，应将送风温度降低至规定的数值，相应提高机械进风量；

（3）如夏季根据平衡求得送风温度高于规范的规定，可直接降低送风温度进行送风，使室内温度有所降低。

在保证室内卫生条件的前提下，为节省能量，进行车间通风系统设计时，可采取以下措施：

（1）计算局部排风系统风量时（尤其是局部排风量大的车间）要有全局观念，不能片面追求大风量，应改进局部排风系统的设计，在保证效果的前提下，尽量减少局部排风量，以减少车间的进风量和排风热损失，这一点，在严寒地区非常重要。

（2）机械进风系统在冬季应采用较高的送风温度。直接吹向工作地点的空气温度，不应低于人体的表面温度（34℃左右），最好应在 37～50℃ 之间。这样，可避免工人有吹冷风的感觉，同时还能在保持热平衡的前提下，利用部分无组织进风，以减少机械进风量。

（3）净化后的空气再循环使用。对于含尘浓度不太高的局部排风系统，排出的空气除尘净化后，如达到卫生标准，可再循环使用。

（4）室外空气直接送到局部排风罩或排风罩的排风口附近，补充局部排风系统排出的风量。

（5）为了充分利用排风余热，节约能源，在可能的条件下应设置热回收装置。

3.3　全面通风的气流组织

全面通风的通风效果不仅与采用的通风系统形式有关，还与通风房间的气流组织形式有关。所谓气流组织，就是合理地选择和布置送、排风口的形式、数量和位置，合理地分配各风口的风量，使送风和排风能以最短的流程进入工作区或排出，从而以最小的风量获得最佳的效果。一般通风房间的气流组织形式有上送下排、下送上排及中间送上下排等形式。设计时应根据有害物源的布置、操作位置、有害物性质及浓度分布等情况对送排风方式进行合理的选择。

在进行气流组织设计时，应按照以下原则进行设计：

（1）送风口应尽量靠近操作地点。清洁空气送入通风房间后，应先经过操作地点，再经过污染区然后排出房间。

（2）排风口应尽量靠近有害物源或有害物浓度高的地区，以便有害物能够迅速被排出室外。

（3）进风系统气流分布均匀，避免在房间局部地区出现涡流，使有害物聚积。

送排风量因建筑物的用途和内部环境的不同而不同。在生产厂房、民用建筑要求清洁度高的房间，送风量应大于排风量；对于产生有害气体和粉尘的房间，应使送风量略小于排风量。

（4）机械送风系统室外进风口的布置：

1）选择空气洁净的地方；

2）进风口应低于排风口，并设置在排风口上风处；

3）进风口底部应高出地面 2m，在设有绿化带时，不宜低于 1m。

（5）机械送风系统的送风方式：

1）放散热或同时放散热、湿和有害气体的房间，当采用上部或下部同时全面排风时，送风宜送至工作地带。

2）放散粉尘或密度比空气大的蒸气和气体、而不同时放散热的车间及辅助建筑物，当从下部地带排风时，宜送至上部地带。

3）当固定工作地点靠近有害物质放散源，且不可能安装有效的局部排风装置时，应直接向工作地点送风。

（6）风量的分配：

1）有害物和蒸气的密度比空气轻，或虽比室内空气重，但建筑内散发的显热全年均能形成稳定的上升气流时，宜从房间上部区域排出。

2）当散发有害气体和蒸气的密度比空气重，建筑物内散发的显热不足以形成稳定的上升气流而沉积在下部区域时，宜从房间上部区域排出总风量的 1/3 且不小于每小时一次换气量，从下部区域排出总排风量的 2/3。

3）当人员活动区有害气体与空气混合后的浓度未超过卫生标准，且混合后气体的相对密度与空气密度接近时，可只设上部或下部区域排风。

3.4 置换通风

3.4.1 置换通风的原理及基本方式

置换通风是空气由于密度差而造成热气流上升，冷气流下降的原理，在室内形成类似活塞流的流动状态。

置换通风是指将低于室内温度的新鲜空气直接从房间底部送入工作区，由于送风温度低于室内温度，新鲜空气在后续进风的推动下与室内的热源（人体及设备）产生热对流，在热对流的作用下向上运动，从而将被污染的空气从设置在房间顶部的排风口排出。一般情况下置换通风的风速在 $0.2\sim0.5\text{m/s}$ 之间，热源引起的热对流在室内造成气流上下运动，从而在室内的垂直方向上产生了明显的温度梯度（图 3-1、图 3-2）。

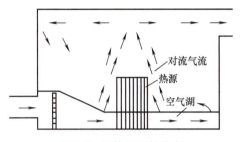

图 3-1 置换通风的流态

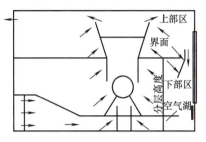

图 3-2 站姿人员产生的上升气流

置换通风在应用中有节能、通风效率高等优点，所以在实际应用中也被广泛采用，并收到了良好的效果。

3.4.2 置换通风的设计与运用

一般设计置换通风时，应从以下几方面进行考虑：

1. 置换通风的设计应符合的条件

（1）污染源与热源共存；

（2）房间高度大于等于 2.4m；

（3）冷负荷小于 120W/m^2。

2. 置换通风器的选型，其断面风速应符合的要求

（1）工业建筑断面风速 $V=0.5\text{m/s}$；

（2）高级办公室断面风速 $V=0.2\text{m/s}$。

3. 置换通风器的布置应符合的条件

（1）置换通风器附近无较大障碍物；

（2）置换通风器应靠近外墙或外窗；

（3）冷负荷较大时，应根据实际情况布置多个置换通风器。

4. 送风温度的确定

送风温度由下式确定：

$$t_s = t_{1.1} - \Delta t_n \frac{1-k}{c-1} \qquad (3\text{-}8)$$

$$c = \frac{\Delta t_n}{\Delta t} = \frac{t_{1.1} - t_{0.1}}{t_p - t_s}$$

式中 c——停留区温升系数；

　　$t_{0.1}$——地表面空气温度，℃；

　　$t_{1.1}$——工作区上部空气温度，℃；

t_s——置换通风送风温度，℃；

t_p——置换通风排风温度，℃；

k——地面区温升系数。

$$k=\frac{\Delta t_{0.1}}{\Delta t}=\frac{t_{0.1}-t_s}{t_p-t_s}$$

停留区温升系数 c 也可根据房间用途确定。表 3-3 为各种房间的 c 值。

表 3-3　各种房间停留区的温升系数

停留区的温升 $c=\dfrac{\Delta t_n}{\Delta t}$	地表面部分的冷负荷比例 （%）	房间用途
0.16	0~20	天花板附近照明的场合
0.25	20~60	博物馆、摄影棚、办公室
0.4	60~100	高负荷办公室、冷却顶棚、会议室

地面区温升系数 k 可根据房间的用途及单位面积送风量确定。表 3-4 列出了各种房间的 k 值。

表 3-4　各种房间地面区的温升系数

地面区温升系数 $k=\dfrac{\Delta t_{0.1}}{\Delta t}$	房间单位面积 送风量[m³/(m²·h)]	房间用途及送风情况
0.5	5~10	仅送最小新风量
0.33	15~20	使用诱导式置换通风器的房间
0.2	>25	会议室

5. 新风量的确定

（1）按室内人员确定新风量

$$L=nq \tag{3-9}$$

式中　n——室内人员数；

　　　q——每个人所需新风量，q 可按房间需要确定，室内空气品质要求高，$q=50\text{m}^3/$ （h·人）；室内空气品质要求中等，$q=36\text{m}^3/$ （h·人）；室内空气品质要求低，$q=25\text{m}^3/$ （h·人）。

（2）按室内有害物发生量确定新风量

$$L=\frac{G}{c_p-c_s} \tag{3-10}$$

式中　G——室内有害物发生量，mg/s；

　　　c_p——排风的有害物浓度，mg/m³；

　　　c_s——送风的有害物浓度，mg/m³。

6. 送风量的确定

根据置换通风热力分层理论，界面上的烟羽流量与送风流量相等，即：

$$q_s=q_p$$

当热源的数量与发热量已知，可用下式求得烟羽流量：

$$q_{\mathrm{p}} = (3B\pi^2)^{1/3} \cdot \left(\frac{6}{5a}\right)^{4/3} \cdot Z_{\mathrm{s}}^{5/2} \tag{3-11}$$

$$B = g\beta\frac{Q_{\mathrm{s}}}{\rho}c_{\mathrm{p}} \tag{3-12}$$

式中　Q_{s}——热源热量；

β——温度膨胀系数；

a——烟羽对流卷吸系数（由实验确定）；

Z_{s}——分层高度。

通常在民用建筑中的办公室、教室等工作人员处于坐姿状态，工业建筑中的工作人员处于站姿状态。坐姿时的分层高度 $Z_1 = 1.1\mathrm{m}$，站姿时的分层高度 $Z_2 = 1.8\mathrm{m}$。

对于常见的热设备、办公设备人员，分层高度分别为 $Z_1 = 1.1\mathrm{m}$ 以及 $Z_2 = 1.8\mathrm{m}$ 时的烟羽流量可查表 3-5。

表 3-5　热源引起的上升气流流量

热 源 形 式	有效能量折算 （W）	在离地面 1.1m 处 的空气流量（m³/h）	在离地面 1.8m 处 的空气流量（m³/h）
人员： 坐或站 轻度或中度劳动	100～120	80～100	180～210
办公设备： 台灯	60	40	100
计算机/传真机	300	100	200
投影仪	300	100	200
台式复印机/打印机	400	120	250
落地式复印机	1000	200	400
散热器	400	40	100
机器设备： 约1m 直径,1m 高	2000		600
约1m 直径,2m 高	4000		800
约2m 直径,1m 高	6000		900
约2m 直径,2m 高	8000		1000

7. 送排风温差的确定

当室内发热量已知，送风量已确定时，送排风温差是可通过计算得到。在置换通风的房间内，满足热舒适性要求条件下，送排风温差随着顶棚高度的增高而变大。送排风温差与房间高度的关系，见表 3-6。

表 3-6　送排风温差与房间高度的关系

房间高度（m）	送排风温差（℃）
<3	5～8
3～6	8～10

续表

房间高度（m）	送排风温差（℃）
6~9	10~12
>9	12~14

8. 置换通风末端装置的选择与布置

置换通风的出口风速低，送风温差小的特点导致置换通风系统的送风量大，它的末端装置体积相对来说也较大。

置换通风末端装置通常有圆柱型、半圆柱型、1/4圆柱型、扁平型及壁型5种。

在民用建筑中置换通风末端装置一般均为落地安装，如图3-3（a）所示。当某办公大楼采用夹层地板时，置换通风末端装置可在地面上，如图3-3（b）所示。在工业厂房中由于地面上有机械设备及产品零件的运输，置换通风末端装置可架空布置，如图3-3（c）所示。

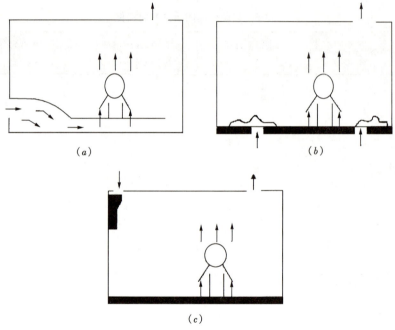

图3-3 置换通风末端装置及排风口的布置
（a）落地安装；（b）地平安装；（c）架空安装

地平安装时该末端装置的作用是将出口空气向地面扩散，使其形成空气湖。

架空安装时该末端装置的作用是引导出口空气下降到地面，然后再扩散到全室并形成空气湖。

落地安装是使用最广泛的一种形式。1/4圆柱型可布置在墙角内，易与建筑配合。半圆柱型及扁平型用于靠墙安装。圆柱型用于大风量的场合并可布置在房间的中央。以上3种末端装置的外形如图3-4~图3-6所示。

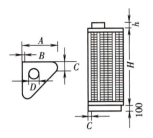 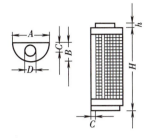 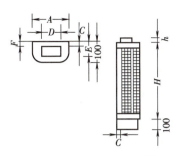

图 3-4 1/4 圆柱型置换通风器   图 3-5 半圆柱型置换通风器   图 3-6 扁平型置换通风器

拓展小课堂

1. 全面通风室内气流组织形式确定，必须坚持实事求是的科学态度，同时要不断学习接纳新技术，应用好置换通风等节能高效的通风方式；

2. 结合工程案例说明全面通风技术的发展及其在包括高铁、地铁、隧道等领域的应用。

单元小结

室内环境直接关系到人类的身体健康，不管是住宅还是厂房，都应尽可能地多通风，用通风方法改善室内的空气环境。当房间内不能采用局部排风或局部排风不能达到要求时，应采用全面通风，使室内有害物浓度降低到最高容许值以下，同时把污浊空气不断排至室外。

思考题与习题

1. 确定全面通风量时，有时采用分别稀释各有害物空气量之和，有时取其中的最大值，为什么？

2. 进行热平衡计算时，为什么计算稀释有害气体的全面通风耗热量时，采用冬季供暖室外计算温度；而计算消除余热、余湿的全面通风耗热量时，则采用冬季通风室外计算温度？

3. 通风设计如果不考虑风量平衡和热平衡，会出现什么现象？

4. 某车间体积 $V=1000\text{m}^3$，由于突然发生事故，某种有害物大量散入车间，散发量为 350mg/s，事故发生后 10min 被发现，立即开动事故风机，事故排风量为 $L=3.6\text{m}^3/\text{s}$。试问：风机启动后经过多长时间，室内有害物浓度才能降低到 100mg/m^3 以下（风机启动后有害物继续发散）？

5. 某大修厂在喷漆室内对汽车外表喷漆，每台车需 1.5h，消耗硝基漆 12kg，硝基漆中含有 20% 的香蕉水，为了降低漆的黏度，便于工作，喷漆前又按漆与溶剂质量比 $4:1$

加入香蕉水。香蕉水的主要成分是：甲苯 50%、环己烷 8%、乙酸乙酯 30%、正丁醇 4%。计算使车间空气符合卫生标准所需的最小通风量（取 K 值为 1.0）。

6. 某车间工艺设备散发的硫酸蒸气量 $X=20\text{mg/s}$，余热量 $Q=174\text{kW}$。已知夏季的通风室外计算温度 $t_w=32℃$，要求车间内有害蒸气浓度不超过卫生标准，车间内温度不超过 35℃。试计算该车间的全面通风量（因有害物分布不均匀，故取安全系数 $K=3$）。

7. 某车间同时散发 CO 和 SO_2，$X_{CO}=140\text{mg/s}$，$X_{SO_2}=56\text{mg/s}$，试计算该车间所需的全面通风量。由于有害物及通风空气分布不均匀，取安全系数 $K=6$。

8. 已知某房间散发的余热量为 160kW，一氧化碳散发量为 32mg/s，当地通风室外计算温度为 31℃。如果要求室内温度不超过 35℃，一氧化碳浓度不得大于 1mg/m^3，试确定该房间所需要的全面通风量。

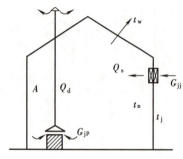

图 3-7　题 3-9 图

9. 车间通风系统布置如图 3-7 所示，已知机械进风量 $G_{jj}=1.11\text{kg/s}$，局部排风量 $G_{jp}=1.39\text{kg/s}$，机械进风温度 $t_j=20℃$，车间的得热量 $Q_d=20\text{kW}$，车间的失热量 $Q_s=4.5(t_n-t_w)\text{kW}$，室外空气温度 $t_w=5℃$，开始时室内空气温度 $t_n=20℃$，部分空气经侧墙上的窗孔 A 自然流入或流出，试问车间达到风量平衡、热平衡状态时

(1) 窗孔 A 是进风还是排风，风量多大？

(2) 室内空气温度是多少度？

10. 某车间生产设备散热量 $Q=11.6\text{kJ/s}$，局部排风量 $G_{jp}=0.84\text{kg/s}$，机械进风量 $G_{jj}=0.56\text{kg/s}$，室外空气温度 $t_w=30℃$，机械进风温度 $t_{jj}=25℃$，室内工作区温度 $t_n=32℃$，天窗排气温度 $t_p=38℃$，试问用自然通风排出余热时，所需的自然进风量和自然排风量是多少？

11. 已知某车间内生产设备散热量为 $Q_1=80\text{kW}$，车间上部天窗排风量 $L_{zp}=2.5\text{m}^3/\text{s}$，局部机械排风量 $L_{jp}=3.0\text{m}^3/\text{s}$，自然进风量 $L_{zj}=1\text{m}^3/\text{s}$，车间工作区温度为 25℃，外界空气温度 $t_w=-12℃$。求：(1) 机械进风量 G_{jj}；(2) 机械送风温度 t_{jj}；(3) 加热机械进风所需的热量 Q_3。

12. 某车间局部排风量 $G_{jp}=0.56\text{kg/s}$，冬季室内工作区温度 $t_n=15℃$，供暖室外计算温度 $t_w=-12℃$，围护结构耗热量为 $Q=5.8\text{kJ/s}$，为使室内保持一定的负压，机械进风量为排风量的 90%，试确定机械进风系统的风量和送风温度。

13. 体积为 224m^3 的车间中，设有全面通风系统，全面通风量为 $0.14\text{m}^3/\text{s}$，CO_2 的初始体积浓度为 0.05%，有 15 人在室内进行轻度劳动，每人呼出的 CO_2 量为 45g/h，进风空气中 CO_2 的浓度为 0.05%，求：

(1) 达到稳定时车间内 CO_2 浓度是多少？

(2) 通风系统开启后最少需要多长时间车间 CO_2 浓度才能接近稳定值（误差为 2%）？

14. 分析置换通风设计条件。

教学单元4

局部通风

Chapter

4-1

局部通风

教学单元概述

本教学单元主要讲述局部送风、排风系统的组成和局部排气装置，讲述了外部吸气罩、防尘密闭罩两种常见的局部排气装置，并重点介绍了空气幕这种典型的局部送风装置。

知识目标

1. 掌握局部送风、排风系统的组成；
2. 熟悉外部吸气罩的排风量计算方法；
3. 重点掌握空气幕的设计计算方法。

能力目标

1. 能确定局部送风、排风系统的形式；
2. 能计算外部吸气罩的排风量；
3. 能进行空气幕的设计计算。

局部通风系统分为局部排风和局部送风，其工作原理都是利用局部气流，使局部工作地点不受有害物的污染，从而创造良好的空气环境。

4.1 局部送风、排风系统的组成

用通风方法改善局部空间的空气环境，就是在局部地点把不符合卫生标准的污浊空气经过处理达到排放标准后排至室外，把新鲜空气经过净化、加热等处理后送入室内，我们把前者称为局部排风，如图 4-1 所示；后者称为局部送风，如图 4-2 所示。

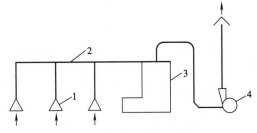

图 4-1　局部排风系统图

1—局部排风罩；2—风管；3—净化设备；4—风机

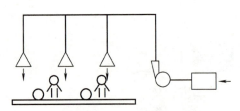

图 4-2　局部送风系统图

4.1.1　局部排风系统的组成

局部排风系统一般由以下几部分组成：

1. 局部排风罩

局部排风罩是用来捕捉有害物的。其性能对局部排风系统的效果以及经济性有很大影响。性能良好的局部排风罩，如密闭罩，只要较小的风量就可以获得良好的工作效果。由于生产设备和操作方式不同，排风罩的形式多种多样。

2. 风管

通风系统中输送空气的管道称为风管，它把系统中的各种设备或部件组成了一个整体。为了提高系统的经济性，应合理确定风管中的气体流速，管路应力求短、直。

3. 净化设备

为防止大气污染，当排出空气中有害物量超过排放标准时，必须采用净化设备处理，达到排放标准后，排至大气。净化设备分除尘器和有害气体净化装置两类。

4. 风机

风机提供机械排风系统中空气流动的动力。为防止风机的磨损和腐蚀，通常把其放在净化设备后面。

5. 进、排风口

将排风口所需求的风量，按一定方向、一定速度均匀吸入排风系统内或均匀地排出。在布置进风口时，要注意气流流动情况，避免发生"死角"影响进风效果，排风时应满足排放标准。

常见进排风口有：单层百叶带滤网排风口、格栅带滤网排风口、防雨百叶风口、风帽等各种形式。图 4-3 为常见的单层百叶排风口。

4.1.2　局部送风系统

局部送风是以一定的速度将空气直接送到指定地点的通风方式。对于面积较大、工作地点比较固定、操作人员较少的生产车间，如高温生产车间可不用对整个车间进行降温，只需在局部工作地点送风，以改善局部工作地点的环境。

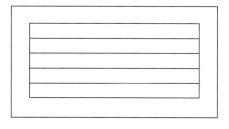

图 4-3　单层百叶排风口

局部送风系统分为系统式和分布式两种。图 4-2 是某车间工作段系统式局部送风系统示意图，空气经集中处理后送入局部工作区。分布式局部送风一般利用轴流风扇或喷雾扇，进行局部送风，以增加局部工作地点的风速或同时降低工作地点的空气温度，改善工作地点的空气环境。

局部送风系统，送风气流应符合下列要求：

（1）不得将有害物吹向人体；

（2）送风气流宜从人体的前侧上方倾斜吹到头、颈、胸部，必要时可从上向下垂直送风；

（3）送到人体上的有效气流宽度，宜采用 1m；对于室内散热量小于 $23W/m^3$ 的轻作业，可采用 0.6m；

（4）当工人活动范围较大时，宜采用旋转风口。

局部送风方式，应符合以下要求：

（1）放散热或同时放散热、湿和有害气体的生产厂房及辅助建筑物，当采用上部或上下部同时全面排风时，宜送至作业地带；

（2）放散粉尘或密度比空气重的气体和蒸气，而不同时放散热的生产厂房及辅助建筑物，当从下部地带排风时，宜送至上部地带；

（3）当固定工作地点靠近有害物质放散源，且不可能安装有效的局部排风装置时，应直接向工作地点送风。

局部送风系统送风口的位置，应符合下列要求：

（1）应设在室外空气较洁净的地点；

（2）应尽量设在排风口的上风侧且应低于排风口；

（3）进风口的底部距室外地坪，不宜低于 2m，当布置在绿化地带时，不宜低于 1m；

（4）降温用的送风口，宜设在建筑的背阴处。

送风口的一般要求：

（1）气流分布均匀，没有吹风感；

（2）气流阻力要小，以免造成较大的动力消耗；

（3）能调节风量，调节送风方向；

（4）在经济适用的前提下要求造型美观，尺寸要小；

（5）风口流速不能太大，以免产生噪声。

送风口的形式有很多，常用的有：双层百叶送风口、散流器、孔板送风口、喷射式送风口等，如图 4-4 所示。

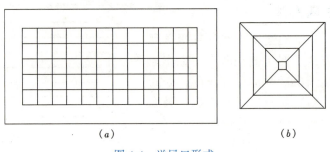

图 4-4　送风口形式

（a）双层百叶送风口；（b）方形散流器送风口

4.2　局部排气装置的种类及工作原理

设置局部排风罩时，应尽量采用密闭罩，当不能采用密闭罩时，根据生产条件和经济比较，可分别采用伞形罩、侧吸罩、吹吸式排风罩或槽边吸气罩等形式。

1. 密闭罩

图 4-5　密闭罩

如图 4-5 所示，它把有害物源全部密闭在罩内，在罩上设有较小的工作孔①，以观察罩内工作，并从罩外吸入空气，罩内污染空气由风机②排出。它只需较小的排风量就能有效控制工业有害物的扩散，排风罩气流不受周围气流影响。

2. 柜式排风罩（通风柜）

柜式排风罩如图 4-6 所示，它的结构形式与密闭罩类似，只是罩的一面全部敞开。小型通风柜，操作人员可以把手伸入罩内工作，如化学实验室用的通风柜；大型通风柜，操作人员可以直接进入柜内工作，适用于喷漆、粉状物料装袋等。

3. 外部吸气罩

由于工艺条件限制，生产设备不能密闭时，可把排风罩设在有害物源附近，依靠风机在罩口造成的抽吸作用，在有害物散发地点形成一定的气流运动，把有害物吸入罩内。这类排风罩称为外部吸气罩。如图 4-7 所示当污染气流的运动方向与罩口的吸气方向不一致时，需要较大的排风量。

4. 接受式排风罩

有些生产过程或设备本身会产生或诱导一定的气流运动，带动有害物一起运动，如高温热源上部的对流气流及砂轮磨削时产生的磨屑及大颗粒粉尘所诱导的气流等。这种情况，应尽可能把排风罩设在污染气流前方，让它直接进入罩内。这类排风罩称为接受罩。如图 4-8 所示。

5. 槽边排风罩

槽边排风罩是外部吸气罩的一种特殊形式，是为了不影响工人操作而在槽边上设置的条缝形吸气口，属工业槽专用罩。槽边排风罩分为单侧和双侧两种，单侧适用于宽度 $b \leqslant$ 700mm，$b > 700$mm 时用双侧。

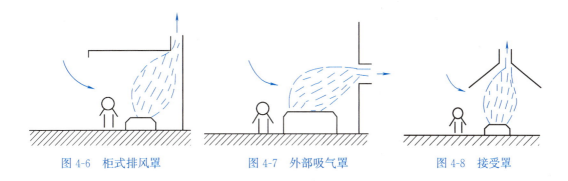

图 4-6 柜式排风罩   图 4-7 外部吸气罩   图 4-8 接受罩

目前常用的形式有平口式（图 4-9）和条缝式（图 4-10）。平口式槽边排气罩排气口上不设法兰边，吸气范围大。但是当槽靠墙布置时，如同设置了法兰边一样，吸气范围由 1.5π 减小为 0.5π。缩小吸气范围排风量会相应减小。条缝式槽边排风罩的特点是截面高度 E 较大，$E \geqslant 250$mm 的称为高截面，$E < 250$mm 的称为低截面。增大截面高度，可以减小吸气范围。因此，排风量比平口式小。它的缺点是占用空间大，对手工操作有影响。目前条缝式槽边排风罩在电镀车间应用较为广泛。

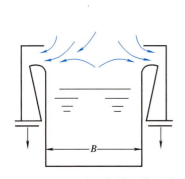

图 4-9 平口式双侧槽边排风罩

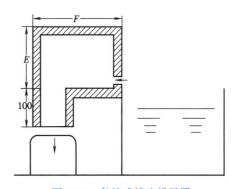

图 4-10 条缝式槽边排风罩

条缝式槽边排风罩的布置除单侧和双侧外，也可以按图 4-11 的形式布置，称为周边式槽边排风罩。

条缝式槽边排风罩的条缝口有等高条缝（图 4-12）和楔形条缝（图 4-13）两种。采用等高条缝，条缝口上速度分布不均匀，末端风速小，靠近风机的一端风速大。条缝口的速度分布与条缝口面积 f 与罩的断面积 F_1 之比有关，$\dfrac{f}{F_1}$ 越小，速度分布越均匀。$\dfrac{f}{F_1} \leqslant 0.3$ 时，可以近似认为是均匀的。$\dfrac{f}{F_1} > 0.3$ 时，为了均匀排风可采用楔形条缝。楔形条缝的高度可按表 4-1 确定。

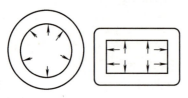

图 4-11　周边式槽边排风罩

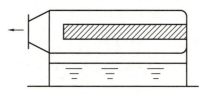

图 4-12　等高条缝

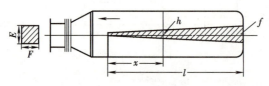

图 4-13　楔形条缝

表 4-1　楔形条缝口高度的确定

$\dfrac{f}{F_1}$	$\leqslant 0.5$	$\leqslant 1.0$
条缝末端高度 h_1	$1.3h_0$	$1.4h_0$
条缝始端高度 h_2	$0.7h_0$	$0.6h_0$

注：h_0——条缝口平行高度。

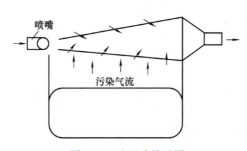

图 4-14　吹吸式排风罩

楔形条缝制作较麻烦，在 $\dfrac{f}{F_1}>0.3$ 时仍想用等高条缝，可沿槽长度分设 2 个排风罩，各单独设排气立管。条缝口上应有较高的风速，一般采用 7～10m/s。排风量大时，可适当提高上述数值。

6. 吹吸式排风罩

利用射流作为动力，把有害物输送到吸气罩再由其排除，这种把吹和吸结合起来的通风方式称为吹吸式通风。如图 4-14 所示。它具有风量小、污染控制效果好、抗干扰能力强、不影响工艺操作等特点。

拓展小课堂

通过局部通风系统的学习，充分认知局部送、排风系统的具体要求和局部排气装置的工作原理，培养实事求是的科学态度、严谨的工作作风。

4.3　外部吸气罩

外部吸气罩是通过罩口的抽吸作用在距离吸气口最远的有害物散发点（即控制点）上造成适当的空气流动，从而把有害物吸入罩内，如图 4-15 所示。控制点的空气运动速度称为控制风速（也称吸入速度），这样就向我们提出一个问题，外部吸气罩需要多大的排风量（L）才能在距罩口 x 米处造成必要的控制风速 V_x？要解决这个问题，必须掌握 L 和 V_x 之间的变化规律。因此首先要研究吸气罩口气流运动的规律。

4.3.1　吸气罩口气流的运动规律

若将吸气罩口近似看成一个点状吸气口，如图 4-16 所示，它的吸气范围是一个空间球面，其吸气时的流线就是以该点为中心的径向线。吸气口四周空气流速相等的点组成一个球面，是等速面，通过每个等速面的空气流量是相等的。

点汇吸气口的吸气量可按下式计算：

$$L = 4\pi R_1^2 V_1 = 4\pi R_2^2 V_2 \tag{4-1}$$

式中　V_1、V_2——点 1 和点 2 的空气流速，m/s；

　　　R_1、R_2——点 1 和点 2 至吸气口的距离，m。

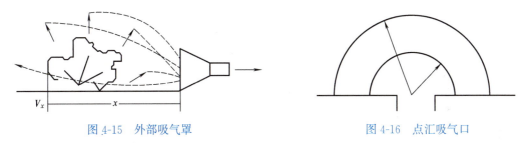

图 4-15　外部吸气罩　　　　　　　　　　图 4-16　点汇吸气口

如果吸气口设在墙上，由于吸气范围受到限制，它的等速面是一个半球面。排风量为：

$$L' = 2\pi R_1^2 V_1 = 2\pi R_2^2 V_2 \tag{4-2}$$

由式（4-1）、式（4-2）可以看出，在同样距离要造成同样的吸入速度，悬空的吸气口所需的排风量是靠墙吸气口的 2 倍。

4.3.2　前面无障碍的排风罩排风量计算

实际采用的排风罩，都具有一定的吸入口面积，不能看作一个点，因此不能把点汇吸气口的气流运动规律，直接用于外部吸气罩的计算。应进一步对各种吸气口的气流运动规律进行实验研究。

将实验结果整理成数学表达式如下：

对于无边的圆形或矩形（宽长比大于或等于 0.2）吸气口：

$$\frac{V_O}{V_x} = \frac{10x^2 + F}{F} \tag{4-3}$$

对于有边的圆形或矩形（宽长比大于或等于 0.2）吸气口：

$$\frac{V_O}{V_x}=0.75\frac{10x^2+F}{F} \tag{4-4}$$

式中　　V_O——吸气口的平均速度，m/s；

　　　　V_x——控制点的吸入速度，m/s；

　　　　x——控制点至吸气口的距离，m；

　　　　F——吸气口的面积，m^2。

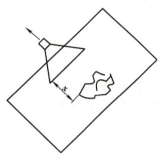

图 4-17　工作台上侧吸罩

前面无障碍的圆形或矩形吸气口的排风量可按下列公式计算：

$$L=3600\cdot V_O\cdot F=3600（10x^2+F）\cdot V_x \quad m^3/h \tag{4-5}$$

图 4-17 是设在工作台的侧吸罩，此时可以假想有一个上下对称的吸气口在工作。这个吸气口的面积是真实吸气口的二倍，根据公式（4-3），假想吸气口的排风量为：

$$L'=（10x^2+2F）V_x \tag{4-6}$$

实际排风罩的排风量：

$$L=\frac{1}{2}L'=（5x^2+F）V_x \tag{4-7}$$

在工程设计中，计算外部吸气罩的排风量时，先确定控制点风速 V_x，V_x 值与工艺过程和室内气流运动情况有关，一般通过实测求得。在设计时也可参考表 4-2 确定。

表 4-2　控制点的控制风速 V_x

有害物放散的情况	吸入速度（m/s）	举　例
以轻微的速度放散到相当平静的空气中	0.25～0.5	液体的蒸发，气体或烟从敞口容器中外逸
以较低的初速放散到尚属平静的空气中	0.5～1.0	喷漆室的喷漆，断续倾倒有尘屑的干物料到容器中，焊接
以相当大的速度放散出来，或放散到空气运动迅速的区域	1.0～2.5	翻砂，脱模，高速皮带运输（高于 1m/s）的转换点，混合，装桶
以高速放散出来，或是放散到空气运动很迅速的区域	2.5～10	磨床，重破碎

【例 4-1】 如图 4-17 所示，焊接工作台上侧吸罩罩口尺寸为 $0.6m×0.3m$，罩口四围有边。工件至罩口的最大距离为 $0.4m$，焊接时控制点吸入速度 $V_x=0.5m/s$。求侧吸罩的排风量。

【解】 根据题中所给条件，此吸入罩的排风量应按下式计算：

$$\begin{aligned}
L &=3600×0.75（5x^2+F）V_x\\
&=3600×0.75×[5×（0.4）^2+0.6×0.3]×0.5\\
&=3600×0.75×0.98×0.5\\
&=1320 m^3/h
\end{aligned}$$

4.3.3　前面有障碍的外部吸气罩排风量计算

排风量如设在工艺设备上方，由于设备的限制，气流只能从侧面进入罩内罩口的气流流线与无障碍时不同，上吸式排风罩的尺寸及安装位置按图 4-18 确定。为了避免横向气流的影响，要求 H 尽可能小于或等于 $0.3A$（罩口长边尺寸），其排风量按下式计算：

$$L = K \cdot P \cdot H \cdot V_x \qquad (4\text{-}8)$$

式中　P——排风量罩口敞开面的周长，m；

　　　H——罩口至污染源的距离，m；

　　　V_x——边缘控制点的控制风速，m/s；

　　　K——考虑沿高度速度分布不均匀的安全系数，通常取 $K=1.4$。

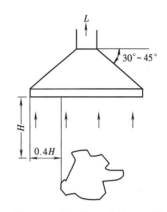

图 4-18　上吸罩尺寸及安装图

【例 4-2】有一浸漆槽，槽面尺寸为 $0.6\text{m} \times 1.2\text{m}$，为了排除溶剂蒸气，在槽的上部设置伞形罩，罩口至液面的距离 $x = 0.8\text{m}$，试求伞形罩的排风量。

【解】取罩口尺寸与槽面尺寸相同，即 $0.6\text{m} \times 1.2\text{m}$。

$$\frac{x}{\sqrt{F}} = \frac{0.8}{\sqrt{0.6 \times 1.2}} = 0.94$$

根据 $\dfrac{x}{\sqrt{F}} = 0.94$，罩口的宽长比为 $1:2$，由图 4-19

查得 $\dfrac{V_O}{V_x} = 9.5$。

控制点吸入速度 V_x 取 0.25m/s。则罩口平均速度即为：$V_O = 9.5 \times 0.25 = 2.38\text{m/s}$。

伞形罩的排风量：

$$L = 3600\, F\, V_O = 3600 \times 0.6 \times 1.2 \times 2.38 = 6150\text{m}^3/\text{h}$$

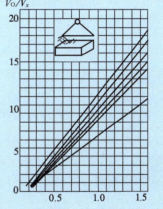

图 4-19　侧面无围挡时不同边比伞形罩的 V_O/V_x 与 $x/\sqrt{F}$ 之关系

4.3.4　条缝式槽边排风罩的排风量计算

1. 高截面单侧排风

$$L = 2V_x AB \left(\frac{B}{A}\right)^{0.2} \qquad (4\text{-}9)$$

2. 低截面单侧排风

$$L = 3V_x AB \left(\frac{B}{A}\right)^{0.2} \qquad (4\text{-}10)$$

3. 高截面双侧排风（总风量）

$$L = 2V_x AB \left(\frac{B}{2A}\right)^{0.2} \qquad (4\text{-}11)$$

4. 低截面双侧排风（总风量）

$$L=3V_xAB\left(\frac{B}{2A}\right)^{0.2} \tag{4-12}$$

5. 高截面周边型排风

$$L=1.57V_xD^2 \tag{4-13}$$

6. 低截面周边型排风

$$L=2.36V_xD^2 \tag{4-14}$$

式中　A——槽长，m；

　　　B——槽宽，m；

　　　D——圆槽直径，m；

　　　V_x——边缘控制点的控制风速，m/s，V_x 值按附录 4-1 确定。

条缝式槽边排风罩的阻力计算：

$$\Delta P=\zeta\frac{\rho V_O^2}{2\rho} \tag{4-15}$$

式中　ζ——局部阻力系数，一般取 $\zeta=2.34$；

　　　V_O——条缝口上空气流速，m/s；

　　　ρ——周围空气密度，kg/m³。

【例 4-3】 长 $A=1$m，宽 $B=0.8$m 的酸性镀铜槽，槽内溶液温度等于室温。设计该槽上的槽边排风量。

【解】 因 $B>700$mm 采用双侧。

根据国家标准设计，条缝式槽边排风量的断面尺寸（$E\times F$）共有三种，250mm×200mm、250mm×250mm、200mm×200mm。本题选用 $E\times F=250$mm×250mm。

控制风速 $V_x=0.3$m/s

总排风量 $L=2V_xAB\left(\frac{B}{2A}\right)^{0.2}=2\times0.3\times1\times0.8\,(0.8/2)^{0.2}=0.4$m³/s

每一侧的排风量 $L'=\frac{1}{2}L=\frac{1}{2}\times0.4=0.2$m³/s

假设条缝口的风速　$V_O=8$m/s

采用等高条缝，条缝口面积　$f_O=L'/V_O=0.2/8=0.025$m²

条缝口高度　$h_O=f/A=0.025$m$=25$mm

$$f/F_1=0.025/\,(0.25\times0.25)=0.4>0.3$$

为保证条缝口上速度分布均匀，在每一侧分设两个罩子，设两根立管。

因此　$f'/F_1=\dfrac{f/2}{F_1}=\dfrac{0.025/2}{0.25\times0.25}=0.2<0.3$

阻力　$\Delta P=\zeta\dfrac{v_O^2}{2}\rho=2.34\times\dfrac{8^2}{2}\times1.2=90$Pa

4.4　空气幕

空气幕是一种局部送风装置。它是利用特制的空气分布器喷出一定温度和速度的幕状气流，用来封堵门洞，减少或隔绝外界气流的侵入，以保证室内或某一工作区的温度环境。如图4-20所示。

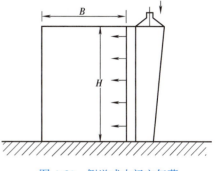

图4-20　侧送式大门空气幕

4.4.1　空气幕的作用和分类

空气幕的作用是：

1. 防止室外冷、热气流侵入

用于运输工具、材料出入的工业建筑或商场、剧院等公共建筑需经常开启的大门，在冬季由于大门的开启将有大量的冷风侵入而使室内气温骤然下降。为防止冷空气的侵入，可设空气幕。炎热的夏季为防止室外热气流对室内温度的影响，可设置喷射冷风的空气幕。

2. 防止余热和有害气体的扩散

为防止余热和有害气体向室外或其他车间扩散蔓延，可设置空气幕进行阻隔。

（1）空气幕的设置原则

1）位于严寒地区室外计算温度低于或等于－20℃的公共建筑和工业建筑，当大门开启频繁不能设置门斗或前室，且每班开启时间超过40分钟时；

2）公共建筑和工业建筑，当生产或使用要求不允许降低室内温度时或经技术经济比较设置空气幕合理时。

（2）空气幕的种类

空气幕按空气分布器的安装位置可分为侧送式、上送式和下送式。

1）侧送式空气幕有单侧和双侧，如图4-21（a）、（b）所示。单侧空气幕适用于宽度小于4m的门洞和物体通过大门时间较短的场合。当门宽超过4m时可采用双侧空气幕。侧送式空气幕喷出气流比较卫生，为了不阻挡气流，侧送式空气幕的大门不向里开。

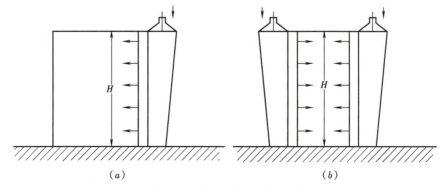

（a）　　　　　　　　　　　（b）

图4-21　侧送式大门空气幕

（a）单侧送式大门空气幕；（b）双侧送式大门空气幕

2）下送式空气幕。这种空气幕的气流由门洞下部的风道吹出，所需空气量较少，运行费用较低。由于射流最强作用段处于大门的下部，所以阻挡效果最好，但下送式空气幕容易被脏物堵塞和送风易受污染，另外在物体通过时由于空气幕气流被阻碍而影响送风效果。

3）上送式空气幕。适用于一般公共建筑，如剧院、百货公司等。它的挡风效果不如下送式空气幕，也存在着车辆通过时阻碍空气幕的气流问题。这种送风方法的卫生条件比下送式空气幕好。

从实际应用的情况来看，采用较广泛的是侧送式空气幕以及上送式空气幕。

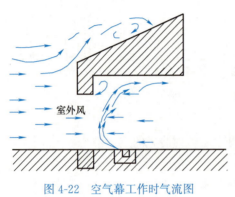
室外风

图4-22　空气幕工作时气流图

4.4.2　空气幕的设计计算

1. 空气幕送风量的计算

根据图4-22可以看出，当空气幕工作时，从大门进入车间的空气有两部分，一是空气幕送出的风量，二是室外进入的冷风量。即：

$$G_z = G_k + G_{gl} \tag{4-16}$$

式中　G_z——空气幕工作时进入室内的总空气量，kg/h；

G_k——空气幕送出的风量，kg/h；

G_{gl}——室外进入的冷空气量，kg/h；

变换上式得：

$$1 = \frac{G_k}{G_z} + \frac{G_{gl}}{G_z} \tag{4-17}$$

将 $q = \dfrac{G_k}{G_z}$ 代入（4-17）式整理后可以得到：

$$(1-q)\,G_z = G_{gl} \tag{4-18}$$

当 $q=1$ 时，说明空气幕送出的风量等于由大门进入车间总风量，即 $G_k = G_z$；

当 $q=0$ 时，空气幕停止工作，经大门进入车间的全部是室外冷风。

设计计算时，q 值是通过经济技术比较而选定的，显然，q 值增大表示空气幕喷出风量多，室外冷风进入少，此时风机耗电及加热空气所需热量都会增大。但是 q 值过小，又往往满足不了室内温度的要求。因此建议侧送式空气幕 q 值取 0.8～1.0，下送式空气幕 q 值取 0.6～0.8，如果工艺要求不允许有冷空气侵入车间，q 值可取 1.0。

空气幕工作时，经大门进入室内的总风量可以根据空气平衡和自然通风的原理按下述方法求得。

（1）建筑内有天窗的热空气幕的空气量，在天窗、侧窗关闭不是很严密的建筑，当空气幕工作时，大门的全部高度处在进风状态，即等压面在大门高度之上时，通过大门进入的总空气量按下式确定：

$$G_z = F_m \mu \sqrt{2gZ\,(\rho_w - \rho_n)}\,\rho_w \cdot 3600 \tag{4-19}$$

式中　F_m——大门净面积，m^2；

Z——等压面高度，m；

ρ_w、ρ_n——室外、室内空气密度，kg/m^3。

等压面高度可按下式求得：

$$Z=\cfrac{h}{\left[\cfrac{F_\mathrm{m}\mu}{F_\mathrm{p}}\left(1-q\right)+\cfrac{F_\mathrm{j}}{F_\mathrm{p}}\right]^2\cfrac{\rho_\mathrm{w}}{\rho_\mathrm{n}}+1}$$　　　　　(4-20)

式中　h——天窗中心至大门中心距离，m；

　　　μ——空气幕工作时，空气通过大门的流量系数，按表 4-3 采用；

单侧或双侧空气幕作用下通过大门的流量系数 μ　　　　表 4-3

$\dfrac{G_\mathrm{k}}{G_\mathrm{z}}$	单侧空气幕 $\dfrac{F_\mathrm{k}}{F_\mathrm{m}}=\dfrac{b}{B}$				双侧空气幕 $\dfrac{F_\mathrm{k}}{F_\mathrm{m}}=\dfrac{2b}{B}$			
	1/40	1/30	1/20	1/15	1/40	1/30	1/20	1/15
空气幕射流与大门平面成 45°角								
0.5	0.235	0.265	0.306	0.333	0.242	0.269	0.306	0.333
0.6	0.201	0.226	0.270	0.299	0.223	0.237	0.270	0.299
0.7	0.170	0.199	0.236	0.269	0.197	0.217	0.242	0.267
0.8	0.159	0.181	0.208	0.238	0.182	0.199	0.226	0.243
0.9	0.144	0.162	0.193	0.213	0.169	0.185	0.212	0.230
1.0	0.133	0.149	0.178	0.197	0.160	0.172	0.195	0.215
空气幕射流与大门平面成 30°角								
0.5	0.269	0.300	0.338	0.367	0.269	0.300	0.338	0.367
0.6	0.232	0.263	0.303	0.330	0.240	0.263	0.303	0.330
0.7	0.203	0.230	0.272	0.301	0.221	0.240	0.272	0.301
0.8	0.185	0.205	0.245	0.275	0.203	0.222	0.245	0.275
0.9	0.166	0.186	0.220	0.251	0.187	0.206	0.232	0.251
1.0	0.151	0.174	0.202	0.227	0.175	0.192	0.219	0.237

注：b——空气幕喷嘴宽度，m；

　　F_k——喷嘴面积，m^2；

　　F_m——大门净面积，m^2；

　　B——大门宽度，m；

　　G_k——空气幕送出的空气量，kg/h；

　　G_z——通过大门进入的总空气量，kg/h。

　　　F_p——天窗，侧窗排风缝隙的总净面积，按实际情况确定，缺乏资料时，可参照表 4-4 确定；

不同构造的窗门每米缝隙的净面积（m^2）　　　　表 4-4

木　框				金　属　框				门
单　层		双　层		单　层		双　层		
窗	天　窗	窗	天　窗	窗	天　窗	窗	天　窗	
0.003	0.005	0.002	0.003	0.002	0.004	0.0014	0.0028	0.01

注：对于重要的建筑，采用表中所列的数值时，应乘以系数 $k=1.5\sim2.0$。

F_{j}——进风缝隙总净面积，按表4-4确定。对于敞开的孔洞，其缝隙总面积为开启孔洞的外框尺寸乘以系数K，$K=0.64$。

当空气幕由室外吸取空气时，则上式中的$(1-q)$可以忽略不计。

这样，空气幕必须送出的风量为：

$$G_{\mathrm{k}}=q\,G_{\mathrm{z}} \tag{4-21}$$

通过大门进入室内的室外冷空气量为：

$$G_{gl}=G_{\mathrm{z}}-G_{\mathrm{k}}=(1-q)\,G_{\mathrm{z}} \tag{4-22}$$

（2）建筑内无天窗的热空气幕的空气量，在无天窗或侧窗和天窗关闭非常严密的建筑，当大门下部处于进风，大门上部处于排风时，经大门进入车间的总空气量可按下式确定：

$$G_{\mathrm{z}}=\frac{2}{3}BZ\mu\sqrt{2gZ'\,(\rho_{\mathrm{w}}-\rho_{\mathrm{n}})}\rho_{\mathrm{w}}\cdot 3600 \tag{4-23}$$

式中　B——大门宽度，m。

此时其等压面高度为：

$$Z=\frac{H}{1+(1-q)^{2/3}\left(\dfrac{\mu}{0.6}\right)^{2/3}\left(\dfrac{\rho_{\mathrm{w}}}{\rho_{\mathrm{n}}}\right)^{1/3}} \tag{4-24}$$

式中　H——大门高度，m。

空气幕送出的空气量及通过大门进入的室外空气量仍按式（4-21）、式（4-22）计算。

当设置侧送空气幕时，送风管的喷嘴总高度，应从地面起至Z处。

必须指出，上述介绍的计算方法都没有考虑到室外风压对空气幕的影响，实际上迎风面与背风面经大门进入的冷风量是不相同的。但如果在计算中考虑风压的影响，又会使计算方法过于复杂。因此建议对于一般处于非主导风向的大门，可按上述两种方法计算。而对于冬季处在主导风向上的大门，则应根据当地室外风速和主导风向频率分别按上式计算后进行适当的调整。

2. 空气幕的热工计算

（1）空气幕送风温度t_{s}的确定：

前面讨论过，在大门空气幕工作时，进入室内的总空气量$G_{\mathrm{z}}=G_{\mathrm{k}}+G_{gl}$，那么根据热平衡的原理，即进入室内总空气量的热量应该等于空气幕工作时所喷出空气的热量与室外侵入室内冷空气热量之和。即：

$$t_{\mathrm{s}}=\frac{t_{\mathrm{h}}-(1-q)\,t_{\mathrm{w}}}{q} \tag{4-25}$$

式中　t_{w}——室外冷空气温度，℃；

　　　t_{h}——室外空气与空气幕送出的空气混合后的温度。对于散热量大的车间，工作区温度与t_{h}之差一般采用8～10℃；对于散热量小的车间一般采用5～8℃；余湿量较大的车间，为了防止车间生雾，一般可取2℃左右；当车间室温要求严格，不允许临时降低车间温度时，t_{h}可取室温。

（2）加热空气幕送出风量所需热量计算：

在确定了空气幕必须送出的风量及温度后，就可确定空气加热器所必须提供的热量。加热空气幕送出的风量所需热量可按下式求得：

$$Q = G_k \cdot (t_s - t_j) \tag{4-26}$$

式中 t_j——进入空气加热器前的温度，℃，一般采用室内温度与混合温度的平均值，或按照实际情况确定。

（3）空气幕的阻力计算：

空气幕喷嘴的阻力损失可以由下式计算：

$$\Delta q = \zeta_0 \frac{v_0^2 \rho}{2} \tag{4-27}$$

式中 ζ_0——空气幕喷嘴的局部阻力系数，侧送式空气幕 $\zeta_0 = 2.0$；下送式空气幕 $\zeta_0 = 2.6$；

　　　v_0——空气幕喷嘴风速，m/s；

　　　ρ——空气密度，kg/m³。

（4）空气幕设计资料的选择：

1）空气幕的送风温度 t_s。空气幕的送风温度应按式（4-25）计算，可介于室温至 70℃之间，一般以 50℃左右为宜，温度过高容易烫伤人。

2）空气在风管内的流速。对于工业建筑一般采用 8～14m/s，对于公共建筑和民用建筑采用 4～8m/s。空气幕喷嘴的射流速度可在 5～20m/s 范围内，当要求射流不吹乱来往行人头发时，射流速度不应超过 6～8m/s。空气流速过高容易引起噪声，这一点对民用建筑要求是比较严格的。

3）空气从空气幕射出角度 α。实践证明：由空气幕射出空气的角度过大会出现随室外气流摆动的现象，过小又可能出现引射现象，所以一般建议对侧送式空气幕 α 值取 45°，下送、上送式空气幕 α 值取 30°。

4）空气幕喷嘴尺寸与距墙的最大距离。喷嘴尺寸如图 4-23 所示，喷嘴宽度 $b = 100 \sim 200$mm，侧送式空气幕 b 可取 80mm，喷嘴长度 $l = 2 \sim 3b$。

为了保证空气幕的良好效果，喷嘴应尽量靠近大门，但有时由于具体条件的限制，喷嘴与大门之间可能存在一定距离，因此建议侧送式空气幕喷嘴与大门最大距离不超过门宽的 20%，下送式空气幕喷嘴与大门最大距离不要超过门高的 20%，在喷嘴不能靠近大门时，应在门框与喷嘴之间设置挡板，以消除其间的缝隙，保证空气幕效果。

5）空气幕送风管的选择。空气幕送风管可采用国家标准形式。

侧送式空气幕的送风管的喷嘴安装形式如图 4-24 所示，下送式空气幕送风管的性能和尺寸见附录 4-2。

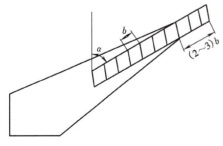

图 4-23　空气幕喷嘴尺寸

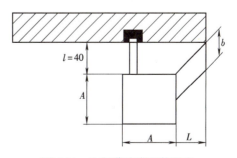

图 4-24　空气幕喷嘴安装形式

【例 4-4】某工厂要求设计一大门空气幕。已知大门宽 $B=4.7\text{m}$，高 $H=5.6\text{m}$，从大门中心到天窗中心高 $h=15\text{m}$，天窗为单层钢窗，窗缝总长 $L_t=1200\text{m}$，侧窗也为单层钢窗，窗缝总长 $L_c=1000\text{m}$，门缝总长 $L_m=100\text{m}$。车间内其余大门是经常关闭的，生产工艺不产生余热，车间室内平均温度 $t_n=16\text{℃}$，$\rho_n=1.222\text{kg/m}^3$，室外供暖计算温度为 $t_w=-26\text{℃}$，$\rho_w=1.427\text{kg/m}^3$，开启大门后，室内在大门周围空气混合温度允许降至 $t_h=12\text{℃}$。

【解】（1）利用表 4-4 确定天窗缝、侧窗缝和门缝总面积，因为车间设有天窗，所以初步估计等压面一定会在大门高度以上，因此将天窗缝隙面积先作为排风面积，其余两项作为进风面积。

$$F_p=1200\times0.004=4.8\text{m}^2$$

$$F_j=100\times0.01+1000\times0.002=3\text{m}^2$$

（2）根据一般要求，大门宽度超过 4m，应考虑选择双侧空气幕，并决定空气幕喷嘴与大门平面夹角 $\alpha=45°$，喷嘴宽度 b 设计为 150mm。

此时：

$$\frac{2b}{B}=\frac{2\times0.15}{4.7}\approx\frac{1}{15}$$

（3）取 $q=0.8$，空气幕全部吸取室内空气，并根据表 4-1 查得 $\mu=0.243$。

（4）在空气幕工作时，确定车间等压面高度为：

$$Z=\cfrac{h}{\left[\dfrac{F_m\mu}{F_p}\left(1-q\right)+\dfrac{F_j}{F_p}\right]^2\dfrac{\rho_w}{\rho_n}+1}$$

$$=\cfrac{15}{\left[\dfrac{4.7\times5.6\times0.243}{4.8}\times\left(1-0.8\right)+\dfrac{3}{4.8}\right]^2\dfrac{1.427}{1.222}+1}$$

$$=\frac{15}{0.891^2\times1.17+1}$$

$$=7.8\text{m}$$

等压面高于大门高度，大门全部处于进风状态。前面初步估计符合实际情况。

（5）在空气幕作用下，通过大门进入室内总空气量为：

$$G_z=F_m\cdot\mu\sqrt{2gZ\left(\rho_w-\rho_n\right)\rho_w}\cdot3600$$

$$=4.7\times5.6\times0.243\sqrt{2\times9.8\times7.8\left(1.427-1.222\right)\times1.427}\cdot3600$$

$$=153978\text{kg/h}$$

（6）空气幕送出的空气量为：

$$G_k=qG_z=0.8\times153978=123182\text{kg/h}$$

每侧空气幕送出风量：

$$\frac{123182}{2}=61591\text{kg/h}$$

（7）空气幕的送出温度：

$$t_s = \frac{t_h - (1-q)\,t_w}{q}$$

$$= \frac{12 - (1-0.8) \times (-26)}{0.8}$$

$$= 21.5\,℃$$

21.5℃时空气密度为 $\rho_k = 1.198 \mathrm{kg/m^3}$。

（8）加热空气幕送出风量所需热量：

$$Q = G_k \cdot (t_s - t_j)$$

$$= 123182 \times 0.24 \times (21.5 - 14)$$

$$= 221728 \mathrm{kJ/h}$$

（9）空气幕的选择：

通风机的风量　$L = \dfrac{G_k}{\rho_k} = \dfrac{123182}{1.198} = 102823 \mathrm{m^3/h}$

每侧空气幕送风量　$\dfrac{102823}{2} = 51412 \mathrm{m^3/h}$

设计选用 4 型机车大门空气幕，但是当喷嘴速度 $V_0 = 15 \mathrm{m/s}$ 时 4 型机车大门空气幕每侧风量只有 $45300 \mathrm{m^3/h}$，满足不了本大门需要的风量，所以当采用实际送风量时，喷嘴速度 V_0 为：

$$V_0 = \frac{51412}{0.15 \times 5.6 \times 3600} = 17 \mathrm{m/s}$$

（10）经空气幕喷嘴的阻力损失：

$$\Delta p = \zeta_0 \cdot \frac{v_0^2 \rho}{2} = 2 \times \frac{17^2 \times 1.198}{2} = 35.3 \mathrm{Pa}$$

🔍 拓展小课堂

1. 外部吸气罩和空气幕作为局部通风装置，计算参数多，在工程应用中必须具备严密的逻辑思维能力和严谨的工作作风，具备工程意识；

2. 在我国从制造业大国向制造业强国迈进的过程中，新技术不断得到突破，结合局部通风装置发展现状，正确引导，坚定实现中国梦、建设新时代中国特色社会主义的共同价值追求。

4.5　防尘密闭罩

做好产尘设备的密闭，是车间防尘工作的重要环节，产尘设备是多种多样的，要做好密闭，就必须使防尘密闭罩按工艺的特点紧密配合，做到既不影响工人的生产操作和维修，又能用较小风量就能达到良好的排尘效果。

1. 轮碾机密闭罩

图 4-25 是轮碾机，碾轮高速旋转时带动周围空气一起运动，造成一次尘化气流。高速气流与罩壁发生碰撞时，把自身的动压转化为静压，使罩内压力升高。

2. 皮带转运点密闭罩

图 4-26 是皮带运输机转运点的工作情况。物料的落差较大时，带动大量的空气进入下部密闭罩，使罩内压力升高。物料落到皮带上，会飞溅起来。为防止灰尘外溢，排风口须设在下部皮带的密闭罩上，其排风量必须大于物料的诱导空气量。确定排风口位置时，须考虑罩内的压力分布。为了避免大量的物料吸入除尘系统，排风口应设在物料飞溅区以外，排风口风速也不宜过高。

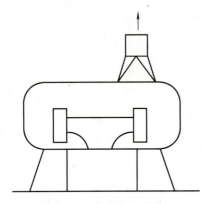

图 4-25　轮碾机密闭罩

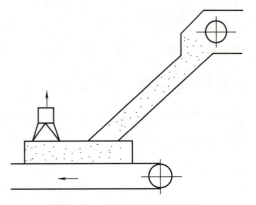

图 4-26　皮带转运点密闭罩

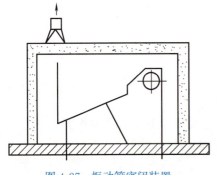

图 4-27　振动筛密闭装置

3. 振动筛的密闭装置

以往设计振动筛的密闭装置时，把排风罩设在振动筛的上面。由于振动筛不停地工作，上部排风罩和振动筛之间，无法保持严密，灰尘会从缝隙中逸入室内，而且生产中，操作人员要经常更换筛网，因此罩子经常被拆除，使除尘系统失去了作用。

为克服这一问题（如图 4-27 所示），把振动筛、斗式提升机等设备全部密闭在小室内，工人直接在密闭室内进行检修，这样既不影响设备维修，又能获得良好的除尘效果。

采用密闭小室占地面积大、耗材多，不宜大量采用。

防尘密闭罩的排风量由两部分组成，即运动物料带入罩内的诱导空气量，或工艺设备供给的空气量，以及为消除罩内正压由孔口缝隙吸入的空气量。

$$L = L_1 + L_2 \qquad (4\text{-}28)$$

式中　L——防尘密闭罩排风量，m^3/s；

L_1——物料或工艺设备带入罩内的空气量，m^3/s；

L_2——由孔口或不严密缝隙吸入的空气量，m^3/s。

防尘密闭罩的排风量难以用一个统一的公式对上述两部分风量进行计算，设计时可通过现场测定或参考有关设计手册。

单元小结

局部通风是利用局部通风机或主要通风机产生的风压对局部地点进行通风的方法，其目的是使局部地点不受有害物的污染，从而创造良好的空气环境。空气幕是一种重要的局部送风方式，广泛用于商场、剧院、宾馆、餐厅、会议厅等公共建筑以及冷藏库、手术室及家居等大门上方，应重点掌握。

思考题与习题

1. 分析下列各种局部排风罩的工作原理和特点。

（1）防尘密闭罩；

（2）外部吸气罩；

（3）接受罩。

2. 为获得良好的防尘效果，设计防尘密闭罩时应注意哪些问题？是否从罩内排除粉尘越多越好？

3. 根据吹吸式排风罩的工作原理，分析吹吸式排风罩最优化设计的必要性。

4. 为什么在大门空气幕（或吹吸式排风罩）上采用低速宽厚的平面射流会有利于节能？

5. 平面射流抵抗侧流（压）的能力为什么取决于射流的出口动量，而不是射流的流速？

6. 槽边排风罩上为什么 $\dfrac{f}{F_1}$ 越小条缝口速度分布越均匀？

7. 有一侧吸罩罩口尺寸为 $300\mathrm{mm}\times300\mathrm{mm}$。已知其排风量 $L=0.54\mathrm{m^3/s}$，按下列情况计算距罩口 $0.3\mathrm{m}$ 处的控制风速。

（1）自由悬挂，无法兰边；

（2）自由悬挂，有法兰边；

（3）放在工作台上，无法兰边。

8. 有一镀银槽槽面尺寸 $A\times B=800\mathrm{mm}\times600\mathrm{mm}$，槽内溶液温度为室温，采用低截面条缝式槽边排风罩。槽靠墙布置时，计算其排风量、条缝口尺寸及阻力。

9. 某车间大门尺寸为 $3\mathrm{m}\times3\mathrm{m}$，当地室外计算温度 $t_w=-12℃$、室内空气温度 $t_n=15℃$、室外风速 $v_w=2.5\mathrm{m/s}$。因大门经常开启，设置侧送式大门空气幕。空气幕效率 $\eta=100\%$，要求混合温度等于 $10℃$，计算该空气幕吹风量及送风温度。（喷射角 $\alpha=45°$，不

考虑热压作用，风压的空气动力系数 $K=1.0$）

10. 与 9 题同样的车间，围护结构耗热量 $Q_1=400\mathrm{kW}$，车间散热器只作值班供暖。不足部分，50% 由暖风机供热，50% 由空气幕供热，在这种情况下，大门空气幕送风温度及加热器负荷是多少？（空气幕吹风量采用 9 题的结果）

教学单元5

Chapter 05

自然通风

5-1

自然通风

教学单元概述

　　本教学单元主要讲述自然通风的作用原理和设计计算，要求同学们能根据一些已知条件，设置窗孔的位置和面积，并介绍了自然通风的一些实际应用方式和影响因素。

知识目标

1. 掌握自然通风的作用原理和设计计算；
2. 了解避风天窗、屋顶通风器及风帽等通风部件；
3. 生产工艺、建筑形式对自然通风的影响。

能力目标

　　能根据一些已知条件，计算确定窗孔的位置和面积。

自然通风是利用室内外温度差造成的热压或风力造成的风压来实现通风换气的一种通风方式。

自然通风不消耗机械动力，是一种经济的通风方式，所以应用十分广泛，对于产生大量余热的车间，采用自然通风可以得到很大的换气量。由于自然通风受自然气候条件的影响很大，特别是风力的作用不稳定，所以主要用于热车间排除余热的全面通风，某些热设备的局部排风也可以采用自然通风。除此之外，某些民用建筑（如住宅、办公室等）也常采用自然通风来降温换气。

5.1 自然通风的作用原理

如果建筑物外墙上的门窗孔洞两侧由于热压和风压造成压力差 Δp，空气就会经门窗孔洞进入室内，空气流过门窗孔洞时阻力等于孔洞内外的压差 Δp（图 5-1），即：

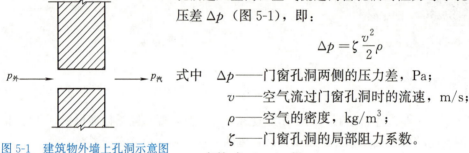

$$\Delta p = \zeta \frac{v^2}{2} \rho \qquad (5\text{-}1)$$

式中 Δp——门窗孔洞两侧的压力差，Pa；

       v——空气流过门窗孔洞时的流速，m/s；

       ρ——空气的密度，kg/m^3；

       ζ——门窗孔洞的局部阻力系数。

图 5-1   建筑物外墙上孔洞示意图

变换式（5-1）得：

$$v = \sqrt{\frac{2\Delta p}{\zeta \rho}} = \mu \sqrt{\frac{2\Delta p}{\rho}} \qquad (5\text{-}2)$$

式中 μ——窗孔的流量系数，$\mu = \dfrac{1}{\sqrt{\zeta}}$，$\mu$ 值的大小和窗孔的构造有关，一般小于 1。

通过窗孔的体积流量为：

$$L = vF = \mu F \sqrt{\frac{2\Delta p}{\rho}} \qquad (5\text{-}3)$$

通过窗孔的质量流量为：

$$G = L\rho = \mu F \sqrt{2\Delta p \rho} \qquad (5\text{-}4)$$

式中 F——孔洞的截面积，m^2。

上式表明，对于某一固定的建筑结构，其自然通风量的大小，取决于孔洞两侧压差的大小。

5.1.1 热压作用下的自然通风

1. 总压差的计算

当室内外空气温度不同时，在车间的进排风窗孔上将造成一定的压力差。进排风窗孔压力差的总和称为总压力差。

如图 5-2 所示为车间进、排风口的布置情况。室内外空气温度分别为 t_{pj} 和 t_w，密度为 ρ_{pj} 和 ρ_w。设上部天窗为 b，下部侧窗为 a，窗孔外的静压力分别为 p_a、p_b，窗孔内的静压力分别为 p'_a、p'_b。如室内温度高于室外温度，即 $t_{pj} > t_w$，则 $\rho_{pj} < \rho_w$，窗孔 a 的内外压差为 $\Delta p_a = p'_a - p_a$，天窗 b 的内外压差为 $\Delta p_b = p'_b - p_b$，根据流体静力学原理可得：

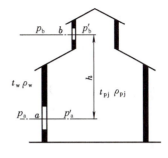

图 5-2　热压作用下的自然通风

$$\left.\begin{array}{l} p_a = p_b + gh\rho_w \\ p'_a = p'_b + gh\rho_{pj} \end{array}\right\}$$

$$\therefore \Delta p_a = p'_a - p_a = (p'_b + gh\rho_{pj}) - (p_b + gh\rho_w)$$
$$= \Delta p_b - gh(\rho_w - \rho_{pj})$$
$$\therefore \Delta p_b = \Delta p_a + gh(\rho_w - \rho_{pj}) \tag{5-5}$$

式中　Δp_a，Δp_b——窗孔 a 和 b 的内外压差，Pa；

　　　　h——两窗孔的中心间距，m；

　　　　g——重力加速度，$g = 9.8 \mathrm{m/s^2}$；

　　　　ρ_{pj}——室内平均温度下的空气密度，$\mathrm{kg/m^3}$；

　　　　ρ_w——室外空气的密度，$\mathrm{kg/m^3}$。

因为当 $t_{pj} > t_w$ 时，$\rho_w > \rho_{pj}$，下部窗孔两侧室外静压大于室内静压，上部窗孔则相反，所以在密度差的作用下，下部窗孔将进风，上部天窗将排风。反之，当 $t_{pj} < t_w$ 时，$\rho_w < \rho_{pj}$，上部天窗进风，下部侧窗排风，冷加工车间即出现这种情况。因为对于冷加工车间上部进风、下部排风时，污染空气被进风携带，将经过工人的呼吸区，在这种情况下，应关闭进排风窗口，停止自然通风。所以我们只讨论下进上排的热车间的自然通风。

变换式（5-5）得：

$$\Delta p_b + |-\Delta p_a| = \Delta p_b + |\Delta p_a| = gh(\rho_w - \rho_{pj}) \tag{5-6}$$

由式（5-6）可知，进风窗孔和排风窗孔两侧压差的绝对值之和与两窗孔的高差 h 和室内外的空气密度成正比。两者之和等于总压差即 $gh(\rho_w - \rho_{pj})$，它是空气流动的动力，称为热压。

2. 余压和中和面的概念

为了方便计算，把室内某一点空气的压力和室外相同标高未受扰动的空气压力的差值称为该点的余压。仅有热压作用时，由于窗孔外的空气未受到室外空气扰动的影响，所以此时窗孔内外的压差即为该窗孔的余压，余压为正，该窗孔排风；余压为负，该窗孔进风；余压为零的平面叫中和面（或等压面），在中和面上既不进风，也不排风。中和面以上孔口均排风，中和面以下孔口均进风。离中和面越远，进、排风量越大。如图 5-3 所示。

因中和面上压差为零，所以，如果知道了中和面至 a 的距离为 h_1，至 b 的距离 h_2，则可以求出进、排风孔的压差，即该窗孔的余压：

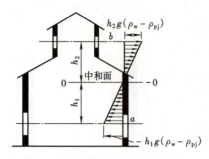

图 5-3　压差沿车间高度的变化

$$\Delta p_a = -h_1 \left(\rho_w - \rho_{pj}\right) g \tag{5-7}$$

$$\Delta p_b = h_2 \left(\rho_w - \rho_{pj}\right) g \tag{5-8}$$

式中　h_1、h_2——窗孔 a、b 至中和面的距离，m；

其他符号意义同前。

有了各窗孔的压差就可以利用式（5-3）和式（5-4）求风量。

3. 中和面的位置

中和面的位置直接影响进排风口内外压差的大小，影响进排风量的大小。根据空气平衡，在没有机械通风时，车间的自然进风等于自然排风，即：

$$G_{zj} = G_{zp}$$

根据式（5-4）得：

$$G_{zj} = \mu_j F_j \sqrt{2 \mid \Delta p_j \mid \rho_w} \quad G_{zp} = \mu_p F_p \sqrt{2 \mid \Delta p_p \mid \rho_p}$$

近似认为 $\mu_j = \mu_p$、$\rho_w = \rho_p$ 两式相等则：

$$\left(\frac{F_j}{F_p}\right)^2 = \frac{\Delta p_p}{\mid \Delta p_j \mid} \tag{5-9}$$

又因为 $\Delta p_p = gh_2 \left(\rho_w - \rho_{pj}\right)$、$\mid \Delta p_j \mid = gh_1 \left(\Delta\rho_w - \rho_{pj}\right)$ 代入式（5-9）得：

$$\left(\frac{F_j}{F_p}\right)^2 = \frac{h_2}{h_1} \tag{5-10}$$

而

$$h = h_1 + h_2 \tag{5-11}$$

于是式（5-10）和式（5-11）联立，即可求得 h_1 和 h_2，从而确定中和面位置。

4. 车间平均温度 t_{pj}

车间内平均温度很难准确求得，一般采用下式近似计算：

$$t_{pj} = \frac{t_p + t_n}{2} \tag{5-12}$$

式中　t_{pj}——车间空气的平均温度，℃；

t_p——上部天窗的排风温度，℃；

t_n——室内工作区设计温度，℃。

5. 天窗排风温度

天窗排风温度和很多因素有关，如热源位置、热源散热量、工艺设备布置情况等，它们直接影响厂房内的温度分布和空气流动，情况复杂，目前尚无统一的解法。一般采用下列两种方法进行计算。

（1）. 温度梯度法计算排风温度 t_p。

当厂房高度小于 15m，室内散热量比较均匀，且不大于 16W/m³ 时，可以采用下式计算排风温度：

$$t_p = t_n + \Delta t(H - 2) \tag{5-13}$$

式中　Δt——温度梯度，即沿高度方向每升高 1m 温度的增加值，可按表 5-1 选用；

H——排气口中心距地面的高度，m；

其他符号意义同前。

表 5-1 温度梯度 Δt 值（℃/m）

室内散热量 (W/m³)	厂房高度（m）										
	5	6	7	8	9	10	11	12	13	14	15
12～23	1.0	0.9	0.8	0.7	0.6	0.5	0.4	0.4	0.4	0.3	0.2
24～47	1.2	1.2	0.9	0.8	0.7	0.6	0.5	0.5	0.5	0.4	0.4
48～70	1.5	1.5	1.2	1.1	0.9	0.8	0.8	0.8	0.8	0.8	0.5
71～93	—	1.5	1.5	1.3	1.2	1.2	1.2	1.2	1.1	1.0	0.9
94～116	—	—	—	1.5	1.5	1.5	1.5	1.5	1.5	1.4	1.3

（2）有效系数法计算排风温度 t_p。

当车间内散热量大于 $116\mathrm{W/m^3}$，车间高度大于 15m 时，应采用有效系数法计算天窗的排风温度。即：

$$t_p = t_w + \frac{t_n - t_w}{m} \tag{5-14}$$

式中 m——有效系数；

其他符号意义同前。

有效系数 m 同热源占地面积、热源高度等有关。常用下式计算：

$$m = m_1 m_2 m_3 \tag{5-15}$$

式中 m_1——与热源面积对地面面积之比 f/F 有关的系数，如图 5-4 所示；

m_2——与热源高度有关的系数，见表 5-2；

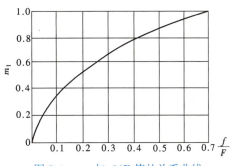

图 5-4 m_1 与 f/F 值的关系曲线

m_3——与热源辐射散热量 Q_f 和总散热量之比有关的系数，按表 5-3 选用。

表 5-2 m_2 值

热源高度(m)	≤2	4	6	8	10	12	≥14
m_2	1	0.85	0.75	0.65	0.60	0.55	0.5

表 5-3 m_3 值

比值 Q_f/Q	≤0.40	0.50	0.55	0.60	0.65	0.70
m_3	1.0	1.07	1.12	1.18	1.30	1.45

5.1.2 风压作用下的自然通风

风压作用下的自然通风原理：

在风力作用下，室外气流流经建筑物时，由于受到建筑物的阻挡，将发生绕流（如

图 5-5 所示）。建筑物四周气流的压力分布将因此而发生变化：迎风面气流受到阻碍，动压降低，静压增高，侧面和背面由于产生局部涡流，使静压降低。这种静压增高和降低与周围气压形成的压力差称为风压。迎风面静压升高，风压大于周围气压，称为正压；背风面静压下降，风压小于周围气压，称为负压。风压为负值的区域称为空气动力阴影，如图 5-6 所示。

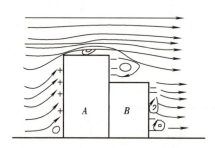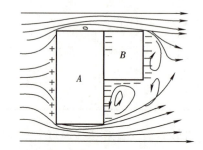

图 5-5　建筑物四周的气流分布

由于正压区室外静压大于室内静压，室外空气就要通过孔洞进入室内。在负压区正相反，室内空气通过孔洞排向室外，这就形成了风压作用下的自然通风。

风压的大小与作用在建筑物外表面上风速的大小、建筑物的几何形状等因素有关。风速是随高度发生变化的。

5.1.3　风压、热压共同作用下的自然通风

当热压、风压同时作用于某一窗孔时，窗孔的总压差则为热压差和风压差的代数和。如图 5-7 所示为热压、风压共同作用的情况。

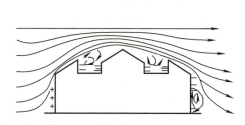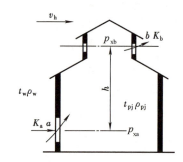

图 5-6　双凹型天窗周围的气流分布　　　　图 5-7　热压、风压共同作用下的自然通风

从图 5-7 可以看出，窗孔 a 风压差和热压差叠加，总压差增大，进风量增大。窗孔 b 热压差和风压差均为正，总压差也增大，排风量增大。如果在 b 窗同高度的左侧开天窗，则风压为负，热压为正，两者互相抵消，不利于排风。当风压的负值比热压还大时，就发生倒灌，不但不能排风，反而进风。所以在热压、风压同时作用时，迎风面不能开天窗，背风面不宜开下部侧窗，否则通风效果不好。但由于室外风向、风压很不稳定，实际工程中通常不考虑风压，仅按热压作用设计自然通风。

5.2　自然通风的计算

自然通风的计算目的主要是为了消除车间的余热，对于有害气体和蒸气、粉尘等还要采用机械通风才能消除。

1. 假设条件

由于车间内工艺设备布置，设备散热等情况很复杂，须采用一些假设条件才能进行计算。

（1）整个车间的温度均一致，车间的余热量不随时间变化；

（2）通风过程是稳定的，影响自然通风的因素不随时间变化；

（3）车间内同一水平面上各点的静压相等，静压沿高度方向的变化符合流体静力学规律；

（4）车间内空气流动时不受任何物体的阻挡；

（5）不考虑局部气流的影响，热射流、通风气流到达排风口前已经消散；

（6）进、排风口为方形或长方形孔口。

2. 已知条件和设计目的

（1）已知条件。车间内余热量 Q、工作区设计温度 t_n、室外空气温度 t_w、车间内热源的几何尺寸、分布情况。

（2）设计目的。确定各窗孔的位置和面积、计算自然通风量、确定运行管理方法。

3. 设计计算步骤

（1）计算消除余热所需的全面通风量，用下式计算：

$$G = \frac{Q}{c(t_p - t_w)} \tag{5-16}$$

式中　Q——车间余热量，kW；

　　　c——空气定压比热，kJ/(kg·℃)；

　　　t_p——车间排气温度，℃；

　　　t_w——室外空气温度，℃。

（2）确定窗孔位置及中和面位置；

（3）查取物性参数，如空气密度、空气比热、窗孔流量系数等；

（4）计算各窗孔的内外压差，用式（5-7）和式（5-8）计算；

（5）分配各窗孔的进、排风量，计算各窗孔的面积。

【例 5-1】已知某车间的余热量 $Q=650$kW，$m=0.5$，室外空气温度 $t_w=32$℃，室内工作区温度 $t_n=35$℃。车间如图 5-8 所示，$\mu_1=\mu_2=0.5$，$\mu_3=\mu_4=0.6$，如果不考虑风压的作用，求所需的各窗孔面积。

【解】（1）求消除余热所需的全面通风量

排风温度：

$$t_p = t_w + \frac{t_n - t_w}{m} = 32 + \frac{35-32}{0.5} = 38℃$$

$$\therefore \quad G = \frac{Q}{c(t_p - t_w)} = \frac{650}{1.01 \times (38 - 32)} = 107.26 \text{kg/s}$$

（2）确定窗孔位置及中和面位置

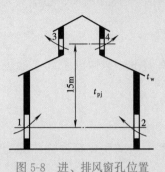

进、排风窗孔位置如图 5-8 所示，设中和面位置在 h 的 $\frac{1}{3}$ 处，即：

$$h_1 = \frac{1}{3}h = \frac{1}{3} \times 15 = 5\text{m}$$

$$h_2 = 15 - 5 = 10\text{m}$$

图 5-8　进、排风窗孔位置

（3）查取物性参数

$$t_p = 38℃ \quad t_w = 32℃$$

$$t_{pj} = \frac{t_p + t_n}{2} = \frac{38 + 35}{2} = 36.5℃$$

查得 $\rho_p = 1.135 \text{kg/m}^3$，$\rho_w = 1.157 \text{kg/m}^3$，$\rho_{pj} = 1.140 \text{kg/m}^3$。

（4）计算各窗孔的内外压差

$$\Delta p_1 = \Delta p_2 = -gh_1(\rho_w - \rho_{pj}) = -9.8 \times 5 \times (1.157 - 1.140) = -0.833 \text{Pa}$$

$$\Delta p_3 = \Delta p_4 = gh_2(\rho_w - \rho_{pj}) = 9.8 \times 10 \times (1.157 - 1.140) = 1.666 \text{Pa}$$

（5）分配各窗孔的进排风量，计算各窗孔面积

根据空气平衡方程

$$G_1 + G_2 = G_3 + G_4$$

$$令 \, G_1 = G_2 \quad G_3 = G_4$$

$$\therefore \quad G_1 = \mu_1 F_1 \sqrt{2 \mid \Delta p_1 \mid \rho_w} = \frac{G}{2}$$

$$\therefore F_1 = F_2 = G_1 / (\mu_1 \sqrt{2 \mid \Delta p_1 \mid \rho_w}) = \frac{107.26}{2} / 0.5\sqrt{2 \times 0.833 \times 1.157} = 77.26 \text{m}^2$$

同理 $\quad F_3 = F_4 = \frac{107.26}{2} / 0.6\sqrt{2 \times 1.666 \times 1.135} = 45.96 \text{m}^2$

🔍 **拓展小课堂**

　　从绿色低碳发展的角度出发，应优先考虑自然通风形式，同学们要有大局意识、团结协作意识。由于自然通风的计算较复杂，有助于培养同学们严密的逻辑思维能力、严谨的工作作风、实事求是的科学态度。

5.3　避风天窗、屋顶通风器及风帽

5.3.1　避风天窗

车间的天窗按通风的功能分为普通天窗和避风天窗两类，在风的作用下，普通天窗迎风面的排风窗孔会发生倒灌。为了使天窗能稳定地排风，不发生倒灌，可以在天窗上增设挡风板，或者采取其他措施，保证天窗的排风口在任何情况下都处于负压区，可以正常排风。不管风向如何变化都能正常排风的天窗称避风天窗。避风天窗的形式很多，下面介绍几种常用的形式。

1. 矩形天窗

如图 5-9 所示为矩形天窗的示意图。天窗为上悬式，因为在迎风面的天窗可能发生倒灌现象，所以在天窗两侧增设挡风板。不论室外风向如何变化，天窗均处于负压，能保证正常排风。

挡风板可以采用钢板、木板、石棉板、玻璃钢等。挡风板下端应有支架固定在屋顶上，高度应大于天窗高度的 $5\%\sim10\%$，下端距屋顶应有 $10\sim20\mathrm{cm}$ 的距离，便于排水和排除积雪。

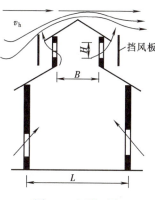

图 5-9　矩形天窗

2. 曲、折线型天窗

如图 5-10 所示为曲、折线型天窗，把矩形天窗的竖直板改成曲线型板和折线型就成为曲、折线型天窗。这种天窗当风吹过时产生的负压比矩形天窗大，排风能力也大。但结构复杂，固定较麻烦。

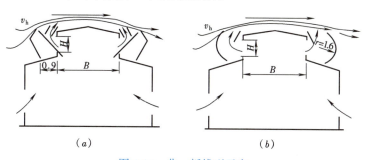

（a）　　　　　　　　　　　　（b）

图 5-10　曲、折线型天窗

（a）折线型天窗；（b）曲线型天窗

3. 下沉式天窗

如图 5-11～图 5-13 所示为下沉式天窗。这种天窗是让屋面部分下沉形成的，不像前述两种要用板材重新做挡板。对于横向下沉式，当风向为横向时排风效果不如纵向好。同理对于纵向下沉式，当风向为纵向时不如横向排风效果好。而天井式不论风向如何都能达到良好排风，但其结构较复杂。天窗的局部阻力系数是衡量避风效果好坏的重要指标。局部阻力系数大，避风效果差，局部力系数小，避风效果好。几种常用避风天窗的局部阻力系数 ζ 值见表 5-4。

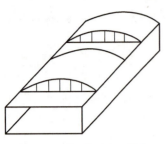

图 5-11　下沉式天窗（横向）

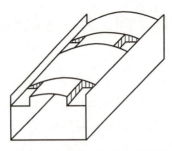

图 5-12　下沉式天窗（天井）

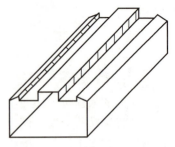

图 5-13　下沉式天窗（纵向）

表 5-4　几种常用天窗的 ζ 值

型　式	尺　寸	ζ 值	备　注
矩形天窗	$H=1.82$m　$B=6$m　$L=6$m	5.38	无窗扇有挡雨片
	$H=1.82$m　$B=9$m　$L=24$m	4.64	
	$H=3.0$m　$B=9$m　$L=30$m	5.68	
天井式天窗	$H=1.66$m　$l=6$m	4.24~4.13	无窗扇有挡雨片
	$H=1.78$m　$l=12$m	3.83~3.57	
横向下沉式天窗	$H=2.5$m　$L=24$m	3.4~3.18	无窗扇有挡雨片
	$H=4$m　$L=24$m	5.35	
折线型天窗	$B=3.0$m　$H=1.6$m	2.74	无窗扇有挡雨片
	$B=4.2$m　$H=2.1$m	3.91	
	$B=6$m　$H=3.0$m	4.85	

注：B——喉口宽度；L——厂房跨度；H——垂直口高度；l——井长。

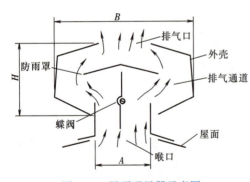

图 5-14　屋顶通风器示意图

5.3.2　屋顶通风器

避风天窗虽然采取了各种措施保证排风口处于负压区，但由于风向不定，很难保证不倒灌。而且采用避风天窗使建筑结构复杂，安装也不方便。屋顶通风器就可克服以上缺点，如图 5-14 所示。它是由外壳、防雨罩、蝶阀及喉口部分组成。外壳用合金镀锌板，板厚 $\delta=1.0$mm，喉口和车间内相连，当室内温度大于室外空气温度时，在热压的作用下，车间内热气流通过喉口进入屋顶通风器，从排气口排出。另一方面由于室外风速的作用，在排气口处造成负压，把车间内有害气体抽出。

该屋顶通风器是全避风型，无论风向怎样发生变化，也都能达到良好的排风效果。

其特点是：重量轻（采用镀锌钢板），施工方便（在工厂制造，运到现场组装），可以更换。

5.3.3　风帽

风帽是装在排风管末端和需要加强全面通风的车间的屋顶上，充分利用风压的作用加强自然通风排风能力的一种装置。目前常用风帽的形式主要有伞形风帽（图 5-15）、圆形风帽（图 5-16）、锥形风帽（图 5-17）。

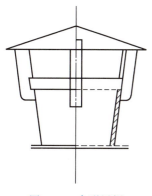

图 5-15　伞形风帽

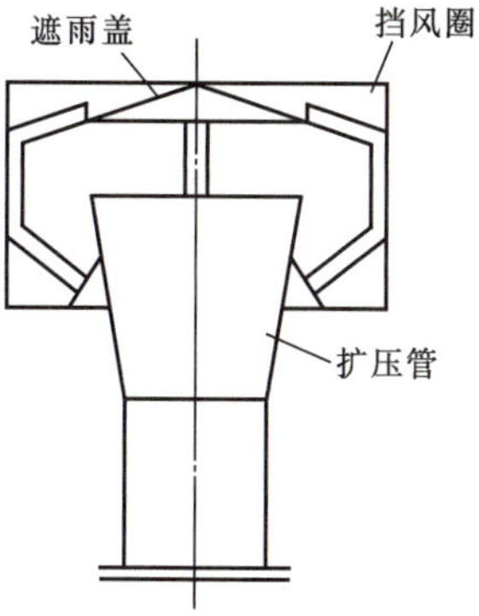

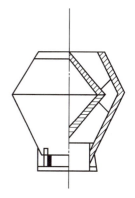

图 5-16　圆形风帽

图 5-17　锥形风帽

5.4　生产工艺、建筑形式对自然通风的影响

实际工程中，自然通风量的大小与工业建筑形式、工艺布置密切相关，处理好它们之间的协调关系才能取得较好的自然通风效果，否则，不但造成经济上的浪费，而且还直接影响工人的劳动条件。所以，确定车间的设计方案时，通风、工艺和建筑应该密切配合，对涉及的问题要综合考虑。

5.4.1　建筑形式的选择

（1）为了增大进风面积，增加进风量，以自然通风为主的热车间应尽量采用单跨车间，主要进风侧不得加辅助建筑物；

（2）热车间宜采用避风天窗，端部应予封闭；

（3）夏季自然通风的进风窗，其下沿距地面不应高于 1.2m；冬季自然通风的进风窗，其下沿一般不低于 4m，防止冷风对人体的影响；

（4）尽量利用穿堂风以加强自然通风，但通过人呼吸区的空气必须是清洁的；

（5）为了降低工作区温度，冲淡有害物浓度，建筑宜采用双层结构，如图 5-18 所示。车间主要有害物源设在二楼，四周楼板做成格子形，空气由底层经格子形楼板直接进入二层，可以大大提高自然通风效果。

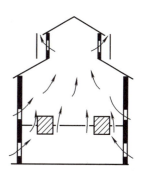

图 5-18　双层建筑的自然通风

5.4.2　工艺布置

（1）工作区应尽可能布置在靠外墙的一侧，这样可使室外新鲜空气首先进入工作区，有利于工作区降温，如图 5-19 所示；

（2）以热压为主的自然通风建筑，热源应尽量布置在天窗下方或下风侧，如图 5-20 所示，热源散热能以最短距离排出，减小热气流的污染范围；

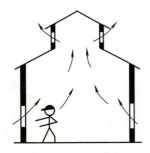

图 5-19　工作区的布置情况

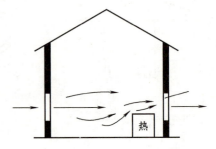

图 5-20　热源布置在下风侧

（3）对于多跨车间应将冷、热跨间隔布置，以加强自然通风；

（4）散热量大的热源（如加热炉、热料等）应布置在建筑外面夏季主导风向的下风处；

（5）车间内较大的工艺设备不宜布置在自然通风进风窗孔附近，否则由于设备的阻挡，自然进风量减小。

5.4.3　各建筑之间的协调关系

当室外风吹过建筑时，迎风的正压区和背风的负压区都要延伸一定的距离，延伸距离的大小和风速及建筑物的形状、高度有关。风速越大，建筑物越高，压力区延伸距离就越大。如果在正压区有一低矮的建筑，则该建筑天窗就不能正常排风。为了使低矮建筑能正常进风和排风，建筑与建筑之间应保持一定的距离。如图 5-21 和图 5-22 所示为避风天窗和风帽排风时的情况，尺寸应符合表 5-5 的规定，才能使低矮建筑正常进风和排风。

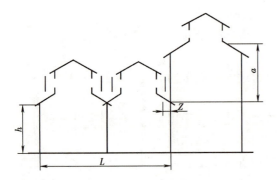

图 5-21　避风天窗与相邻较高建筑物距离

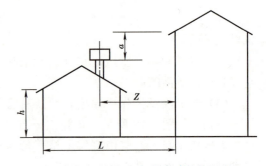

图 5-22　风帽与相邻较高建筑物距离

表 5-5 排气天窗和风帽与相邻的较高建筑物外墙距离

$\dfrac{Z}{a}$	0.4	0.6	0.8	1.0	1.2	1.4	1.6	1.8	2.0	2.1	2.2	2.3
$\dfrac{L-Z}{h}$	1.3	1.4	1.45	1.5	1.65	1.8	2.1	2.5	2.9	3.7	4.6	5.5

注：$\dfrac{Z}{a}>2.3$ 时厂房的相关尺寸可不受限制。

单元小结

　　自然通风依靠室外风力造成的风压和室内外空气温度差造成的热压，促使空气流动，使得建筑室内外空气交换。自然通风可以保证建筑室内获得新鲜空气，带走多余的热量，又不需要消耗动力，节省能源，节省设备投资和运行费用，因而是一种经济有效的通风方法，也是通风中应优先考虑的方式。但由于自然通风与室外气象条件密切相关，难以人为控制，因此不能完全取代其他通风方式。

思考题与习题

1. 自然通风的动力是什么？
2. 什么是余压？余压与进风和排风的关系。
3. 什么是中和面？其位置如何确定。
4. 如何用温度梯度法计算车间的排风温度？

教学单元6

通风排气中有害物的净化

Chapter **06**

通风排气中有
害物的净化

教学单元概述

　　本教学单元分析了粉尘的性质，讲述除尘器的除尘机理和除尘效率，并对工程中常用的重力沉降室、惯性除尘器、离心式除尘器、电除尘器、过滤除尘器、湿式除尘器的除尘原理和选择计算进行了介绍，使同学们初步具备除尘器选择计算的能力；讲述了有害气体的净化方式。

知识目标

1. 掌握粉尘的性质；
2. 掌握除尘器的除尘机理和除尘效率；
3. 熟悉各类除尘器的除尘原理，了解各类除尘器的选择计算；
4. 熟悉大气中有害气体的净化方式。

能力目标

1. 能计算除尘器的除尘效率；
2. 能正确认识大气中有害气体净化的必要性及净化方式。

空气环境（包括大气环境和室内空气环境）对于人类的生活和生产非常重要，直接影响人体健康、生态的平衡以及工业生产产品的质量。通风排气中有害物质（粉尘、有害气体和蒸气）必须经过净化，符合排放标准后才可以排向大气。有些生产过程如原材料加工、食品生产、水泥生产等行业排出的废气中含有的粉尘都是生产原料或成品，回收这些有用的物料具有重要的经济意义。在这些场所，除尘设备既是环保设备又是生产设备。

6.1　粉尘的性质

粉尘是能够悬浮于空气中的固体小颗粒。块状的物料经过破碎变成细小的粉状颗粒后，除了继续保持其原有的物理化学性质以外，还增添了许多新的特性，如爆炸性、带电性等等。实践证明，在通风除尘系统中，除尘设备选择和通风管路的设计，以及通风除尘系统的运行管理，都是和粉尘的许多性质密切相关，了解粉尘的性质，关系到除尘系统的安全性、经济性。

1. 粉尘的密度

粉尘的密度分为容积密度和真密度。

（1）容积密度：在自然松散堆积状态下，单位体积粉尘的质量称为容积密度，单位是 kg/m^3。

（2）真密度：在致密无孔的状态下，单位体积粉尘的质量称为真密度，单位是 kg/m^3。

自然堆积状态下的粉尘往往是不密实的，颗粒之间有很大空隙，所以粉尘的容积密度小于真密度。研究单个粉尘在空气中的运动规律，应用真密度；计算灰斗的体积或堆灰场地面积时应用容积密度。

2. 粘附性

粉尘相互之间的凝聚以及粉尘在除尘器壁面上和通风管路上的堆积，都与粉尘的粘附性有关。前者会使尘粒逐渐增大，有利于提高除尘效率；后者会使除尘设备和管路发生故障和堵塞。粉尘粒径小于 $1\mu m$ 的细小粉尘主要由于分子之间的作用而产生粘附，如铅丹、氧化钛等；吸湿性、亲水性粉尘或者含水率较高的粉尘主要是由于表面水分产生粘附，如盐类、农药等；纤维状粉尘的粘附主要与壁面的光滑程度有关。

3. 爆炸性

固体物料被破碎后，其表面积大大增加，把单位质量的粉尘具有的表面积的总和叫做该粉尘的比表面积，单位是 m^2/kg，例如每边长为 1cm 的立方体被粉碎成每边长为 $1\mu m$ 的小颗粒后，其表面积由 $6cm^2$ 增加到 $6m^2$，也就是说其比表面积是原来的 10000 倍，由于比表面积的增加，粉尘的化学活泼性大为加强。某些在堆积状态下不易燃烧的物质如面粉、煤粉、纤维粉尘等，当它们悬浮在空气，就与空气中的氧气有了充分的接触，在一定浓度范围内以及高温、明火、剧烈摩擦等作用下就可能发生爆炸，这一点在除尘系统的设计和运行管理中要特别注意，不同粉尘的爆炸浓度范围也不相同。

4. 带电性

悬浮于空气中的粉尘由于相互之间的摩擦、碰撞、吸附、辐射等等，都可能使尘粒带电荷，带电量的大小与尘粒的表面积和含湿量有关，在同一温度下，表面积大、含湿量小的尘粒带电量大；表面积小、含湿量大的尘粒带电量小。电除尘器就是利用人工的方法电离空气，从而使尘粒带电来进行除尘的。粉尘的比电阻是粉尘的重要特性之一，它反映了粉尘的导电性能，对除尘器的运行有重要的影响。

5. 粉尘的粒径分布

由于粉尘是由粒径不同的颗粒组成的，粉尘的粒径分布可用分散度表示。通常把各种不同粒径粉尘的质量占粉尘总质量的百分比称为质量分散度，简称分散度。不同尘源产生粉尘的分散度是不同的。

粉尘的分散度一般是根据测定得到的，但在测定时由于粉尘的粒径有无穷多个，无论用什么方法都无法把各种粒径粉尘的质量测出来。因此通常是把粉尘的粒径分成若干组，如 $0\sim5\mu m$、$5\sim10\mu m$、$10\sim20\mu m$、$20\sim40\mu m$ 等等。测出的每一组质量与总质量的比值就是该组的分散度。

设某粉尘样品中某一粒径范围的粉尘质量为 M_d 克，粉尘的总质量为 M_0 克，则该粒径范围粉尘的分散度 f_d 为：

$$f_d = \frac{M_d}{M_0} \times 100\% \tag{6-1}$$

并且

$$\sum_{i=1}^{\infty} f_{di} = 1 \tag{6-2}$$

式中　f_{di}——第 i 种粒径粉尘的分散度，%。

6. 粉尘的湿润性

粉尘是否易于被水（或其他液体）湿润的性质称为粉尘的湿润性。根据粉尘被水（或其他液体）湿润的程度不同，可分为亲水性粉尘和憎水性粉尘。容易被水（或其他液体）湿润的粉尘称为亲水性粉尘；难以被水（或其他液体）湿润的粉尘叫憎水性粉尘。亲水性粉尘被水湿润后会发生凝聚，质量力增大，有利于粉尘从空气中分离，亲水性粉尘可以考虑采用湿法除尘；憎水性粉尘不宜采用湿法除尘。

但是有的亲水性粉尘（如水泥、白灰）与水接触后，会发生粘结和变硬，堵塞管路，这种粉尘称为水硬性粉尘。水硬性粉尘不宜采用湿法除尘。

粒径对粉尘的湿润性有很大的影响，$5\mu m$ 以下（特别是 $1\mu m$）的粉尘因其表面吸附了一层气膜，即使是亲水性粉尘也难以被水（或其他液体）湿润。只有当液体和尘粒之间具有较高相对速度时，才能冲破气膜使其湿润。

7. 粉尘的安息角和滑动角

粉尘的安息角是指粉尘在水平面上自然堆积状态下其边坡与水平面的夹角；粉尘的滑动角是将粉尘置于光滑的平板上，使该平板倾斜到粉尘能沿着平板下滑时平板和水平面的夹角。粉尘的安息角和滑动角都是由实验测得的，不同粉尘的安息角和滑动角是不同的。

粉尘的安息角用于计算堆灰场的面积；粉尘的滑动角用于确定靠重力来输送物料的管道的安装角度，该角度要大于粉尘的滑动角。

拓展小课堂

　　结合空气中粉尘引起的危害及安全事故，同学们要遵守职业道德和职业规范，具备安全意识、职业判断能力。

6.2　除尘器的除尘机理和分类

6.2.1　除尘机理

目前常用除尘器的除尘机理主要有以下几个方面：

1. 重力

利用尘粒本身的重力作用使粉尘从含尘气流中分离出来。由于尘粒的沉降速度一般较小，所以这个机理只适用于大颗粒的粉尘。

2. 离心力

含尘气流作圆周运动时，由于惯性离心力的作用，尘粒和气流会产生相对运动，使尘粒从气流中分离出来。它是旋风除尘器的主要工作机理。

3. 惯性碰撞

含尘气流在运动过程中遇到其他物体阻碍（如挡板、纤维、水滴等）时，气流会发生流向改变，细小的尘粒会和气流一起运动，而粗大的尘粒由于具有较大的惯性，就会脱离气流，保持原有自身的惯性，和其他物体发生碰撞，如图 6-1 所示，该现象称为惯性碰撞，惯性碰撞是过滤式除尘器、湿式除尘器和惯性除尘器的主要除尘机理。

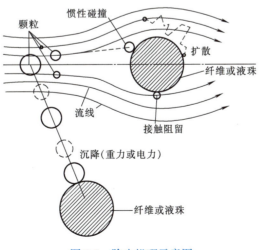

图 6-1　除尘机理示意图

4. 接触阻留

当细小的尘粒和气体一起绕流时，如果流线紧靠物体的表面，有的尘粒就会和物体发生接触，从气流中分离出来，这种现象称为接触阻留，如图 6-1 所示。

5. 扩散

小于 $1\mu m$ 的粉尘在气体分子的撞击下，像气体的分子一样作布朗运动。如果尘粒在运动过程中和物体表面接触，就会从气流中分离出来，这个机理称为扩散，如图 6-1 所示。

6. 静电力

悬浮在空气中的尘粒一般都带有电荷，可以通过静电力使尘粒从空气中分离出来。由于在自然状态下，尘粒的带电量很小，所以要想得到好的除尘效果，就必须设置专门的高压电场，使所有的尘粒都充分荷电。

7. 凝聚

凝聚作用是通过超声波、蒸气凝结、加湿等凝聚作用，使微小的尘粒凝聚增大，然后再用一般的除尘方法除掉。凝聚作用不是一种直接的除尘机理。

工程上使用的各种除尘器往往不是简单地依靠某一种除尘机理，而是几种除尘机理的综合运用。

6.2.2　除尘器的分类

根据主要除尘机理的不同，常用的除尘器可分为如下几类：

（1）重力除尘如重力沉降室；

（2）惯性除尘如惯性除尘器；

（3）离心除尘如旋风除尘器；

（4）过滤除尘如袋式除尘器、颗粒层除尘器、纤维过滤器、纸过滤器；

（5）洗涤除尘如水浴除尘器、卧式旋风水膜除尘器；

（6）静电除尘如电除尘器。

根据除尘过程用水（或其他液体）与否，可分为以下两类：

（1）干式除尘；

（2）湿式除尘。

根据气体净化程度的不同，可分为以下几类：

（1）粗净化　主要是除掉粗大的尘粒，一般多用于多级除尘的第一级。

（2）中净化　主要用于通风除尘系统，要求净化后的空气含尘浓度不超过 $100\sim200mg/m^3$。

（3）细净化　主要用于通风空调系统的进风系统和再循环系统，要求净化后的空气含尘浓度不超过 $1\sim2mg/m^3$。

（4）超净化　主要是除掉 $1\mu m$ 以下的细小粉尘，用于洁净度要求较高的洁净房间，净化后的空气含尘浓度要根据工艺的要求来确定。

6.3　除尘效率

除尘器效率是指除尘器从含尘气流中捕捉粉尘的能力，是评价除尘器性能的重要指标之一。

6.3.1　全效率和分级效率

1. 除尘器的全效率

被除尘器除下来的粉尘质量占进入除尘器的粉尘总质量的百分数称为除尘器的全效率，用 η 表示，即：

$$\eta = \frac{G_3}{G_1} \times 100\% = \frac{G_1 - G_2}{G_1} \times 100\% \tag{6-3}$$

式中　G_1——进入除尘器的粉尘总量，g/s；

　　　G_2——除尘器排出的粉尘量，g/s；

　　　G_3——除尘器捕捉的粉尘量，g/s。

如果除尘器结构严密，没有漏风，公式（6-3）可改写成：

$$\eta = \frac{Ly_1 - Ly_2}{Ly_1} \times 100\% = \frac{y_1 - y_2}{y_1} \times 100\% \tag{6-4}$$

式中　L——除尘器处理的空气量，m³/s；

　　　y_1——除尘器进口空气中粉尘的质量浓度，g/m³；

　　　y_2——除尘器出口空气中粉尘的质量浓度，g/m³。

式（6-3）要通过称重来求得全效率，故称为质量法。用这种方法测得的结果比较准确，主要用于实验室。在工程现场测定除尘器的除尘效率时，通常是同时测出除尘器前后的空气含尘浓度，再按照式（6-4）计算全效率，这种方法称为浓度法。管道内空气的含尘浓度是不均匀的，也不稳定，要测得准确的结果是比较困难的。

2. 除尘器串联的总效率

设第一级除尘器的全效率为 η_1，进入该除尘器的粉尘总质量为 G_1，被第一级除尘器捕集下来的粉尘质量为 $G_3 = \eta_1 G_1$。第二级除尘器的全效率为 η_2，则进入第二级除尘器的粉尘质量为 $G_2 = G_1 - G_3$，被捕集下来的粉尘质量为 $\eta_2 G_2$。这时两级串联的总效率为：

$$\eta = \frac{G_1 \eta_1 + G_2 \eta_2}{G_1} = \eta_1 + \frac{(G_1 - G_3)\eta_2}{G_1}$$
$$= \eta_1 + (1 - \eta_1)\eta_2 = \eta_1 + \eta_2 - \eta_1 \eta_2 = 1 - (1 - \eta_1)(1 - \eta_2) \tag{6-5}$$

如果有多级除尘器串联，则总效率为：

$$\eta = 1 - (1 - \eta_1)(1 - \eta_2) \cdots (1 - \eta_i) \tag{6-6}$$

式中　η_i——第 i 级除尘器的全效率，%。

3. 除尘器并联的总效率

设粉尘总量为 G，进入第一台除尘器的粉尘质量为 G_1，第一台除尘器的除尘效率为 η_1，进入第二台除尘器的粉尘质量为 G_2，第二台除尘器的除尘效率为 η_2。两级除尘器除下来的粉尘分别为 $G_1 \eta_1$ 和 $G_2 \eta_2$，则并联总效率为：

$$\eta = \frac{G_1 \eta_1 + G_2 \eta_2}{G} = \frac{G_1}{G}\eta_1 + \frac{G_2}{G}\eta_2 = g_1\eta_1 + g_2\eta_2 \tag{6-7}$$

式中　g_1、g_2——进入第 1、2 台除尘器的粉尘质量份额，%。

如有多级除尘器并联则其除尘的总效率为：

$$\eta = \sum_{i=1}^{n} g_i\eta_i \tag{6-8}$$

式中　g_i——进入第 i 台除尘器的粉尘质量份额，%；

　　　η_i——第 i 台除尘器的除尘效率，%。

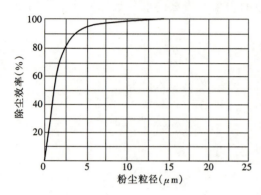

图 6-2　某除尘器的分级效率曲线

除尘器的全效率是各种粒径粉尘的平均效率，它只能表示捕集粉尘总量的多少，不能说明对某种粒径粉尘的捕集能力，因此，在工程上只给出除尘器的全效率是没有意义的，要正确评价除尘器的除尘效果，就必须按照粒径来标定除尘器的效率，所以引进分级效率的概念。

4. 分级效率

除尘器的分级效率是除尘器除下的某一粒径范围粉尘的质量与进入除尘器的该粒径范围粉尘总质量的比值。图 6-2 是某除尘器的分级效率曲线。

从图 6-2 可以看出，粉尘的粒径越大，分级效率越高。粒径越小，分级效率越低，越不容易被除掉。

分级效率的计算公式如下：

$$\eta_d = \frac{被捕集下来的某粒径范围内粉尘的质量}{进入除尘器的该粒径范围内粉尘的总质量} \times 100\%$$

$$= \frac{G_3 f_{3d}}{G_1 f_{1d}} \times 100\% = \eta \frac{f_{3d}}{f_{1d}} \times 100\% \tag{6-9}$$

式中　f_{1d}、f_{3d}——进入除尘器和捕集下来的某粒径范围内的粉尘质量分散度，%；

　　　G_1、G_3——进入除尘器和捕集下来的某粒径范围内的粉尘质量，kg。

把式（6-9）变形后积分：

$$\sum_{i=1}^{n} \eta f_{3d} = \sum_{i=1}^{n} \eta_d f_{1d}$$

左边 $\sum_{i=1}^{n} \eta f_{3d} = \eta$，因 η 可以看作和 f_{3d} 无关，故：

$$\eta = \sum_{i=1}^{n} \eta_d f_{1d} \times 100\% \tag{6-10}$$

式（6-10）即全效率与分级效率的关系。

【例 6-1】已知某除尘器的分级效率和进口粉尘的质量分散度如下表，计算该除尘器的全效率。

粉尘粒径(μm)	0~5	5~10	10~20	20~40	>40
分散度(%)	14	15	20	22.5	28.5
分级效率(%)	30	88	97	98	100

【解】$\eta = \sum_{i=1}^{n} \eta_d f_{1d} \times 100\%$

$= 0.14 \times 0.3 + 0.15 \times 0.88 + 0.2 \times 0.97 + 0.225 \times 0.98 + 0.285 \times 1 = 0.874$

$= 87.4\%$

6.3.2　穿透率

有时两台除尘器的除尘效率非常接近，比如分别为 99% 和 99.9%，似乎两者的除尘效果差不多。但是从大气污染的角度去分析，两者的差别是很大的，前者排入大气的粉尘量是后者的 10 倍，因此，还可以用穿透率 P 来表示除尘器的性能。

穿透率是指未被除尘器除下来的粉尘质量与进入除尘器的粉尘总质量的比值。

$$P = \frac{G_2}{G_1} \times 100\% = (1-\eta) \times 100\%$$

(6-11)

式中各项意义同前。

6.4　除尘器的选择

6.4.1　除尘器的选择原则

由于除尘器种类很多，被处理的粉尘又是多种多样，所以应该在了解被处理粉尘的特性和各种除尘器的技术性能和特点的基础上，根据粉尘的允许排放标准，选择合适的除尘装置。

1. 掌握被处理粉尘的特性

粉尘的性质对除尘器的性能具有很大的影响，例如，粉尘的密度比较大，粒径也比较大时，首先要考虑采用重力沉降室、惯性除尘器以及旋风除尘器。反之密度较小，粒径也较小时就要考虑采用袋式除尘器或电除尘器；含尘气体的温度和湿度较大时，就要考虑采用湿式除尘器，不宜采用布袋除尘；而对于水硬性和憎水性粉尘就不能采用湿式除尘；黏性大的粉尘容易粘结在除尘器的内表面，不宜采用干式除尘；比电阻过大的或者过小的，不宜采用静电除尘。

2. 气体的含尘浓度、温度和性质

气体的含尘浓度较高时，在电除尘器或袋式除尘器的前面应设置低阻力的初净化设备，去除大的颗粒，有利于除尘器更好地发挥作用。高温、高湿的气体不宜采用袋式除尘器。如果气体中同时含有有害气体时可以考虑采用湿式除尘器，但同时必须注意腐蚀问题。

3. 满足排放标准的要求

经除尘后排入大气的含尘浓度必须满足国家排放标准。

4. 了解各种除尘器的性能、特点及使用范围

除尘器的主要性能是全效率、分级效率、压力损失、处理风量、适用粒径范围、特点、能量消耗、价格、运行管理费用等。各种除尘器的全效率和分级效率实验数据见表 6-1。各种除尘器的适用范围、压力损失及特点见表 6-2。

表 6-1　除尘器的分级效率

除尘器名称	全效率 （%）	不同粒径下的分级效率（%）				
		0～5	5～10	10～20	20～44	＞44
带挡板的沉降室	58.6	7.5	22	43	80	99
简单的旋风	65.3	12	33	57	82	91
长锥体旋风	84.2	40	79	92	99.5	100
电除尘器	97.0	90	94.5	97	99.5	100
喷淋塔	94.5	72	96	98	100	100
文丘里除尘器 （$\Delta P = 7.5$kPa）	99.5	99	99.5	100	100	100
袋式除尘器	99.7	99.5	100	100	100	100

注：表中的性能是国外用标准粉尘二氧化硅（SiO_2）实验得出的分级效率。

表 6-2　除尘器的性能

除尘器名称	适用的粒径范围 （μm）	效率 （%）	阻力 （Pa）	设备费	运行费
重力沉降室	＞50	＜50	50～130	少	少
惯性除尘器	20～50	50～70	300～800	少	少
旋风除尘器	5～15	60～90	800～1500	少	中
水浴除尘器	1～10	80～95	600～1200	少	中下
卧式旋风水膜除尘器	≥5	95～98	800～1200	中	中
冲激式除尘器	≥5	95	1000～1600	中	中上
电除尘器	0.5～1	90～98	50～130	大	中上
袋式除尘器	0.5～1	95～99	1000～1500	中上	大
文丘里除尘器	0.5～1	90～98	4000～10000	少	上

5. 粉尘的回收及处理

选择除尘器时，必须同时考虑粉尘的回收和处理问题。对于需要回收的除尘方式，宜采用干式除尘器。当采用湿式除尘时，要考虑污水及泥浆的处理，不能造成二次污染，对于北方地区冬季还应考虑冻结问题。

6.4.2　除尘器的选择计算方法和步骤

（1）根据进入除尘器含尘气流中的粉尘浓度 y_1 和除尘器出口粉尘浓度 y_2（按排放标

准确定)，采用公式（6-4）计算除尘器需要达到的除尘效率。

$$\eta = \frac{Ly_1 - Ly_2}{Ly_1} \times 100\% = \frac{y_1 - y_2}{y_1} \times 100\%$$

（2）根据粉尘的性质和要求除尘器达到的除尘效率，对照表6-1选择合适的除尘器。

（3）根据被选择的除尘器的分级效率和粉尘的分散度，采用公式（6-10）计算除尘器能达到的总除尘效率。

$$\eta' = \sum_{i=1}^{n} \eta_d f_{1d} \times 100\%$$

（4）校核计算，如果$\eta' \geq \eta$，说明选定除尘器的形式满足要求，计算需要该除尘器的过滤面积或台数；如果$\eta' < \eta$，重新选择计算。

（5）计算除尘器的压力损失。根据下式计算或者根据产品样本确定。

$$\Delta p = \xi \frac{v^2}{2} \rho \tag{6-12}$$

拓展小课堂

除尘器的选择计算要考虑成本和效率、质量与安全等，同学们应具有负责任的工作态度和劳动意识，具备工程意识。

6.5　有害气体的净化

为了防治大气污染，排入大气的废气必须进行净化处理，达到排放标准后才允许排放。在可能的情况下还要考虑回收利用，变废为宝。但是对于某些有害气体和蒸气目前还缺乏经济有效的处理方法，也可以考虑采用高烟囱排放，使有害气体和蒸气在高空扩散，利用大气稀释，使降落到地面的有害气体和蒸气的浓度不超过卫生标准中规定的"居住区大气中有害物质最高允许浓度"，这种方法并未减少排入大气的有害气体和蒸气的总量。

有害气体和蒸气的净化方法主要有四种：燃烧法、冷凝法、吸收法、吸附法。

1. 燃烧法

使排气中有害气体和蒸气通过燃烧变成无害物质的方法称燃烧法。燃烧法的优点是方法简单，设备投资也较少。但缺点是不能回收有用物质。这种方法只适用于可燃和高温下能分解的有害气体和蒸气。在可能的情况下要考虑有害气体和蒸气在燃烧时放出热量的利用。

燃烧法又分直接燃烧、热力燃烧和催化燃烧三种。直接燃烧是将有害气体直接点燃烧掉。例如，有的炼油厂的烟囱常年点燃就是把排出的废气直接烧掉。热力燃烧是利用辅助燃料来加热有害气体，帮助其燃烧的方法。催化燃烧是利用催化剂来加快燃烧速度的方法。在催化燃烧时所使用的催化剂，其种类是根据有害气体的性质决定的。催化燃烧常用的催化剂是：铂（Pt）与钯（Pd）。催化剂的载体一般用氧化铝-氧化镁型和氧化铝-氧化硅型。载体可制成球状、柱状和蜂窝状等。把催化剂载于载体上置于反应器中，当有害气体通过反应器时，即可被催化燃烧，除去毒性，使有害气体得到净化。

燃烧法广泛应用于有机溶剂、碳氢化合物、一氧化碳等。这些物质在燃烧时生成二氧化碳和水，并放出大量的热量，因此，在可能的情况下要考虑有害气体和蒸气在燃烧时放出热量的利用。

2. 冷凝法

把排气中含有的有害气体和蒸气冷凝，使之变成液体，从排气中分离出来的方法称冷凝法。这种方法设备简单，管理方便。但其效率低，只适用于冷凝温度高、浓度高的有害蒸气的净化。一般常采用水来冷却有害气体和蒸气。

3. 吸收法

利用某些液体喷淋排气，从而吸收掉排气中有害气体和蒸气的方法，称吸收法。吸收法的特点是既能吸收有害气体，也能除掉排气中的粉尘。其缺点是增加了废水处理问题。

吸收法分物理吸收和化学吸收两种。物理吸收是用液体吸收有害气体和蒸气时的纯物理溶解过程。它适用于在水中溶解度比较大的有害气体和蒸气。一般吸收效率较低。如用水吸收氨气。化学吸收是在吸收过程中伴有明显的化学反应，不是纯溶解过程。化学吸收效率高，是目前应用较多的有害气体处理方法。如用氢氧化钠溶液吸收酸性气体。

吸收法的设备以及工作过程和湿式除尘器基本相同。

4. 吸附法

利用多孔性固体材料来吸附有害气体和蒸气的方法，称为吸附法。被吸附的物质称为吸附质，吸附材料称为吸附剂。吸附法是借助于固体吸附剂和有害气体及蒸气分子间具有分子引力、静电力及化学键力而进行吸附的。靠分子引力和静电力进行吸附的称为物理吸附。靠化学键力而进行吸附的称为化学吸附。物理吸附时，被吸附气体的性质不发生变化，而化学吸附时被吸附气体的化学性质发生变化。必须注意，物理吸附和化学吸附有时很难区分，有时既有物理吸附又有化学吸附。吸附剂使用一定时间以后，吸附能力就会下降，必须把吸附在吸附剂表面的吸附质除掉，以恢复吸附剂的吸附能力，这个过程叫再生。

图 6-3 为丝光沸石吸附氮氧化物的工艺流程。含有氮氧化物的废气用风机 1 送入冷却塔的底部，在冷却塔 2 上部喷淋水，把废气中有害气体吸收一部分，同时冷却废气。在除雾器 3 内把废气携带的硝酸雾滴除去。然后进入吸附器，氮氧化物被吸附后，净气从上部排入大气或经加热后为干燥气体。当吸附器 I 失去吸附能力时，转换用吸附器 II 进行吸附，吸附器 I 进行再生，即两个吸附器交替使用，交替再生。

再生分为四步，第一步将高温蒸气通入吸附器的夹套内进行加热，使吸附层升温。第二步由吸附器顶部送入蒸气，将吸附层上吸附的氮氧化物解吸，随蒸气一起进入冷凝冷却器 8，经过冷凝冷却分离，而后进入硝酸回收系统。第三步用吸附后的净气作为干燥气经加热器 6 加热后送入吸附塔，用来带走吸附层内残留的水蒸气。第四步将冷却水通入吸附器的夹套内进行冷却，待到温度符合要求时，关断冷却水，再生结束。吸附器可以重新进行吸附。

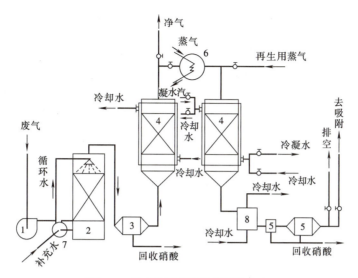

图 6-3　丝光沸石吸附氮氧化物流程

1—风机；2—冷却塔；3—除雾器；4—吸附器；5—分离器；

6—加热器；7—循环水泵；8—冷凝冷却器

5. 有害气体的高空排放

车间排气中含有有害气体时应净化后排入大气，以保证居住区的空气环境符合卫生标准。但在有害气体浓度较小，采用有害气体的净化方法不经济时，可采用高空排放扩散的方法来稀释有害气体，使有害气体降落到地面的最大浓度不超过卫生标准的规定。

影响有害气体在大气中扩散的因素很多，主要有地形情况、大气状态、大气温度、排气温度、排气量、大气风速等。考虑这些影响因素可以采用公式计算排气立管高度，也可以用公式绘制的线算图查取排气立管高度。图 6-4 就是对地形平坦、大气处于中性状态时排气立管高度的线算图。

图中纵坐标为 $(y_{max} v_{10}) / 1000 CL$，$y_{max}$ 为"居住区大气中有害物质的最高允许浓度"（mg/m^3）；v_{10} 为距地面 10m 高度处的平均风速（由各地气象台取得）（m/s）；C 为排气中有害物的质量浓度（mg/m^3），L 为排气量（m^3/s）。图中横坐标为 $\left(\dfrac{10.8}{\pi}\dfrac{\Delta T}{T_P}L + \sqrt{v_{ch}L\dfrac{3}{\sqrt{\pi}}}\right)/v_{10}$ 和 $\left(\dfrac{\Delta T}{T_P}L\right)^{0.6}/v_{10}$，其中 ΔT 为排气立管出口处排气和大气的温差（K），T_P 为排气温度（K），v_{ch} 为排气立管出口处排气速度（m/s），一般取 15m/s 左右。其他符号意义同前。图中每条曲线代表一个排气立管高度。

要注意在排气立管附近有高大建筑物时，为避免有害气体卷入周围建筑物造成的涡流区内，排气立管至少要比周围最高建筑物高 0.5～2m。排气立管最好布置在建筑物的下风侧。

必须注意，图中 y_{max} 为日平均最大允许浓度，当查手册时给出的是一次最大浓度时，可以用下式修正。

$$y_{max} = \frac{y'_{max}}{2.86} \qquad (6\text{-}13)$$

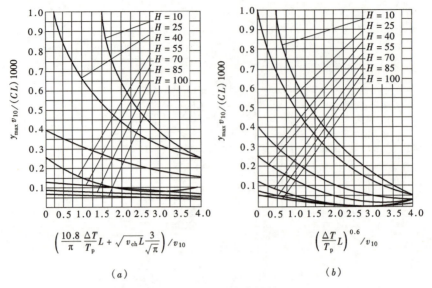

图 6-4　排气立管高度线算图

（a）$\Delta T < 35K$ 或 $Q_h = 2093.4kW$；（b）$\Delta T \geqslant 35K$　$2093.4kW \leqslant Q_h < 20934kW$

（Q_h——烟气排热量 kW）

式中　y'_{max} ——一次最大允许浓度，mg/m^3。

🔍 拓展小课堂

1. 保护环境是我国的基本国策，应培养环境保护意识、遵守职业道德和职业规范，以及培养法律意识、诚实守信的品质，以人为本、和谐相处的人文情怀。

2. 我国已明确建设美丽中国的两个阶段性目标：从 2020 年到 2035 年基本实现社会主义现代化，生态环境质量实现根本好转，美丽中国目标基本实现；从 2035 年到本世纪中叶，把我国建成富强民主文明和谐美丽的社会主义现代化强国，生态文明全面提升，实现生态环境领域国家治理体系和治理能力现代化。

单元小结 🔍

作为全球减排力度最大的国家，中国采取切实行动应对气候变化，积极参与全球气候治理，提出中国方案，贡献中国智慧。中国在环境治理上的成就表明，经济社会发展并不必然以牺牲环境为代价，发展中国家完全可以走出一条绿色发展之路。为了我国力争 2030 年前实现碳达峰和 2060 年前实现碳中和的目标，仍需持续推进大气颗粒物污染深度防治，以及对通风排气中有害物进行有效净化处理，构建大气污染防治科学体系，实现生态环境质量根本好转。

思考题与习题 🔍

1. 工业粉尘的基本性质有哪些？

2. 两个型号完全相同的除尘器串联运行时，它们的除尘效率是否相同？哪一级的除尘效率高？

3. 除尘器的阻力如何计算？

4. 什么是除尘器的除尘总效率和分级效率？两者的关系是什么？

5. 除尘器漏风对其除尘效率有什么影响？

6. 某除尘器处理风量为 $8m^3/s$，进口粉尘浓度为 $10g/m^3$，出口粉尘浓度为 $1g/m^3$，计算该除尘器的除尘效率。

7. 有一个三级除尘系统，除尘器的除尘效率各为 80%、90%、95%，计算该除尘系统的总除尘效率。

8. 已知某除尘器的分级效率和进口粉尘的质量分散度如下表，计算该除尘器的除尘效率和穿透率。

粉尘粒径(μm)	0～5	5～10	10～20	20～40	40～60	＞60
分散度(%)	11.0	14.0	19.0	23.0	14.0	19.0
分级效率(%)	27.75	86.75	95.85	97	97.75	100

9. 除尘器的选择原则是什么？

10. 有害气体的净化方法是什么？

教学单元7

湿空气焓湿图及应用

Chapter **07**

7-1

湿空气的焓
湿图

教学单元概述

　　本教学单元主要讲述湿空气各状态参数的含义，讲述了湿空气焓湿图的组成，并讲述了湿空气热湿比的意义、计算方法以及在焓湿图上的表示；讲述了湿球温度、露点温度的含义以及在焓湿图上的表示方法；介绍了六种湿空气状态变化过程在焓湿图上的表示方法及其实现途径，以及不同状态空气的混合在焓湿图上的表示。

知识目标

1. 掌握湿空气各状态参数的含义，了解各状态参数的计算方法；
2. 熟悉湿空气的焓湿图，掌握热湿比的计算方法以及在焓湿图上的表示；
3. 掌握湿球温度、露点温度及在焓湿图上表示方法；
4. 掌握湿空气状态变化过程在焓湿图上的表示方法；
5. 熟悉不同状态空气的混合在焓湿图上的表示方法。

能力目标

1. 能根据干球温度、湿球温度，熟练地在焓湿图上确定空气状态点，并读出焓、相对湿度、绝对湿度、水蒸气分压力、露点温度等空气状态参数；
2. 能根据两个独立状态参数，在焓湿图上确定空气状态点，并读出空气其他状态参数；
3. 能够在焓湿图上表示空气状态变化过程。

空气调节的主要研究对象是空气，熟悉和了解空气的物理性质，是研究和解决空气调节中各种问题的必要基础。

7.1　湿空气的物理性质

7.1.1　湿空气的组成

湿空气是指含有水蒸气的空气，完全不含水蒸气的空气称为干空气。干空气是由氮、氧、氩、二氧化碳、氖、氦和其他一些微量气体所组成的混合气体，由于干空气的组元和成分通常是一定的，可以当作一种"单一气体"。

湿空气是干空气和水蒸气的混合物。湿空气中水蒸气的含量很少，它随着气候以及产生水蒸气的来源情况变化而变化。由于水蒸气量的变化，会直接影响到人体的舒适感、工业生产过程、产品质量和设备维护。因此尽管水蒸气的含量很少，它却是影响空气物理性质的一个重要因素。

此外，地球表面的湿空气中，还含有尘埃、烟雾、微生物以及废气等固态和气态污染物，它们对空气品质也会产生直接的影响，其净化处理方法在有关单元中介绍。

7.1.2　湿空气的物理性质和状态参数

湿空气的物理性质不仅取决于其组成成分，而且与其所处的状态有关。湿空气的状态通常用压力、温度、相对湿度、含湿量及焓等参数表示。这些参数称为湿空气的状态参数。常用的状态参数有：

1. 压力

（1）大气压力

地球表面单位面积上的空气压力称为大气压力。大气压力通常用 P 或 B 表示，单位为帕（Pa）或千帕（kPa）。

大气压力不是一个定值，它随着各地区海拔高度不同而存在差异，还随季节、气候的变化稍有变化。例如，南京市海拔高度 8.9m，夏季大气压力为 100400Pa，冬季大气压力为 102520Pa；昆明市海拔高度 1891.4m，夏季大气压力为 80800Pa，冬季大气压力为 81150Pa。

（2）水蒸气分压力

湿空气中，水蒸气本身的压力称为水蒸气分压力。

在热力学中，常温常压下的干空气可认为是理想气体。而湿空气中的水蒸气由于处于过热状态，而且数量很少，分压力很低，比容较大，可近似地当作理想气体。根据道尔顿分压力定律，理想混合气体总压力等于各组成气体分压力之总和。对于湿空气，则有：

$$P = P_g + P_q \tag{7-1}$$

式中　P——大气压力，Pa；

P_g——干空气的分压力，Pa；

P_q——水蒸气的分压力，Pa。

水蒸气分压力大小直接反映了水蒸气含量的多少。在一定温度下，空气中的水蒸气含量越多，空气就越潮湿，水蒸气分压力越大。当湿空气中的水蒸气含量达到最大限度时，则称湿空气处于饱和状态，称为饱和空气；相应的水蒸气分压力称之为饱和水蒸气分压力，用 $P_{q,b}$ 表示。

2. 温度

空气温度是表示空气冷热程度的物理量。温度的高低用温标来衡量。空调工程中，常采用绝对温标和摄氏温标。绝对温标，符号为 T，单位为 K；摄氏温标，符号为 t，单位为℃；这两种温标间的关系为：

$$t \approx T - 273.15 \tag{7-2}$$

3. 密度

单位容积的空气所具有的质量称为空气的密度，用符号 ρ 表示，单位为 kg/m^3。

湿空气的密度等于干空气的密度 ρ_g 与水蒸气的密度 ρ_q 之和，即：

$$\rho = \rho_g + \rho_q \tag{7-3}$$

由理想气体状态方程式 $PV = mRT$ 得 $\dfrac{m}{V} = \dfrac{P}{RT} = \rho$ 代入上式

$$\rho = \rho_g + \rho_q = \frac{P_g}{R_g T} + \frac{P_q}{R_q T} = \frac{B - P_q}{R_g T} + \frac{P_q}{R_q T} = \frac{1}{R_g}\frac{B}{T} - \frac{P_q}{T}\left(\frac{1}{R_g} - \frac{1}{R_q}\right) \tag{7-4}$$

将 R_g、R_q 代入式（7-4）中，整理后得：

$$\rho = \rho_g + \rho_q = 0.00348\frac{B}{T} - 0.00132\frac{P_q}{T} \tag{7-5}$$

式中　ρ——湿空气的密度，kg/m^3；

ρ_g——干空气密度，kg/m^3；

ρ_q——水蒸气密度，kg/m^3；

B——当地大气压强值，Pa；

T——湿空气温度，K。

从上式可见，湿空气的密度随水蒸气分压力的升高而降低，因此湿空气比干空气轻。空气温度越高，空气密度越小，大气压力也越低，因此同一地区夏季比冬季气压低。

单位质量的湿空气所占有的容积称为比容，用符号 υ 表示，单位为 m^3/kg。

4. 含湿量

在湿空气中，与 1kg 干空气同时并存的水蒸气量称为含湿量，用符号 d 表示，单位为 kg/kg$_{干空气}$或 g/kg$_{干空气}$。计算公式为：

$$d = 622\frac{P_q}{B - P_q} \tag{7-6}$$

公式（7-6）表明：当大气压力 B 一定时，水蒸气分压力只取决于含湿量，水蒸气分压力越大，含湿量也越大。当含湿量 d 一定时，水蒸气分压力将随大气压力的增加而增加，随大气压的减少而减少。

5. 相对湿度

含湿量虽能确切地反映空气中水蒸气量的多少，但不能反映空气的吸湿能力，不能表示空气接近饱和的程度。为此我们介绍湿空气另一状态参数——相对湿度。

相对湿度是空气中水蒸气分压力与同温度下饱和水蒸气分压力之比，用符号 φ 表示，即：

$$\varphi = \frac{P_q}{P_{q,b}} \times 100\% \tag{7-7}$$

式（7-7）表明，φ 越小，则空气饱和程度越小，空气越干燥，吸收水蒸气能力越强；φ 越大，则空气饱和程度越大，空气越湿润，吸收水蒸气能力越弱。φ 为 100% 的湿空气，为饱和空气。

相对湿度和含湿量都是表示空气湿度的参数，但意义却不相同：φ 能表示空气接近饱和的程度，却不能表示水蒸气的含量多少，而 d 能表示水蒸气含量多少，却不能表示空气，接近饱和的程度。φ 和 d 的关系可用下式表示：

$$d = 622 \frac{P_q}{B - P_q} = 622 \frac{\varphi P_{q,b}}{B - \varphi P_{q,b}} \tag{7-8}$$

6. 焓

空调工程需采取各种方法对湿空气进行处理，湿空气的状态经常变化，在空气处理过程中经常需要确定状态变化过程中热量的变化。空调工程中湿空气的状态变化属于定压过程。能够用空气状态前后的焓差来计算空气热量的变化。

湿空气的焓是 1kg 干空气的焓和 d kg 水蒸气焓的总和，用符号 i 表示，单位为 kJ/kg$_{干空气}$，即：

$$i = i_g + d \cdot i_q \tag{7-9}$$

式中　i_g——表示 1kg 干空气的焓，kJ/kg$_{干空气}$

　　　i_q——表示 1kg 水蒸气的焓，kJ/kg$_{水蒸气}$

$$i_g = C_{p,g} \cdot m_g(t - 0) = C_{p,g} \cdot t = 1.01t \tag{7-10}$$

$$i_q = 2500 + C_{p,q} \cdot m_q(t - 0) = 2500 + C_{p,q} \cdot t = 2500 + 1.84t \tag{7-11}$$

式中　$C_{p,g}$——干空气的定压比热，常温下 $C_{p,g} = 1.01$ kJ/(kg · ℃)；

　　　$C_{p,q}$——水蒸气的定压比热，常温下 $C_{p,q} = 1.84$ kJ/(kg · ℃)；

　　　2500——0℃ 时水的汽化潜热，kJ/kg。

将式（7-10）、式（7-11）代入式（7-9）中可得湿空气焓的计算公式：

$$i = 1.01t + d(2500 + 1.84t) \tag{7-12}$$

或　　　　　　　$$i = (1.01 + 1.84d)t + 2500d \tag{7-13}$$

由式（7-13）看出，当湿空气的温度和含湿量增大时，焓值也增大，湿空气温度和含湿量降低时，焓值也减少。

7. 露点温度

未饱和湿空气也可通过另一途径达到饱和。如果湿空气中水蒸气的含量保持一定，即分压力不变而温度逐渐降低，使其由原来的温度 t 降低到 t_1，若对应于 t_1 的 $P_{q,b}$ 值恰与 p_q 相等，则 $\varphi = p_q/p_{q,d} = 100\%$，该未饱和空气就变成了饱和空气。这种在含湿量不变的条件下，使未饱和空气温度降低，达到饱和状态的温度 t_1 叫作露点温度。如果空气的温度继续下降，则饱和空气中的水蒸气便有一部分凝结成水滴而被分离出来，这种现象称为结露。结露现象在日常生活中较常见，例如，秋季凌晨草地上的露珠，夏季从冰箱取出冰冻饮料瓶表面的水珠等等。

如果在某种空气环境中有一冷表面，表面温度为 $t_{表面}$，当 $t_{表面} < t_1$ 时，该表面上就会有凝结水出现；而当 $t_{表面} \geqslant t_1$ 时，不结露。由此可见，是否结露取决于表面温度和空气露点温度两者间的关系。在空调技术中，常利用冷却方法使空气温度降到露点温度以下，水蒸气从空气中析出，凝结成水，从而达到干燥空气的目的。

8. 湿球温度

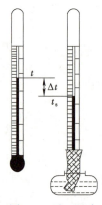

图 7-1　干、湿球温度计

湿空气的相对湿度和含湿量通常采用干湿球温度计这种简便测量方法测定。干球温度计即普通温度计，测出的是湿空气的真实温度 t。另一支温度计的感温球上包裹有浸在水中的湿纱布，称为湿球温度计，如图 7-1 所示。

当大量的未饱和空气流吹过暴露在空气中的湿纱布表面时，开始时湿纱布中水分温度与主体湿空气温度相同。由于湿空气未饱和，湿纱布中水分蒸发，通过气膜向空气流扩散。汽化需要的热量来自于水分本身，使水温下降。但当水分温度低于湿空气流温度时，热量将由空气传给湿纱布中的水，传热速率随着两者温差增大而增大，直到单位时间内空气向湿纱布传递的热量等于湿纱布表面水分蒸发所需热量时，湿纱布中的水温保持恒定不变，达到平衡，湿球温度计指示的正是平衡时湿纱布中水分的温度。由于这一温度取决于周围湿空气的温度 t 和含湿量 d，故称为湿空气的湿球温度，用 t_s 表示。湿空气的 d 越小，湿纱布中的水分蒸发越快，蒸发所需热量越大，湿球温度越低。相反，若湿空气已达饱和状态 $\varphi = 100\%$，则湿球温度与干球温度相等。

7.2　湿空气的焓湿图及其应用

7.2.1　湿空气的焓湿图

空调工程中，可以将一定大气压力 B 作用下的 t、d、i、φ、p_q 等湿空气的状态参数之间的关系用线算图表示，使计算过程既直观又方便。线算图有焓湿图、温湿图、焓温图等，本书只介绍焓湿图（i-d 图）。

焓湿图是根据式（7-8）和式（7-12）绘制而成的，见图 7-2 和附录 7-1，图中纵坐标是湿空气的焓 i，单位为 kJ/kg干空气；横坐标是含湿量 d，单位为 g/kg干空气。为使各曲线簇不致拥挤，提高读数准确度，两坐标之间的夹角为 135°，而不是 90°。为了避免图面过长，常取一水

7-2

湿空气的焓湿图应用

平线画在图的上方代替实际的 d 轴。

i-d 图由下列五种线群组成：

（1）等含湿量线（等 d 线）：等 d 线是一组平行于纵坐标的直线群。露点 t_1 是湿空气冷却到 $\varphi = 100\%$ 时的温度。因此，当含湿量 d 相同时，状态不同的湿空气具有相同的露点。

（2）等焓线（等 i 线）：等 i 线是一组与横坐标轴成 $135°$ 的平行直线。

（3）等温线（等 t 线）：由式（7-12）$i = 1.01t + d(2500 + 1.84t)$ 可知：

当湿空气的干球温度 t＝定值时，i 和 d 之间呈直线变化关系。t 不同时斜率不同。因此，等 t 线是一组互不平行的直线。但由于温度 t 对斜率的影响不显著，所以各等温线之间又近似平行。

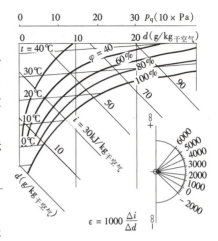

图 7-2 湿空气焓湿图

（4）等相对湿度线（等 φ 线）：由式（7-8）$d = 622 \dfrac{\varphi P_{q,b}}{B - \varphi P_{q,b}}$ 可知，总压力一定时，$\varphi = f(d，t)$。这表明利用式（7-8）可在 i-d 图上绘出等 φ 线。等 φ 线是一组上凸形的曲线。$\varphi = 0\%$ 的等 φ 线是纵坐标轴，$\varphi = 100\%$ 的等 φ 线是湿空气的饱和状态线，它将 i-d 图分成两部分。上部是未饱和湿空气（湿空气区），$\varphi < 1$，水蒸气处于过热状态，其状态稳定；$\varphi = 100\%$ 曲线上的各点是饱和湿空气。下部为水蒸气的过饱和状态区。过饱和状态不稳定，没有实际意义。

（5）水蒸气分压力线：公式 $d = 622 \dfrac{P_q}{B - P_q}$ 可变换为 $P_q = \dfrac{B \cdot d}{622 + d}$。当大气压力 B 一定时，上式为 $p_q = f(d)$ 的函数形式，即水蒸气分压力 p_q 仅取决于含湿量 d，每给定一个 d 值就可以得到相应的 p_q 值。因此，可在代用 d 轴的上方绘一条水平线，标上 d 值对应的 p_q 值即为水蒸气分压力线。

在 i-d 图上，任意一点都代表着空气的一个状态，它的各种状态参数均可由图查出。此外，为了说明空气由一个状态变为另一状态的热湿变化过程，在 i-d 图上右下角还标有热湿比线。

当被处理空气由状态 A 变为状态 B 时，在 i-d 图上连接状态 A 和状态 B 的直线，就代表空气状态变化过程线，如图 7-3 所示。湿空气状态变化前后的焓差和含湿量差之比值，称为热湿比，用符号 ε 表示。即：

$$\varepsilon = \frac{i_B - i_A}{d_B - d_A} = \frac{\Delta i}{\Delta d} \qquad (7\text{-}14)$$

热湿比 ε 表示了空气变化的方向和特征。将式（7-14）分子、分母同乘总空气量 G 得到：

$$\varepsilon = \frac{\Delta i}{\Delta d} = \frac{G \cdot \Delta i}{G \cdot \Delta d} = \frac{Q}{W} \qquad (7\text{-}15)$$

式（7-14）、式（7-15）中，含湿量的单位为 kg/kg$_{干空气}$。由平面直角坐标系可知，纵

101

坐标（焓差）与横坐标（含湿量差）的比值表示直线的斜率。因此，ε 就是直线 AB 的斜率，它代表了过程线 AB 的倾斜角度，又称为"角系数"。对于起始状态不同的空气，只要斜率相同，其变化过程线必定相互平行。根据上述特征，在 $i\text{-}d$ 图上以任意一点为中心作出一系列不同值的 ε 标尺线。实际应用时，只要将等值的 ε 标尺线平移至起始状态点，就能确定空气状态变化过程线，如图 7-4 所示。

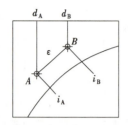

图 7-3　空气状态变化过程线

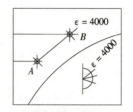

图 7-4　用 ε 标尺线确定空气
状态变化过程线

7.2.2　焓湿图的应用

1. 确定湿空气的状态及状态参数

上节介绍的湿空气的状态参数中，只有湿空气的 t、d、φ、i、t_s 五个物理量是独立的状态参数。在大气压力 B 一定的条件下，只要知道任意两个独立的状态参数就可以根据有关公式确定其余的状态参数，确定湿空气的状态。

【例 7-1】已知大气压力 $B=101325\text{Pa}$，空气的温度 $t=25℃$，相对湿度 $\varphi=60\%$，求该空气的 i、d、露点温度 t_l 和湿球温度 t_s。

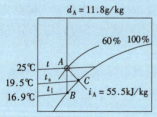

图 7-5　确定空气状态参数

【解】在 $B=101325\text{Pa}$ 的 $i\text{-}d$ 图上，根据 $t=25℃$，$\varphi=60\%$ 确定空气状态 A。在 $i\text{-}d$ 图上过 A 点引等焓线和等含湿量线，查得 $i=55.5\text{kJ/kg}$，$d=11.8\text{g/kg}_{\text{干空气}}$。

将 A 状态空气沿等含湿量线冷却到与 $\varphi=100\%$ 的饱和线相交，则交点 B 的温度即为 A 状态空气的露点温度 $t_l=16.9℃$。

过 A 点引等焓线与 $\varphi=100\%$ 线相交，则交点 C 的温度即为 A 状态空气的湿球温度，$t_s=19.5℃$（图 7-5）。

【例 7-2】已知某城市夏季室外空气干球温度 $t=33.5℃$，湿球温度 $t_s=27.7℃$，试根据 $i\text{-}d$ 图确定室外空气状态。

【解】首先由 $t_s=27.7℃$ 作等温线与 $\varphi=100\%$ 饱和线交于点 B，过 B 点作 $\varepsilon=0$（等焓）线与 $t=33.5℃$ 的等温线的交点即为所求的室外空气状态（图 7-6），$i=88.5\text{kJ/kg}_{\text{干空气}}$，$d=21.3\text{g/kg}_{\text{干空气}}$。

图 7-6　确定空气状态

湿空气状态参数的确定，也可在"建环视界"网站或微信"建环视界"小程序下的"湿空气焓湿图/含湿量在线计算器"中，输入任意两个参数，可直接查得其他参数。

2. 空气状态变化过程在 $i\text{-}d$ 图上的表示

本节只介绍几种典型空气状态变化过程（图 7-7）。

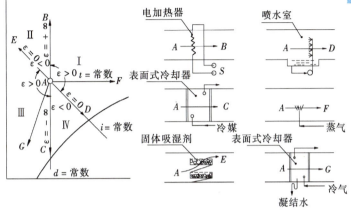

图 7-7　几种典型的空气状态变化过程

（1）等湿加热过程

利用热水、蒸气及电能等热源，通过热表面对湿空气进行加热处理，空气温度会升高而含湿量不变，因此，空气状态变化是等湿增焓升温过程。在 $i\text{-}d$ 图上，过程线为 $A\rightarrow B$，其热湿比：

$$\varepsilon = \frac{\Delta i}{\Delta d} = \frac{i_B - i_A}{0} = +\infty$$

（2）等湿冷却过程

利用冷水或其他冷媒，通过冷表面对湿空气进行冷却处理，当冷表面温度高于或等于湿空气的露点温度时，空气中的水蒸气不会凝结，含湿量不会发生变化，但温度降低，焓值将减少，因此，空气状态变化是等湿减焓降温过程。在 $i\text{-}d$ 图上，过程线为 $A\rightarrow C$，其热湿比：

$$\varepsilon = \frac{\Delta i}{\Delta d} = \frac{i_C - i_A}{d_C - d_A} = \frac{i_C - i_A}{0} = -\infty$$

（3）等焓加湿过程

用喷水室喷循环水处理空气时，水吸收空气的热量蒸发为水蒸气，空气失去显热量，温度降低。水蒸气扩散到空气中使空气的含湿量增加，同时潜热量也增加。空气失去显热得到潜热，焓值基本不变，所以此过程为等焓加湿过程。因为此过程与外界无热量交换，又称绝热加湿过程。此时，循环水温稳定在空气的湿球温度上。空气状态变化过程如图 7-7 中 $A\rightarrow D$，其热湿比：

$$\varepsilon = \frac{\Delta i}{\Delta d} = \frac{i_D - i_A}{d_D - d_A} = \frac{0}{d_D - d_A} = 0$$

（4）等焓减湿过程

用固体吸湿剂处理空气时，湿空气中水蒸气被吸附，在吸湿剂表面凝结，空气含湿量降低，同时失去潜热。水蒸气凝结时放出的汽化热使空气温度升高，空气近似按等焓减湿升温过程变化。在 i-d 图上，过程线为 $A \rightarrow E$，其热湿比：

$$\varepsilon = \frac{\Delta i}{\Delta d} = \frac{i_E - i_A}{d_E - d_A} = \frac{0}{d_E - d_A} = 0$$

（5）等温加湿过程

等温加湿是通过向空气中喷入蒸气而实现的，过程线为图 7-7 中 $A \rightarrow F$。空气中增加水蒸气后，其焓值和含湿量值都将增加，焓的增加值为加入蒸气的全热量，即：

$$\Delta i = \Delta d \cdot i_q \tag{7-16}$$

式中　Δd——每 kg 干空气增加的含湿量，kg/kg$_{干空气}$；

　　　i_q——水蒸气的焓，$i_q = 2500 + 1.84t_q$。

此过程的 ε 值为：

$$\varepsilon = \frac{\Delta i}{\Delta d} = \frac{\Delta d \cdot i_q}{\Delta d} = i_q = 2500 + 1.84t_q$$

如果喷入蒸气的温度为 100℃左右，则 $\varepsilon \approx 2690$，该过程线与等温线近似平行故为等温加湿过程。

（6）减湿冷却（或冷却干燥）过程

利用喷水室或表面式冷却器处理空气时，若冷水温度或冷表面温度低于湿空气的露点温度，空气中的水蒸气将凝结为水，使空气的含湿量降低，空气的状态变化过程为减湿冷却过程或冷却干燥过程。过程线为图 7-7 中 $A \rightarrow G$，热湿比为：

$$\varepsilon = \frac{i_G - i_A}{d_G - d_A} = \frac{-\Delta i}{-\Delta d} > 0$$

以上介绍了空气调节中常见的 6 种典型空气状态变化过程。从图 7-7 可看出，具有代表性的两条过程线 $\varepsilon = \pm \infty$ 和 $\varepsilon = 0$ 将 i-d 图分成了 4 个象限，每个象限内的空气状态变化过程都有各自的特征，见表 7-1。

表 7-1　空气状态变化的四个象限及特征表

象　限	热　湿　比	状态变化的特征
Ⅰ	$\varepsilon > 0$	增焓加湿升温(或等温、降温)
Ⅱ	$\varepsilon < 0$	增焓减湿升温
Ⅲ	$\varepsilon > 0$	减焓减湿降温(或等温、升温)
Ⅳ	$\varepsilon < 0$	减焓加湿降温

3. 两种不同状态空气混合过程在 i-d 图上的表示

假设质量流量为 G_A(kg/s)，状态为 $A(i_A, d_A)$，质量流量为 G_B(kg/s)，状态为 $B(i_B, d_B)$ 的两种空气相混合，混合后空气质量流量为 $G_C = G_A + G_B$(kg/s)，状态为 $C(i_C, d_C)$。在混合过程中，如果与外界没有热湿交换，根据热平衡和湿平衡原理，可以列出下列方程式：

$$G_A i_A + G_B i_B = G_C i_C = (G_A + G_B) i_C \tag{7-17}$$

$$G_A d_A + G_B d_B = G_C d_C = (G_A + G_B) d_C \tag{7-18}$$

将上两式进行整理，可得：

$$\frac{G_A}{G_B} = \frac{i_B - i_C}{i_C - i_A} = \frac{d_B - d_C}{d_C - d_A} \tag{7-19}$$

$$\frac{i_B - i_C}{d_B - d_C} = \frac{i_C - i_A}{d_C - d_A} \tag{7-20}$$

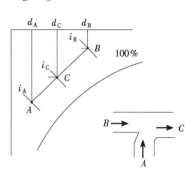

在 $i\text{-}d$ 图上（图 7-8）$\dfrac{i_B - i_C}{d_B - d_C}$ 为直线 $\overline{BC}$ 的斜率，

图 7-8　两种状态空气的混合

$\dfrac{i_C - i_A}{d_C - d_A}$ 为直线 $\overline{CA}$ 的斜率，两条直线的斜率相同，两直线必然互相平行，因为有共同点 C，所以 A、B、C 三点必然在同一直线上。根据三角形相似原理及式（7-19）可得出下式：

$$\frac{\overline{BC}}{\overline{CA}} = \frac{i_B - i_C}{i_C - i_A} = \frac{d_B - d_C}{d_C - d_A} = \frac{G_A}{G_B} \tag{7-21}$$

从上式可得出结论，参与混合的两种空气质量与混合点 C 将线段 $\overline{AB}$ 分成两线段的长度成反比，并且混合点靠近质量大的空气状态一端。

【例 7-3】某空调系统采用两种状态空气混合。已知 $G_A = 3000\text{kg/h}$，$t_A = 20\text{℃}$，$\varphi_A = 55\%$，$G_B = 600\text{kg/h}$，$t_B = 33\text{℃}$，$\varphi_B = 80\%$。求混合后空气的状态（当地大气压力 $B = 101325\text{Pa}$）。

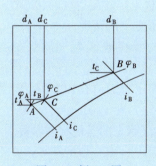

图 7-9　例 7-3 图

【解】（1）在 $B = 101325\text{Pa}$ 的 $i\text{-}d$ 图上根据已知条件确定空气状态点 A、B，并连接成直线段，如图 7-9 所示。

（2）混合点 C 位置应满足下式：

$$\frac{\overline{BC}}{\overline{CA}} = \frac{G_A}{G_B} = \frac{3000}{600} = \frac{5}{1}$$

（3）将 $\overline{AB}$ 线段分成 6 等分，混合点 C 应靠近 A 状态一端的一等分处。从图上查得 $t_C = 22\text{℃}$，$\varphi_C = 65\%$，$i_C = 50.3\text{kJ/kg}_{干空气}$，$d_C = 10.9\text{g/kg}_{干空气}$。

混合空气状态也可由计算确定。先在 $i\text{-}d$ 图上查出 $i_A = 40.5\text{kJ/kg}_{干空气}$，$d_A = 8\text{g/kg}_{干空气}$，$i_B = 99.2\text{kJ/kg}_{干空气}$，$d_B = 25.8\text{g/kg}_{干空气}$，按公式（7-17）和式（7-18）计算可得：

$$i_C = \frac{G_A i_A + G_B i_B}{G_A + G_B} = \frac{3000 \times 40.5 + 600 \times 99.2}{3000 + 600} = 50.3\text{kJ/kg}_{干空气}$$

$$d_C = \frac{G_A d_A + G_B d_B}{G_A + G_B} = \frac{3000 \times 8 + 600 \times 25.8}{3000 + 600} = 10.9\text{g/kg}_{干空气}$$

拓展小课堂

确定湿空气的状态参数，应秉持严密的逻辑思维和严谨的工作作风，培养实事求是的科学素养，养成认真负责的工作态度，锻炼发现问题、独立思考、解决问题的能力。

单元小结

在空调工程中，焓湿图（i-d 图）是非常重要的工具。i-d 图是将湿空气各种参数之间的关系用图线表示，一般是按当地大气压绘制，从图上可查知温度、相对湿度、含湿量、露点温度、湿球温度、水蒸气含量及分压力、空气的焓值等空气状态参数，为了解空气状态及对空气进行处理（空气调节）提供依据。图上亦可反映出空气的处理过程。i-d 图的使用方法是首先解读 i-d 图上的等参数线：等焓线，等含湿量线，等温线，等相对湿度线，热湿比线等要点。在学习了 i-d 图的基础上，从湿空气的加热过程、湿空气的冷却过程、湿空气的减湿处理、湿空气的加湿处理这四个方面去解析 i-d 图的应用。熟练掌握 i-d 图的应用，是进行空调工程设计和运行调试的重要手段，也是暖通空调专业人士应具备的基本能力。

思考题与习题

1. 湿空气是不是理想气体？为什么可以用理想气体状态方程来描述湿空气的状态？

2. 已知当地大气压力 $B=101325\text{Pa}$，试求温度 $t=25℃$ 时干空气的密度。

3. 某空调房间空气温度 $t=24℃$，相对湿度 $\varphi=70\%$，所在地区大气压强 $B=101325\text{Pa}$，试计算空气的含湿量。

4. 已知空气的温度 $t=25℃$，含湿量 $d=9\text{g/kg}_{干空气}$，大气压力 $B=101325\text{Pa}$，计算该空气的焓和相对湿度。

5. 已知大气压力为 101325Pa，试利用 i-d 图确定下列各空气状态的其他状态参数。

（1）$t=22℃$，$\varphi=60\%$；

（2）$i=60\text{kJ/kg}_{干空气}$，$d=11\text{g/kg}_{干空气}$；

（3）$t=30℃$，$t_l=20℃$；

（4）$t=34℃$，$t_s=23℃$。

6. 已知空气的温度 $t=35℃$，相对湿度 $\varphi=60\%$，利用湿空气的 i-d 图确定空气的湿球温度 t_s 和露点温度 t_l。如果相对湿度变为 85%，湿球温度和露点温度有什么变化？

7. 有一冷水管道（未保温）穿过空气温度 $t=30℃$，相对湿度 $\varphi=70\%$ 的房间，如果要防止管壁产生凝结水，则管道表面温度应为多少？当地大气压力 $B=101325\text{Pa}$。

8. 在起始状态为 $t=15℃$，$d=8.5\text{g/kg}_{干空气}$ 的空气中，加入总热量 $Q=8.0\text{kW}$，湿量 $W=0.002\text{kg/s}$，试在 i-d 图上绘出空气状态变化过程线。如果从空气中减去 8.0kW 的热量和 0.001kg/s 的湿量，此时空气状态变化过程线如何表示？

9. 已知大气压力 $P=101325Pa$，空气的初状态 $t_A=21℃$，相对湿度 $\varphi=60\%$，如果加入 12000kJ/h 的热量和 2kg/h 的湿量，此时空气温度 $t_B=33℃$，求终状态空气的 i_B 和 d_B。

10. 某空调系统采用新风与回风混合，新风量 $G_W=250kg/h$，新风参数 $t_W=33℃$，$t_s=26℃$（湿球温度），回风量 $G_N=1000kg/h$，$t_N=22℃$，$\varphi_N=55\%$。所在地区大气压力 $P=101325Pa$，试求混合后空气的状态。

11. 欲将 $t_1=15℃$，$\varphi_1=80\%$ 与 $t_2=28℃$，$\varphi_2=50\%$ 的两种空气混合至状态 3，$t_3=22℃$，总风量为 12000kg/h，1、2 两种状态空气量各为多少？

教学单元8

空调房间冷（热）、湿负荷计算

Chapter 08

空调负荷计算

 教学单元概述

　　本教学单元讲述了空调冷（热）、湿负荷的基本概念；室内外空气计算参数的选择与确定，空调房间冷（热）、湿负荷的计算方法；讲述了空调冷（热）负荷的估算方法，简要阐述了太阳辐射热对建筑物的热作用，提出了综合温度的概念。同学们要能正确认识空调房间冷（热）、湿负荷，能进行空调系统室内外空气设计参数确定，能进行空调冷（热）、湿负荷计算。

 知识目标

　　1. 掌握空调冷（热）、湿负荷的基本概念；

　　2. 掌握空调室内外计算参数的确定方法；

　　3. 掌握得热量与冷负荷的区别与联系，熟悉用冷负荷系数法计算空调冷负荷的步骤与方法；

　　4. 熟悉空调湿负荷的构成与计算方法；

　　5. 了解空调冷（热）负荷的估算方法。

 能力目标

　　1. 能根据设计规范正确确定室内外空气计算参数；

　　2. 能根据设计规范，利用冷负荷系数法计算空调冷负荷，并能计算空调湿负荷；

　　3. 能进行空调房间冷（热）负荷的估算。

空调房间的冷（热）、湿负荷是确定空调系统送风量及空调设备容量的基本依据。

在室内外热、湿扰量的综合作用下，某一时刻进入空调房间的总热量和总湿量称为该时刻的得热量和得湿量；从空调房间带走的热量称为耗热量。某一时刻为维持房间恒温恒湿而需要空调系统向室内提供的冷量称为冷负荷；相反，为补偿房间失热而需要向室内提供的热量称为热负荷。为了维持室内相对湿度恒定需从房间除去的湿量称为湿负荷。

8.1　室内外空气计算参数

室内外空气计算参数是空调房间冷（热）、湿负荷计算的依据。

8.1.1　室内空气计算参数

8-2

空调系统设计
前的准备工作

室内空气计算参数，主要指空调工程作为设计与运行控制标准而采用的空气温度、相对湿度和空气流速等室内环境控制参数。室内空气计算参数的确定，除了考虑室内参数综合作用下的人体舒适和工艺特定需要外，还应根据工程所处地理位置、室外气象、经济条件和节能政策等具体情况进行综合考虑。

1. 舒适性空调

舒适性空调是以民用建筑和工业企业辅助建筑中保证人体舒适、健康和提高工作效率为目的的空调。

根据《民用建筑供暖通风与空气调节设计规范》GB 50736—2012 规定，舒适性空调室内计算参数应符合表 8-1 的规定。

表 8-1　舒适性空气调节室内计算参数

参　　数	夏　季	冬　季
温度（℃）	24～28	18～24
风速（m/s）	≤0.25	≤0.2
相对湿度（%）	40～70	30～60

2. 工艺性空调

工艺空气调节室内温湿度基数及其允许波动范围，应根据工艺需要及卫生要求确定。活动区的风速：冬季不宜大于 0.3m/s，夏季宜采用 0.2～0.5m/s；当室内温度高于 30℃时，可大于 0.5m/s。表 8-2 列举了一部分生产车间空调室内设计参数。工艺性空调的室内空气设计参数，可从国内有关专业标准、规范或设计手册中获得。某些生产厂房对室内温湿度无精度要求，这时空调对温湿度的要求是夏季工人操作时手不出汗，不使产品受潮，因此只规定温度湿度的上限：室温不大于 28℃，相对湿度不大于 60%。

表 8-2　部分生产车间空调室内设计参数

类别		温度（℃）		相对湿度（%）
		夏季	冬季	
机械工业	Ⅰ级坐标膛床	20±1	20±1	40～65
	Ⅱ级坐标膛床	23±1	17±1	40～65
	精密轴承加工	16～27		40～65
	高精度刻线机	20±(0.1～0.2)		40～65
计量室	热学计量室	20±(1～5)		＜70
	力学计量室	(17～23)±(0.5～2)		50～60
	长度计量室	20±(0.2～4)		50～60
计算机房	电子计算机房	(20～23)±(1～2)	20～22±(1～2)	50±10
棉纺织工业	梳棉	29～31	22～25	55～60
	细纱	30～32	24～27	55～60
	织布	28～30	23～26	70～75

必须指出，确定工艺性空调室内计算参数时，一定要了解实际工艺生产过程对温、湿度的要求。

8.1.2　室外空气计算参数

空调工程设计与运行中所用的一些室外气象参数人们习惯称之为室外空气计算参数。我国部分城市的室外空气计算参数见附录 8-1。

室外气象参数就某一地区而言，随季节、昼夜或时刻在不断变化着，如全国各地大多在 7～8 月气温最高，而 1 月份气温最低；一天当中，一般在凌晨 3～4 点气温最低，而在下午 14～15 点气温最高。空气相对湿度取决于干球温度和含湿量，若一昼夜里含湿量视作近似不变，相对湿度的变化规律与干球温度变化规律相反。

室外空气计算参数的取值，直接影响室内空气状态和设备投资。如果按当地冬、夏最不利情况考虑，那么这种极端最低、最高温湿度要若干年才出现一次而且持续时间较短，这将使设备容量庞大而造成投资浪费。因此，设计规范中规定的室外计算参数是按全年少数时间不保证室内温湿度标准而制定的。当室内温湿度必须全年保证时，应另行确定空气调节室外计算参数。

下面介绍我国《民用建筑供暖通风与空气调节设计规范》GB 50736—2012 中对室外计算参数的规定。

（1）夏季室外空气计算参数。

夏季空气调节室外计算干球温度，应采用历年平均不保证 50h 的干球温度。

夏季空气调节室外计算湿球温度，应采用历年平均不保证 50h 的湿球温度。

夏季空气调节室外计算日平均温度，应采用历年平均不保证 5 天的日平均温度。

夏季空气调节室外计算逐时温度，按下式计算确定：

$$t_{sh} = t_{wp} + \beta \Delta t_r \qquad (8\text{-}1)$$

式中　t_{sh}——室外计算逐时温度，℃；

　　　t_{wp}——夏季空气调节室外计算日平均温度，℃；

　　　β——室外温度逐时变化系数，按表 8-3 确定；

　　　Δt_r——夏季室外计算平均日较差，按下式计算：

$$\Delta t_r = \frac{t_{wg} - t_{wp}}{0.52} \qquad (8\text{-}2)$$

式中　t_{wg}——夏季空气调节室外计算干球温度，℃。

表 8-3　室外温度逐时变化系数

时　　刻	1	2	3	4	5	6
β	−0.35	−0.38	−0.42	−0.45	−0.47	−0.41
时　　刻	7	8	9	10	11	12
β	−0.28	−0.12	0.03	0.16	0.29	0.40
时　　刻	13	14	15	16	17	18
β	0.48	0.52	0.51	0.43	0.39	0.28
时　　刻	19	20	21	22	23	24
β	0.14	0.00	−0.10	−0.17	−0.23	−0.26

（2）冬季室外空气计算参数。

由于冬季加热、加湿所需费用总低于夏季冷却减湿的费用，冬季围护结构传热按稳定传热计算，不考虑室外气温的波动。冬季采用空调设备送热风时，计算其围护结构传热和冬季新风负荷时采用冬季空调室外计算温度。此外，冬季室外空气含湿量远小于夏季，且变化也很小，故其湿度参数只给出相对湿度值。

冬季空气调节室外计算温度，应采用历年平均不保证 1 天的日平均温度。

冬季空气调节室外计算相对湿度，应采用历年最冷月平均相对湿度。

由于我国幅员辽阔、地形复杂，各地气候差距悬殊。针对不同的气候条件，各地建筑设计上都有不同的做法。炎热地区的建筑需要遮阳、隔热和通风，以防室内过热；寒冷地区的建筑则要防寒和保温，让更多的阳光进入室内。为了明确建筑和气候两者的科学关系，《民用建筑设计统一标准》GB 50352—2019 将中国划分为 7 个主气候区。

8.2　太阳辐射热对建筑物的热作用及处理

8.2.1　太阳辐射强度

当太阳辐射穿过大气层时，一部分辐射光能被大气中的水蒸气、二氧化碳和臭氧等所吸收；一部分辐射光遇到空气分子、尘埃和微小水珠等时，产生散射现象。另外云层对太阳辐射还有反射作用。最终到达地球表面的太阳辐射能可分为两部分，一部分是从太阳直接照射到地球表面的部分，称为直接辐射；另一部分是经大气散射后到达地球表面的部分，称为散射辐射。二者之和，称为总辐射。

太阳辐射强度是指 $1m^2$ 黑体表面在太阳照射下所获得的热量值，单位为 kW/m^2 或 W/m^2。

地面所接收的太阳辐射强度受太阳高度角、大气透明度、地理纬度、云量和海拔高度等因素影响。

8.2.2　太阳辐射热对建筑物的热作用

一个建筑物体受到的太阳辐射热，有太阳的直射辐射和散射辐射。而散射辐射包括下列三项：

（1）天空散射辐射：指来自天空各方向的反射、折射和散乱光，其中以短波辐射为主。

（2）地面反射辐射：指太阳光线射到地面上后，其中一部分被地面所反射到建筑物表面。

（3）大气长波辐射：大气中的水蒸气吸收太阳光的部分热，又吸收来自地面和围护结构外表面的反射辐射热后，使其温度上升，因而向地面进行长波辐射。

建筑物不同朝向的外表面所受到的辐射热强度各不相同。附录 8-2 和附录 8-3 列出了北纬 40°建筑物各朝向垂直面与水平面的太阳总辐射照度和透过标准窗玻璃的太阳直接辐射照度和散射辐射照度，供空调负荷计算时采用。其他纬度的太阳辐射照度详见规范。

应用附录 8-2 和附录 8-3 时，当地的大气透明度等级，应根据夏季空气调节大气透明度分布及夏季大气压力按表 8-4 确定。

表 8-4　大气透明度等级

大气透明度等级	下列大气压力（×10⁵Pa）时的透明度等级							
	650	700	750	800	850	900	950	1000
1	1	1	1	1	1	1	1	1
2	1	1	1	1	1	2	2	2
3	1	2	2	2	2	3	3	3
4	2	2	3	3	3	4	4	4
5	3	3	4	4	4	4	5	5
6	4	4	4	5	5	5	6	6

当太阳照射到围护结构外表面时，一部分被反射，另一部分被吸收，二者的比例取决于表面材料的种类、粗糙度和颜色。各种材料的围护结构外表面对太阳辐射热的吸收系数不同（见附录 8-4）。表面愈粗糙，颜色愈深吸收的太阳辐射热愈多，为此，建筑外表的色调，采用白色或浅色有利于减少辐射热。对于外窗采用吸热和反射玻璃，增大玻璃的吸收率或反射率，能减少进入室内的太阳辐射热。建筑物的内外遮阳都是有效减少辐射热的手段。

8.2.3　室外空气综合温度

由于建筑物围护结构外表面一般总是同时受到太阳辐射和室外空气温度的综合热作

用。这样，建筑物单位外表面上得到的热量应取决于其表面换热量与吸收的太阳辐射热之和，即：

$$q = \alpha_w(t_w - \tau_w) + \rho I = \alpha_w\left[\left(t_w + \frac{\rho I}{\alpha_w}\right) - \tau_w\right] = \alpha_w(t_z - \tau_w) \tag{8-3}$$

式中　α_w——围护结构外表面的换热系数，$W/(m^2 \cdot K)$；

　　　t_w——室外空气计算温度，℃；

　　　τ_w——围护结构外表面温度，℃；

　　　ρ——围护结构外表面对太阳辐射的吸收系数，见附录 8-4；

　　　I——围护结构外表面接受的总太阳辐射照度，W/m^2。

上式中只是为了方便而引入一个相当的室外温度，称 $t_z = t_w + \dfrac{\rho I}{\alpha_w}$ 为综合温度。所谓综合温度，实际上相当于室外空气温度由原来的 t_w 增加了一个太阳辐射的等效温度 $\rho I / \alpha_w$ 值。

式（8-3）只考虑了来自太阳对围护结构的短波辐射，没有反映围护结构外表面与天空和地面之间存在的长波辐射。近年来对式（8-3）作了如下修改：

$$t_z = t_w + \frac{\rho I}{\alpha_w} - \frac{\varepsilon \Delta R}{\alpha_w} \tag{8-4}$$

式中　ε——围护结构外表面的长波辐射系数；

　　　ΔR——围护结构外表面向外界发射的长波辐射和由天空及周围物体向围护结构外表面发射的长波辐射之差，W/m^2。ΔR 的取值可近似按：垂直面 $\Delta R = 0$；水平面 $\dfrac{\varepsilon \Delta R}{\alpha_w} = 3.5 \sim 4$℃。

可见，综合温度 t_z 主要受到 t_w、ρ 和 I 值变化的影响，所以采用不同表面材料的建筑物屋顶和不同朝向外墙表面应当具有不同的逐时综合温度值。并且，当考虑长波辐射作用后，t_z 值还可能有所下降。

8.3　空调房间冷（热）、湿负荷的计算

8.3.1　得热量和冷负荷

1. 得热量和冷负荷的区别

房间得热量是指某时刻由室外进入室内的热量和室内各种热源散发的热量的总和。房间瞬时得热量通常包括：（1）由于太阳辐射进入房间的热量和室内外空气温差经围护结构传入房间的热量；（2）人体、照明、各种工艺设备和电气设备散入房间的热量。根据性质不同，得热量中包含有潜热和显热两部分热量，显热又由以对流和辐射

8-3

空调负荷的
计算

两种方式传递的热量组成。

瞬时得热量中，以对流方式传递的显热和潜热得热量才能直接放散到房间，并立即构成瞬时冷负荷；而以辐射方式传递的显热得热量，它在转化为室内冷负荷的过程中，数量上有所衰减，时间上有所延迟，其衰减和延迟的程度将取决于整个房间的蓄热特性。

由上述可见，任一时刻房间瞬时得热量的总和与同一时间冷负荷未必相等，只有当瞬时得热量全部以对流方式传递给室内空气时或房间没有蓄热能力的情况下，两者才相等。

2. 空调冷负荷计算方法简介

我国于 20 世纪 70～80 年代积极开展革新空调负荷计算方法的研究，在借鉴国外研究成果的基础上，提出了符合我国国情的两种空调设计冷负荷计算法，即谐波反应法和冷负荷系数法。

谐波反应法将扰量视为连续的周期性函数曲线，从而可将它分解成多阶谐波的叠加，并用傅立叶级数来表达。这种谐性扰量所引起的系统反应称为"频率响应"，其中考虑了壁体或房间对多阶谐性扰量的幅值衰减和波形的时间延迟。在计算由得热形成冷负荷时，首先从得热量中区分出对流和辐射热两种成分，并将后者按一定比例分配至各个壁面，然后依据房间对于各阶谐性辐射热扰量的衰减度和相位延迟得出辐射得热形成的冷负荷，最后再与对流热叠加，从而求得室内冷负荷。

冷负荷系数法乃是建立在 Z 传递函数理论基础上的一种工程实用方法。它除了用于设计负荷计算外，还特别适用于建筑物的全年动态负荷计算与能耗分析。该方法应用的关键在于，需结合一定设计条件，通过计算机运算事先给出不同类型房间或围护结构的传递函数诸系数值，按照业已导出的有关理论计算公式即可求得所需的瞬时得热量或冷负荷值。国内研究课题组在上述理论计算基础上，进一步提出冷负荷系数法，研制了"冷负荷温度"和"冷负荷系数"等专用数表，借以可由各种扰量值十分方便地求得相应的逐时冷负荷。

冷负荷系数法是便于工程上进行手算的一种简化方法，本教材将详细介绍此方法。

8.3.2 冷负荷系数法计算空调冷负荷

1. 外墙和屋顶传热形成的逐时冷负荷

在太阳辐射和室外气温的综合作用下，外墙和屋顶传热形成的冷负荷可按下式计算：

$$CL_q = KF(t_{cl} - t_N) \tag{8-5}$$

式中　CL_q——计算时刻通过外墙或屋顶得热形成的冷负荷，W；

　　　K——外墙和屋顶的传热系数，$W/(m^2 \cdot K)$，查附录 8-5 和附录 8-6；

　　　F——外墙和屋顶的计算面积，m^2；

　　　t_N——室内计算温度，℃；

　　　t_{cl}——外墙或屋顶的逐时冷负荷计算温度，℃，查附录 8-7 和附录 8-8。

应用公式（8-5）计算时，应注意外墙和屋顶的逐时冷负荷计算温度值 t_{cl} 是以北京地区气象参数数据为依据计算出来的。所采用的外表面放热系数为 $18.6W/(m^2 \cdot K)$；内表面放热系数为 $8.7W/(m^2 \cdot K)$。所采用的外墙和屋面的吸收系数为 $\rho = 0.90$。房间传递函数系数 $V_0 = 0.681$，$W_1 = -0.87$。

为了使冷负荷计算温度适用于全国各地和其他条件，作如下修正：

$$t_{cl实际} = (t_{cl} + t_d)K_aK_\rho$$

式中　t_d——地点修正值，℃，见附录 8-9；

　　K_α——外表面放热系数修正值，见表 8-5；

　　K_ρ——外表面吸收系数修正值，考虑到城市大气污染和中浅颜色的耐久性差，建议
　　　　吸收系数均采用 $\rho=0.90$。但确有把握经久保持建筑围护结构表面的中、浅
　　　　色时，则可采用表 8-6 的修正值。

修正后的冷负荷计算公式为：

$$CL_q = KF(t_{cl实际} - t_N) \qquad (8-6)$$

表 8-5　外表面放热系数修正值 K_α

$\alpha_w[W/(m^2 \cdot K)]$	14	16.3	18.6	20.9	23.3	25.6	27.9	30.2
$\alpha_w[kcal/(m^2 \cdot h \cdot K)]$	12	14	16	18	20	22	24	26
K_α	1.06	1.03	1.00	0.98	0.97	0.95	0.94	0.93

表 8-6　吸收系数修正值 K_ρ

颜　色　＼　类　别	外　　墙	屋　　面
浅　色	0.94	0.88
中　色	0.97	0.94

2. 外窗得热形成的冷负荷

在室内外温差的作用下，玻璃窗瞬变传热引起的逐时冷负荷按下式计算：

$$CL_C = KF(t_{cl} - t_N) \qquad (8-7)$$

式中　CL_C——玻璃窗瞬变传热引起的冷负荷，W；

　　K——玻璃窗的传热系数，$W/(m^2 \cdot K)$，查附录 8-10 和附录 8-11；

　　F——窗口面积，m^2；

　　t_N——室内计算温度，℃；

　　t_{cl}——玻璃窗冷负荷计算温度，℃，见表 8-7。

应用公式（8-7）时，对于不同的设计地点，t_{cl} 应加上地点修正值 t_d（附录 8-12），附
录 8-10 和附录 8-11 中的 K 值当窗框情况不同时，按表 8-8 进行修正；有内遮阳设施时，
单层玻璃窗 K 值应减少 25%，双层玻璃窗 K 值应减少 15%。

因此，式（8-7）相应变为：

$$CL_C = C_k KF(t_{cl} + t_d - t_N) \qquad (8-8)$$

表 8-7　玻璃窗冷负荷计算温度 t_{cl}

时间	0	1	2	3	4	5	6	7	8	9	10	11
t_{cl}	27.2	26.7	26.2	25.8	25.5	25.3	25.4	26.0	26.9	27.9	29.0	29.9
时间	12	13	14	15	16	17	18	19	20	21	22	23
t_{cl}	30.8	31.5	31.9	32.2	32.2	32.0	31.6	30.8	29.9	29.1	28.4	27.8

表 8-8　玻璃窗传热系数修正值 C_k

窗框类型	单层窗	双层窗
全部玻璃	1.00	1.00
木窗框，80%玻璃	0.90	0.95
木窗框，60%玻璃	0.80	0.85
金属窗框，80%玻璃	1.00	1.20

3. 玻璃窗的日射得热形成的负荷

透过玻璃窗进入室内的日射得热包括透过窗玻璃直接进入室内的太阳辐射热和窗玻璃吸收太阳辐射后传入室内的热量。这两部分的太阳辐射热与太阳辐射强度、玻璃的光学性能、窗的类型、遮阳设施等多种因素有关，为了简化计算，透过玻璃窗进入室内的日射得热形成的逐时冷负荷按下式计算：

$$CL = F \cdot C_z D_{j,\,max} \cdot C_{cl} \tag{8-9}$$

式中　CL——透过玻璃窗日射得热形成的冷负荷，W；

　　　F——窗玻璃的净面积，m^2，为窗口面积乘以有效面积系数 C_α，见表 8-9；

　　　C_z——窗玻璃的综合遮挡系数，为窗玻璃的遮阳系数 C_s（表 8-10）与窗内遮阳设施的遮阳系数 C_n（表 8-11）的乘积（即 $C_z = C_s C_n$），见表 8-10 和表 8-11；

　　$D_{j,max}$——不同纬度带日射得热因数最大值，W/m^2，见表 8-12；

　　　C_{cl}——冷负荷系数，以北纬 $27°30'$ 为界，划为南北两区，其冷负荷系数见附录 8-13。

注意，公式（8-9）适用于无外遮阳的情况。

有外遮阳时，阴影部分的日射冷负荷 CL_s 与照光部分的日射冷负荷 CL_r 之和为总的日射冷负荷，即：

$$CL = CL_s + CL_r = F_s C_s C_n (D_{j,\,max})_N (C_{cl})_N + F_r C_s C_n D_{j,\,max} C_{cl} \tag{8-10}$$

式中　F_s——窗户的阴影面积，m^2；

　　　F_r——窗户的照光面积，m^2；

$(D_{j,max})_N$——北向的日射得热因数最大值，W/m^2；

　$(C_{cl})_N$——北向玻璃窗冷负荷系数。

其他符号意义同前。

表 8-9　窗的有效面积系数 C_α

窗的类型	C_α	窗的类型	C_α
单层钢窗	0.85	单层木窗	0.70
双层钢窗	0.75	双层木窗	0.60

表 8-10　窗玻璃的遮阳系数 C_s

玻璃类型	层数	厚度(mm)	C_s
透明普通玻璃	单	3	1.00
	单	5	0.93
	单	6	0.89

续表

玻 璃 类 型	层 数	厚度(mm)	C_s
浅蓝色吸热玻璃	单	3	0.96
	单	5	0.88
	单	6	0.83
透明普通玻璃	双	3+3	0.86
	双	5+5	0.78
	双	6+6	0.74
透明浮法玻璃	双	6+6	0.84
茶色浮法玻璃＋透明浮法玻璃	双	4+4	0.66
	双	6+6	0.55
	双	10+6	0.40
灰色浮法玻璃＋透明浮法玻璃	双	4+4	0.63
	双	6+6	0.55
	双	10+6	0.40
绿色浮法玻璃＋透明浮法玻璃	双	6+6	0.55

表 8-11　窗内遮阳设施的遮阳系数 C_n

内遮阳类型	颜 色	C_n	内遮阳类型	颜 色	C_n
布窗帘	白色	0.50	活动百叶窗(叶片 45°)	白色	0.60
布窗帘	浅蓝色	0.60	活动百叶窗(叶片 45°)	淡黄色	0.68
布窗帘	深黄色	0.65	活动百叶窗(叶片 45°)	浅灰色	0.75
布窗帘	紫红色	0.65	窗上涂白	白色	0.60
布窗帘	深绿色	0.65	毛玻璃	次白色	0.40

表 8-12　夏季各纬度带的日射得热因数最大值 $D_{j,max}$

朝向 / 纬度带	S	SE	E	NE	N	NW	W	SW	水平
20°	112	268	465	400	112	400	465	268	753
25°	125	285	438	362	115	362	438	285	717
30°	149	322	463	357	99	357	463	322	716
35°	216	375	494	369	105	369	494	375	726
40°	260	410	515	380	98	380	515	410	724
45°	316	437	514	372	94	372	514	437	698
拉萨	150	397	625	509	114	509	625	397	852

注：每一纬度带包括的宽度为±2°30′纬度。

4. 室内热源散热引起的冷负荷

室内热源散热主要指室内工艺设备散热、照明散热和人体散热三部分。室内热源散热包括显热和潜热两部分。潜热散热作为瞬时冷负荷，显热散热中以对流形式散出的热量成为瞬时冷负荷，而以辐射形式散出的热量则先被围护结构表面所吸收，然后散出，形成滞后的冷负荷。因此必须采用相应的冷负荷系数。

（1）设备散热形成的冷负荷。设备和用具显热形成的冷负荷按下式计算：

$$CL = Q_s C_{cl} \tag{8-11}$$

式中 CL——设备和用具显热形成的冷负荷，W；

Q_s——设备和用具的实际显热散热量，W；

C_{cl}——设备和用具显热散热冷负荷系数，由附录 8-14 查得。

设备和用具的显热散热量的计算：

1）电动设备：

当工艺设备及其电动机都放在室内时：

$$Q_s = 1000 n_1 n_2 n_3 N / \eta \tag{8-12}$$

当只有工艺设备在室内，而电动机不在室内时：

$$Q_s = 1000 n_1 n_2 n_3 N \tag{8-13}$$

当工艺设备不在室内，而只有电动机放在室内时：

$$Q_s = 1000 n_1 n_2 n_3 \frac{1-\eta}{\eta} N \tag{8-14}$$

式中 N——电动设备的安装功率，kW；

η——电动机效率，可由产品样本查得；

n_1——利用系数，是电动机最大实效功率与安装功率之比，一般可取 0.7～0.9，可用以反映安装功率的利用程度；

n_2——电动机负荷系数，定义为电动机每小时平均实耗功率与机器设计时最大实耗功率之比，对精密机床可取 0.15～0.40，对普通机床可取 0.5 左右；

n_3——同时使用系数，定义为室内电动机同时使用的安装功率与总安装功率之比，一般取 0.5～0.8。

2）电热设备：

对于无保温密闭罩的电热设备，按下式计算：

$$Q_s = 1000 n_1 n_2 n_3 n_4 N \tag{8-15}$$

式中 n_4——考虑排风带走热量的系数，一般取 0.5。

其他符号意义同前。

3）电子设备：

计算公式同式（8-14），其中系数 n_2 的值根据使用情况而定，对计算机可取 1.0，一般仪表取 0.5～1.9。

（2）照明散热形成的冷负荷。当电压稳定时，室内照明散热量属于不随时间变化的稳定散热。但照明散热仍以对流和辐射两种方式进行散热，因此，照明散热形成的瞬时冷负荷同样低于瞬时得热。

根据照明灯具的类型和安装方式不同，其冷负荷计算式分别为：

白炽灯 $\qquad\qquad CL = 1000 N C_{cl} \tag{8-16}$

荧光灯 $\qquad\qquad CL = 1000 n_1 n_2 N C_{cl} \tag{8-17}$

式中 CL——灯具散热形成的冷负荷，W；

N——照明灯具所需功率，kW；

n_1——镇流器消耗功率系数，当明装荧光灯的镇流器装在空调房间内时，取 $n_1 =$

118

1.2；当暗装荧光灯镇流器装设在顶棚内时，取 $n_1=1.0$；

n_2——灯罩隔热系数，当荧光灯罩上部穿有小孔，可利用自然通风散热于顶棚内时，取 $n_2=0.5\sim0.6$；对荧光灯罩无通风孔者，则视顶棚内通风情况取 $n_2=0.6\sim0.8$；

C_{cl}——照明散热冷负荷系数，可由附录 8-15 查得。

（3）人体散热形成的冷负荷。人体散热与人的性别、年龄、衣着、劳动强度及周围环境条件等多种因素有关。人体散发的热量中的对流热和潜热量直接形成瞬时冷负荷，至于辐射热则形成滞后冷负荷，需采用相应的冷负荷系数计算。

由于性质不同的建筑物中有不同比例的成年男子、女子和儿童，为了实际计算方便，以成年男子为基础，采用"群集系数"表示各种不同功能的建筑物中各类人员组成比例。

人体显热散热引起的冷负荷计算公式为：

$$CL_s = q_s n \mu C_{cl} \tag{8-18}$$

式中　CL_s——人体显热散热引起的冷负荷，W；

q_s——不同室温和劳动性质成年男子显热散热量，W，见表 8-13；

n——室内全部人数；

μ——群集系数，见表 8-14；

C_{cl}——人体显热散热冷负荷系数，由附录 8-16 查得。

但对于人员密集的场所，如电影院、剧院和会堂等，由于人体对围护结构和室内物品的辐射换热量相应减少，可取 $C_{cl}=1.0$。

人体潜热散热引起的冷负荷计算公式为：

$$CL_1 = q_1 n \mu \tag{8-19}$$

式中　CL_1——人体潜热散热形成的冷负荷，W；

q_1——不同室温和劳动性质成年男子潜热散热量，W，见表 8-13。

其他符号意义同前。

表 8-13　不同温度条件下成年男子散热量、散湿量

体力活动性质		热量湿量	室内温度(℃)										
			20	21	22	23	24	25	26	27	28	29	30
静坐	影剧院会堂阅览室	显热	84	81	78	74	71	67	63	58	53	48	43
		潜热	26	27	30	34	37	41	45	50	55	60	65
		全热	110	108	108	108	108	108	108	108	108	108	108
		湿量	38	40	45	45	56	61	68	75	82	90	97
极轻劳动	旅馆体育馆手表装配电子元件	显热	90	85	79	75	70	65	60.5	57	51	45	41
		潜热	47	51	56	59	64	69	73.3	77	83	89	93
		全热	137	135	135	134	134	134	134	134	134	134	134
		湿量	69	76	83	89	96	109	109	115	132	132	139
轻度劳动	百货商店化学实验室电子计算机房	显热	93	87	81	76	70	64	58	51	47	40	35
		潜热	90	94	80	106	112	117	123	130	135	142	147
		全热	183	181	181	182	182	181	181	181	182	182	182
		湿量	134	140	150	158	167	175	184	194	203	212	220

续表

体力活动性质		热量湿量	室内温度(℃)										
			20	21	22	23	24	25	26	27	28	29	30
中等劳动	纺织车间 印刷车间 机加工车间	显热	117	112	104	97	88	83	74	67	61	52	45
		潜热	118	123	131	138	147	152	161	168	174	183	190
		全热	235	235	235	235	235	235	235	235	235	235	235
		湿量	175	184	196	207	219	227	240	250	260	273	283
重度劳动	炼钢车间 铸造车间 排练厅 室内运动场	显热	169	163	157	151	145	140	134	128	122	116	110
		潜热	238	244	250	256	262	267	273	279	285	291	297
		全热	407	407	407	407	407	407	407	407	407	407	407
		湿量	356	365	373	382	391	400	408	417	425	434	443

注：此表中热量单位为 W，湿量单位为 g/h。

表 8-14　群集系数 μ

工作场所	影剧院	百货商店	旅　馆	体育馆	图书阅览	工厂轻劳动	银　行	工厂重劳动
群集系数	0.89	0.89	0.93	0.92	0.96	0.90	1.0	1.0

8.3.3　空调房间热负荷计算

空气调节系统冬季的加热、加湿所耗费用远小于夏季的冷却、除湿所耗费用。为便于计算，冬季按稳定传热方法计算传热量，而不考虑室外气温的波动。其计算方法与供暖耗热量计算方法相同，只是采用冬季空调室外计算温度，而不能采用供暖室外计算温度，且因为空调房间保持一定正压值，故无需计算冷风渗透所形成的热负荷。

8.3.4　湿负荷的计算

湿负荷是指空调房间的湿源（人体散湿、敞开水槽表面散湿等）向室内的散湿量。

1. 人体散湿量

按下式计算：

$$W = n\mu\omega \tag{8-20}$$

式中　W——人体散湿量，g/h；

　　　ω——成年男子的散湿量，g/h，见表 8-13。

其他符号意义同前。

2. 敞开水槽表面散湿量

敞开水槽表面散湿量可用下式计算：

$$W = \beta(p_{q,b} - p_q)F\frac{B}{B'} \tag{8-21}$$

式中　W——敞开水槽表面散湿量，kg/s；

　　　$p_{q,b}$——相应于水表面温度下饱和空气的水蒸气分压力，Pa；

　　　p_q——空气中水蒸气分压力，Pa；

　　　F——蒸发水槽表面积，m²；

　　　B——标准大气压力，其值为 101325Pa；

B'——当地大气压力，Pa；

β——蒸发系数，$\beta = (\alpha + 0.00363v) \times 10^{-5}$，kg/(N·s)。

α——不同水温下的扩散系数，kg/(N·s)，见表 8-15；

v——水面上空气流速，m/s。

表 8-15　不同水温下的扩散系数 α

水温(℃)	<30	40	50	60	70	80	90	100
α[kg/(N·s)]	0.0043	0.0058	0.0069	0.0077	0.0088	0.0096	0.0106	0.0125

地面积水蒸发量，计算方法与敞开水槽表面散湿量计算方法相同。

【例 8-1】计算济南某宾馆一客房（5 层）夏季空调冷负荷。客房位于建筑物的顶层，层高为 3.2m。客房内压力稍高于室外大气压力。

已知条件：

(1) 屋顶：构造同附录 8-5 中序号 2，保温层为沥青膨胀珍珠岩（厚度 100mm），传热系数 $K = 0.55$ W/(m²·K)，属于Ⅱ型，面积 $F = 33.6$ m²。

(2) 南外墙：构造同附录 8-6 中序号 2，墙厚 370mm，传热系数 $K = 1.50$ W/(m²·K)，属于Ⅱ型，面积 $F = 6.6$ m²。

(3) 南外窗：双层钢窗（3mm 厚普通玻璃），80% 玻璃，内挂深黄色布窗帘。面积 $F = 6$ m²。

(4) 内墙：邻室包括走廊，均与客房温度相同。

(5) 人员：客房内有 2 人，在客房内总小时数为 16h，从 16：00 到次日 8：00。

(6) 照明：荧光灯 200W，明装，开灯时数 8h，空调运行 24h。

(7) 室内设计参数：温度 24℃，相对湿度 60%。

(8) 室外空气计算参数及气象条件：空调室外计算干球温度 34.8℃，空调室外计算湿球温度 26.7℃；济南位于北纬 36°41′，东经 116°59′，海拔 51.6m；大气压力夏季为 99858Pa。

【解】根据本题条件，分项计算如下：

(1) 屋顶冷负荷

由附录 8-8 查得冷负荷计算温度逐时值，即可按公式 (8-6) 算出屋顶逐时冷负荷，计算结果列于表 8-16 中。

(2) 南外墙冷负荷

由附录 8-7 查得外墙冷负荷计算温度，按公式 (8-6) 算出屋顶逐时冷负荷，计算结果列于表 8-17 中。

(3) 南外窗瞬时传热冷负荷

根据附录 8-11，当 $\alpha_n = 8.7$ W/(m²·K)，$\alpha_w = 18.6$ W/(m²·K) 查得双层玻璃窗的传热系数 $K = 3.01$ W/(m²·K)，根据表 8-8 查得玻璃窗传热系数修正值为 1.20。根据表 8-7 查得玻璃窗冷负荷计算温度，按式 (8-8) 计算，计算结果列于表 8-18 中。

表 8-16　屋顶冷负荷

时间	7:00	8:00	9:00	10:00	11:00	12:00	13:00	14:00	15:00	16:00	17:00	18:00	19:00
t_{d}(℃)	39.3	38.1	37.0	36.1	35.6	35.6	36.0	37.0	38.4	40.1	41.9	43.7	45.4
t_{d}(℃)	2.2												
K_{α}	1.0												
K_{ρ}	0.88												
$t_{\text{d实际}}$(℃)	36.5	35.5	34.5	33.7	33.3	33.3	33.6	34.5	35.7	37.2	38.8	40.4	41.9
t_{N}(℃)	24												
K[W/(m²·K)]	0.55												
F(m²)	33.6												
CL_q(W)	231.0	212.5	194.0	179.3	171.9	171.9	177.4	194.0	216.2	243.9	273.5	303.1	330.8

注：外表面换热系数因建筑物属于低层建筑，室外风速较小，按 18.6W/(m²·K) 计算。

表 8-17　外墙冷负荷

时间	7:00	8:00	9:00	10:00	11:00	12:00	13:00	14:00	15:00	16:00	17:00	18:00	19:00
t_{d}(℃)	35.0	34.6	34.2	33.9	33.5	33.2	32.9	32.8	32.9	33.1	33.4	33.9	34.4
t_{d}(℃)	0.8												
K_{α}	1.0												
K_{ρ}	0.94												
$t_{\text{d实际}}$(℃)	33.7	33.3	32.9	32.6	32.2	32.0	31.7	31.6	31.7	31.9	32.1	32.6	33.1
t_{N}(℃)	24												
K[W/(m²·K)]	1.50												
F(m²)	6.6												
CL_c(W)	96.0	92.1	88.1	85.1	81.2	79.2	76.2	75.2	76.2	78.2	80.2	85.1	90.1

表 8-18　南外窗瞬时传热冷负荷

时间	7:00	8:00	9:00	10:00	11:00	12:00	13:00	14:00	15:00	16:00	17:00	18:00	19:00
t_{d}(℃)	26.0	26.9	27.9	29.0	29.9	30.8	31.5	31.9	32.2	32.2	32.0	31.6	30.8
t_{d}(℃)	3												
t_{N}(℃)	24												
K[W/(m²·K)]	3.01×1.20=3.612												
F(m²)	6.6												
CL(W)	119.2	141.0	164.5	190.7	212.2	233.6	250.3	260.0	267.0	267.0	262.2	252.7	233.6

（4）南外窗日射得热引起的冷负荷

由表 8-9 查得双层玻璃窗有效面积系数 $C_{\alpha}=0.75$，由表 8-10 查得玻璃窗遮挡系数 $C_s=0.86$，表 8-11 查得遮阳系数 $C_n=0.65$，表 8-12 查得南向日射得热因数最大值 $D_{j,\max}=251\mathrm{W/m^2}$。因济南属于北区，由附录 8-13 查得北区有内遮阳的玻璃窗冷负荷系数逐时值 C_{cl}，用公式（8-9）计算，计算结果列于表 8-19 中。

表 8-19　南外窗日射得热引起的冷负荷

时间	7:00	8:00	9:00	10:00	11:00	12:00	13:00	14:00	15:00	16:00	17:00	18:00	19:00
C_d(℃)	0.18	0.26	0.40	0.58	0.72	0.84	0.80	0.62	0.45	0.32	0.24	0.16	0.10
$D_{j,max}$(W/m²)						251							
C_s						0.86							
C_n						0.65							
F(m²)						6×0.75＝4.5							
CL(W)	113.7	164.2	252.6	366.2	454.6	530.4	505.1	391.5	284.1	202.0	151.5	101.0	63.1

（5）照明散热引起的冷负荷

因明装荧光灯，镇流器装设在客房内，镇流器消耗功率系数 n_1＝1.2，灯罩隔热系数 n_2＝0.8。由附录 8-15 得照明散热冷负荷系数，按式（8-17）计算，计算结果列于表 8-20 中。

表 8-20　照明散热引起的冷负荷

时间	7:00	8:00	9:00	10:00	11:00	12:00	13:00	14:00	15:00	16:00	17:00	18:00	19:00
C_d(℃)	0.15	0.14	0.12	0.11	0.10	0.09	0.08	0.07	0.06	0.37	0.67	0.71	0.74
n_1						1.2							
n_2						0.8							
N(kW)						200							
CL(W)	28.8	26.9	23.0	21.1	19.2	17.3	15.4	13.4	11.5	71.0	128.6	136.3	142.1

（6）人体散热形成的冷负荷

宾馆属极轻劳动，查表 8-13 可知，当室温为 24℃时，每人散发的显热和潜热量分别为 70W 和 64W，由表 8-14 查得群集系数 μ＝0.93，由附录 8-16 查得人体显热散热冷负荷系数逐时值，按式（8-18）计算人体显热散热冷负荷，按式（8-19）计算人体潜热散热冷负荷，计算结果列于表 8-21 中。

表 8-21　人体散热引起的冷负荷

时间	7:00	8:00	9:00	10:00	11:00	12:00	13:00	14:00	15:00	16:00	17:00	18:00	19:00
C_d(℃)	0.96	0.49	0.39	0.33	0.28	0.24	0.20	0.18	0.16	0.62	0.70	0.75	0.79
q_s(W)						70							
μ						0.93							
n						2							
CLs(W)	125.0	63.8	50.8	43.0	36.5	31.2	26.0	23.4	20.8	80.7	91.1	97.7	102.9
q_l(W)						64							
CLl(W)						119.0							
合计(W)	244	182.8	169.8	162	155.5	150.2	145	142.4	139.8	199.7	210.1	216.7	221.9

由于室内压力高于大气压力，所以不需计算室外空气渗透所引起的冷负荷。

现将上述各分项计算结果汇总列于表 8-22 中，并逐项相加，求得客房的冷负荷值。

表 8-22　各分项逐时冷负荷汇总表

时　间	7:00	8:00	9:00	10:00	11:00	12:00	13:00	14:00	15:00	16:00	17:00	18:00	19:00
屋　顶	231.0	212.5	194.0	179.3	171.9	171.9	177.4	194.0	216.2	243.9	273.5	303.1	330.8
外　墙	96.0	92.1	88.1	85.1	81.2	79.2	76.2	75.2	76.2	78.2	80.2	85.1	90.1
窗传热	119.2	141.0	164.5	190.7	212.2	233.6	250.3	260.0	267.0	267.0	262.2	252.7	233.6
窗日射	113.7	164.2	252.6	366.2	454.4	530.4	505.1	391.5	284.1	202.0	151.5	101.0	63.1
照　明	28.8	26.9	23.0	21.1	19.2	17.3	15.4	13.4	11.5	71.0	128.6	136.3	142.1
人　体	244	182.8	169.8	162	155.5	150.2	145	142.4	139.8	199.7	210.1	216.7	221.9
合　计	833	820	892	1004	1095	1183	1169	1077	995	1062	1106	1095	1082

从表 8-22 可以看出，此客房最大冷负荷值出现在 12:00 时，其值为 1183W。

目前，国内常用的暖通空调负荷计算软件主要有鸿业暖通空调负荷计算软件、天正暖通软件、PKPM（工程管理软件）等。

8-4

天正暖通软件
冷负荷计算

🔍 **拓展小课堂**

《民用建筑供暖通风与空气调节设计规范》GB 50736—2012 是确定室内外空气计算参数和空调房间冷、湿负荷计算的依据，在学习空调房间冷、湿负荷计算过程中，培养严密的逻辑思维能力和严谨的工作作风，培养依据规范、实事求是的科学素养，养成认真负责的工作态度，具备工程意识，具有沟通能力及团队协作的精神。

8.4　冷（热）负荷估算指标

8.4.1　夏季冷负荷估算

空调房间夏季冷负荷应尽量按照第三节介绍的方法计算才能保证准确性。但民用建筑在方案设计阶段，计算条件不具备时，可根据空调负荷概算指标进行估算。所谓空调负荷概算指标，是指折算到建筑物中每平方米空调面积所需制冷机或空调器提供的冷负荷值。将负荷概算指标乘以建筑物内的空调面积，即得夏季空调制冷系统总负荷的估算值。国内部分建筑空调冷负荷概算指标见表 8-23。

表 8-23　国内部分建筑空调冷负荷概算指标

顺序	建筑类型及房间名称	冷负荷指标（W/m²）	顺序	建筑类型及房间名称	冷负荷指标（W/m²）
1	旅馆：客房（标准层）	80～110	17	医院：一般手术室	100～150
2	酒吧、咖啡厅	100～180	18	洁净手术室	300～500
3	西餐厅	160～200	19	X光、CT、B超诊断	120～150
4	中餐厅、宴会厅	180～350	20	商场、百货大楼营业室	150～250
5	商店、小卖部	100～160	21	影剧院：观众席	180～350
6	中庭、接待室	90～120	22	休息厅（允许吸烟）	300～400
7	小会议室（允许少量吸烟）	200～300	23	化妆室	90～120
8	大会议室（不允许吸烟）	180～280	24	体育馆：比赛馆	120～250
9	理发、美容	120～180	25	观众休息厅（允许吸烟）	300～400
10	健身房、保龄球	100～200	26	贵宾室	100～120
11	弹子房	90～120	27	展览厅、陈列室	130～200
12	室内游泳池	200～350	28	会堂、报告厅	150～200
13	舞厅（交谊舞）	200～250	29	图书阅览	75～100
14	舞厅（迪斯科）	250～350	30	科研、办公	90～140
15	办公	90～120	31	公寓、住宅	80～90
16	医院：高级病房	80～110	32	餐馆	200～250

8.4.2　冬季热负荷估算

民用建筑空气调节系统冬季热负荷，可按冬季供暖热负荷指标估算后，乘以空调系统冬季用室外新风量的加热系数 1.3～1.5 即可。

当只知道总建筑面积时，其供暖热指标可参考下列数值：

住宅	$47～70W/m^2$
办公楼、学校	$58～81W/m^2$
医院、幼儿园	$64～81W/m^2$
旅馆	$58～70W/m^2$
图书馆	$47～76W/m^2$
商店	$64～87W/m^2$
单层住宅	$81～105W/m^2$
食堂、餐厅	$116～140W/m^2$
影剧院	$93～116W/m^2$
大礼堂、体育馆	$116～163W/m^2$

总建筑面积大，外围护结构热工性能好，窗户面积小，采用较小的指标；反之，采用较大的指标。

单元小结

空调的目的是要保持室内的一定温度和湿度。对建筑物来说，客观上总存在一些干扰因素使室内温、湿度发生变化，而空调系统的作用就是平衡这些干扰因素，使室内温、湿度维持为要求的数值。空调房间冷（热）、湿负荷的大小对空调系统的规模有决定性的影响，所以在设计空调系统时，第一步工作就是计算空调房间冷（热）、湿负荷。空调房间冷（热）、湿负荷是确定空调系统的送风量和送风参数的基础，也是选择空气处理设备的基础。

思考题与习题

1. 建筑物表面受到的太阳辐射总强度包括哪几种？

2. 写出综合温度的含义和表达式。

3. 得热量和冷负荷有什么区别？

4. 湖南长沙市某空调房间有一南外窗，采用双层钢窗，6mm 厚普通玻璃，窗口面积为 $10m^2$，内挂浅色窗帘。计算 8 时到 18 时的日射得热形成的冷负荷。

5. 天津市某空调房间有 8 人从事轻度劳动，群集系数为 0.96，室内有 40W 荧光灯 8 只，明装，开灯时数为 8h，空调设备运行 16h。室内设计温度为 24℃。计算该房间人体、照明形成的冷负荷。

6. 空调车间内有一敞开水槽，水槽表面积为 $2m^2$，水温为 60℃，室内设计温度为 24℃，相对湿度为 50%，水面上周围空气流速为 0.3m/s，所在地区大气压力为 101325Pa。试求该水槽产生的湿负荷。

7. 计算图 8-1 多媒体教室的夏季空调冷负荷。多媒体教室位于建筑物的顶层，层高为 3.9m。室内压力稍高于室外大气压力。走廊与邻室的温度与多媒体教室温度一致。墙体厚度、屋面构造类型等其他计算条件按本地的实际情况确定。

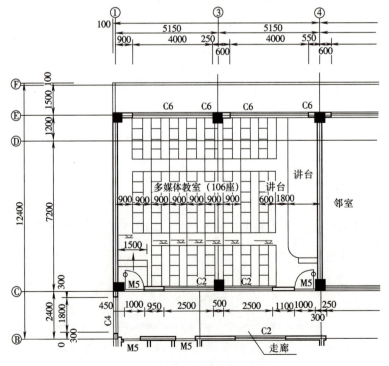

图 8-1　题 7 图

教学单元 9
空气热、湿处理过程及空调设备

Chapter 09

空气热湿处理
过程及设备

教学单元概述

本教学单元讲述了表面式换热器、喷水室、空气加湿器以及空气除湿装置等各种空气热、湿处理设备。同时，在介绍各种空气处理过程及其在 i-d 图上表示的基础上，从处理设备的角度分析空气热、湿处理过程，使同学们要具备空气热、湿处理设备选型计算和处理过程分析的能力。

知识目标

1. 掌握常见的七种空气处理过程；
2. 熟悉表面式换热器对空气的处理及选型；
3. 熟悉空气加湿及空气除湿装置对空气的处理及选型；
4. 了解喷水室对空气的处理及选型。

能力目标

1. 能分析七种常见空气处理过程；
2. 能进行表面式换热器的选型计算；
3. 能进行常见空气加湿器的选型计算；
4. 能进行常见空气除湿装置的选型计算。

在空调系统中，必须有相应的热湿处理设备对空气进行各种热湿处理，才能达到所要求的送风状态，满足空调房间对温、湿度的要求。

9.1 空气热、湿处理过程

9-2

空气热湿处理过程

在教学单元 7 中已经对各种空气处理过程及其在 i-d 图上的表示作了介绍，本节将从处理设备的角度分析空气热、湿处理过程。

1. 空气加热器的处理过程

常用的空气加热器有表面式加热器和电加热器。表面式加热器是在管内通以热媒（热水或蒸气），管外流过空气，通过管壁将热媒的热量传给空气。而电加热器是空气与电阻丝直接接触被加热。空气经空气加热器加热后，温度升高，但含湿量没有改变，是等湿加热过程，如图 9-1 中过程线 A-1。

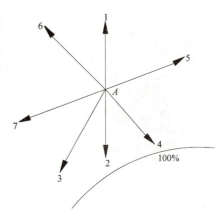

图 9-1 空气处理过程的 i-d 图

2. 空气冷却器的处理过程

空气冷却器是在管内通入冷媒，管外流过被冷却空气的表面式换热器。若冷媒温度高于被处理空气的露点温度，则空气中的水蒸气就不会凝结，空气的含湿量不变，这时空气冷却过程是等湿降温过程，可用过程线 A-2 表示（图 9-1）。

如果冷媒温度过低，使空气冷却器表面温度低于空气的露点温度时，空气中的一部分水蒸气就会在冷表面凝结而使空气的含湿量降低，这时空气的处理是减湿降温过程，可用过程线 A-3 表示（图 9-1）。

3. 空气加湿器的处理过程

空气加湿器主要分喷雾加湿和喷蒸气加湿两种。喷雾加湿是将常温水喷成水雾直接混入空气中，此时空气的状态变化过程和湿球温度计周围空气状态的变化过程十分相似，是等焓加湿过程，可用过程线 A-4 表示（图 9-1）。

喷蒸气加湿是用多孔管把水蒸气直接喷入被处理的空气中，空气温度保持不变，是等温加湿过程，可用过程线 A-5 表示（图 9-1）。

4. 吸湿剂处理过程

吸湿剂是用来对空气进行减湿处理的，常用的吸湿剂有两大类，一类是固体吸湿剂，一类是液体吸湿剂。固体吸湿剂处理空气的过程近似为等焓减湿过程，其过程线为 A-6（图 9-1）。液体吸湿剂的吸湿过程与 A-3 相仿，也是减湿降温过程，如图 9-1 中的 A-7 过程线，但液体吸湿剂以减湿为主，它比 A-3 更偏向左边。

5. 喷水室处理过程

（1）空气与水之间的热湿交换原理

喷水室是利用喷嘴将不同温度的水喷成雾滴，使空气与水之间进行热、湿交换，从而达到特定的处理效果。

当空气与水直接接触时，在贴近水表面的地方或水滴周围，由于水分子作不规则运动，形成一个温度等于水表面温度的饱和空气层，如图 9-2 所示。如果饱和空气层内的水蒸气分压力大于周围空气的水蒸气分压力，则水分子不断地从空气边界层扩散到周围空气中去，也就是水分向周围空气蒸发，空气得以加湿；反之，周围空气中的水分将被凝结出来，空气被减湿。总之，饱和空气层内的水蒸气分压力与周围空气的水蒸气分压力不同，即存在分压力差时，就会产生湿

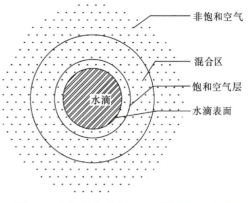

图 9-2　空气与水滴之间的热湿交换示意图

交换（蒸发或凝结）。在蒸发过程中，饱和空气层减少了的水蒸气分子由水面跃出的水分子来补充；在凝结过程中，饱和空气层中过多的水蒸气分子将回到水滴。

由此可见，空气与水之间的热交换是包括显热交换和潜热交换在内的总热交换，显热交换主要取决于饱和空气层与周围空气之间的温度差，而潜热交换是伴随着湿交换同时产生的，主要取决于两者之间的水蒸气分压力之差。

（2）空气与水直接接触时的状态变化过程

在喷水室中，用不同温度的水去喷淋空气，可获得各种空气处理过程。假设空气状态为 A，过 A 点分别作等湿线、等焓线、等温线与相对湿度 $\varphi=100\%$ 相交于 2、4、6 点，然后过 A 点再作 $\varphi=100\%$ 曲线的两条切线，并交于 1 和 7 点，图 9-3 是空气与不同水温 t_w 接触，且水量无限大、接触时间无限长时，空气的变化过程。其特点是空气变化过程都向着饱和曲线方向进行，而到达饱和曲线的理想终点状态的温度与水温相同。

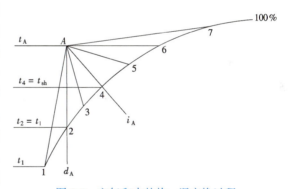

图 9-3　空气和水的热、湿交换过程

事实上，在实际的喷水室中，由于结构特性以及空气与水滴接触时间等条件的限制，空气的状态变化过程不能如图 9-3 所示的那样完善。实际经喷水室处理空气的终点状态只能达到 $\varphi=90\%\sim95\%$，这一状态点称为"机器露点"。喷水室处理空气可能实现的状态变化过程均列入表 9-1 中。

表 9-1　空气与水直接接触时各种过程的特点

过程	喷水温度 t_w	空气温度或显热变化	空气含湿量或潜热变化	空气焓或全热变化
A-1	$t_w < t_1$	减小	减小	减小
A-2	$t_w = t_1$	减小	不变	减小

续表

过程	喷水温度 t_w	空气温度或显热变化	空气含湿量或潜热变化	空气焓或全热变化
A-3	$t_1 < t_w < t_{sh}$	减小	增加	减小
A-4	$t_w = t_{sh}$	减小	增加	不变
A-5	$t_{sh} < t_w < t_A$	减小	增加	增加
A-6	$t_w = t_A$	不变	增加	增加
A-7	$t_w > t_A$	增加	增加	增加

9.2 表面式换热器处理空气

常用的表面式换热器包括空气加热器和空气冷却器两类。空气加热器是以热水或蒸气为热媒；而空气冷却器则以冷水或制冷剂为冷媒，前者又称为水冷式表面冷却器，后者称为直接蒸发式表面冷却器。

9.2.1 空气加热器

为了保证空调房间的温度、湿度，不仅冬季需要对空气加热，而且在夏季某些场所也要加热。

按加热器的用途来分，有一次加热、二次加热及精加热。为了便于控制调节，精加热都采用容量较小而且可以进行微调的电加热器。

1. 空气加热器的种类和构造

常见的表面式空气加热器有光管式和肋管式两大类。

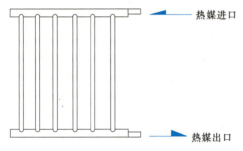

图 9-4　光管焊制的空气加热器

（1）光管式加热器的构造和特点

构造如图 9-4 所示，它是由联箱（较粗的管子）和焊接在联箱间的钢管组成。这种加热器的特点是加热面积小，金属消耗多。但表面光滑，易于清灰，不易堵塞，空气阻力小，易于加工。适用于灰尘较大的场合。

（2）肋管式加热器的构造和特点

肋管式加热器根据肋片加工方法不同可分为套片式、绕片式、镶片式和轧片式，其材料有钢管钢片、钢管铝片和铜管铜片等，近年来开发出水平浮动盘管换热器，已得到迅速推广和使用。

图 9-5（a）为皱褶螺旋绕片式，它是将狭带状薄金属片用轧皱机沿纵向在狭带的一边轧成皱褶，然后由绕片机按螺旋状绕在管壁上而形成的。图 9-5（b）为光滑绕片式，它是用光滑的薄金属片，绕在管壁上而形成的。

该类换热器的特点是传热面积大，金属消耗少，传热系数比光管式换热器小，热稳定性好，但空气阻力大，制造较麻烦。

2. 空气加热器的安装与调节

（1）空气加热器的安装

空气加热器可根据空调机房的具体情况，水平安装或垂直安装。当加热器的热媒确定

130

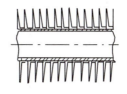

(a) (b)

图 9-5 肋管式加热器

(a) 皱褶绕片；(b) 光滑绕片

之后，在一定的空气状态下，加热器的加热量是一定的。因此，可根据需要的加热量大小与空气所需的温升情况，将加热器并联或串联。蒸气管路与加热器只能采用并联，热水管路与加热器既可并联也可串联，当被处理的空气量较大时可采用并联组合，当被处理的空气要求温升较大时可采用串联组合。图 9-6 就是一组两台串联、两台又并联的组合方案。

蒸气加热器的蒸气管入口处应安装压力表和调节阀，在凝结水管路上应设疏水器、截止阀和旁通管，以利于运行中的检修。

热水加热器的供、回水管路上应安装调节阀和温度计，并在管路的最高点装设放气阀，最低点设泄水阀。当热水加热器水平安装时，为便于排除凝结水，应考虑 1/100 的坡度。

（2）空气加热器的调节

空气加热器加热量是在热媒和被处理空气状态参数一定的条件下根据设计工况来确定的，如果室外空气参数发生变化，则必须对加热量进行调节。

空气加热器加热量的调节主要有以下几种方法：

1）调节旁通风量。加热器的调节可利用设在加热器上部或侧部的旁通风门（图 9-7）来进行。当要求加热量减少时，可打开旁通风门，使部分空气经旁通风门流过，由于流过加热器的空气流量减少，从而减少了传热量。

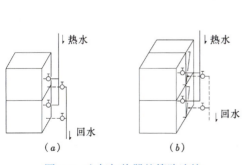

图 9-6 空气加热器的管路连接

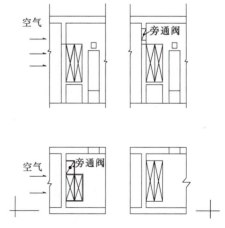

图 9-7 空气加热器的旁通阀装置图示

2）调节热媒流量。对于热水加热器，当室外空气温度升高，需要减小加热量时，可采用此方法。

131

如图 9-8 所示，利用设在热水管上的三通阀使部分热水由旁通管流过，由于流过加热器的热水流量减少，空气加热量也随之减少，从而达到调节的目的。

对于蒸气加热器的量调节，可随室外温度的升高而适当关小蒸气管路上的阀门，使供给加热器的蒸气量减少，从而达到减少供热量的目的。

3）调节热媒温度。如图 9-9 所示，对于热水加热器，在保持流经加热器的热水流量不变的情况下，通过改变热水温度而达到调节的目的。供水温度的调节是通过改变流经热交换器的水量多少，使传热系数和传热温差发生变化而实现的。

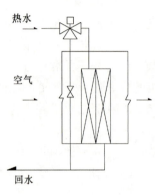

图 9-8　热媒量调节图示

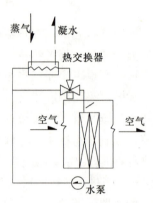

图 9-9　热媒温度调节图示

9.2.2　表面式冷却器

利用表面式冷却器处理空气，在空调工程中已广泛应用。表面式冷却器和空气加热器基本相同，只是将肋片管内的热媒换成冷媒。表面式冷却器分为水冷式和直接蒸发式两种。水冷式表面冷却器利用制冷机产生的冷水为冷媒，直接蒸发式表冷器是以制冷剂作冷媒，靠制冷剂的蒸发吸收外部空气的热量，从而冷却空气。

1. 水冷式表面冷却器

（1）构造与种类

水冷式表冷器是由排管和肋片构成，其构造与空气加热器相同，只是管内通入的不是热媒而是冷水。目前国产的水冷式表冷器，大多可做冷、热两用，即通冷媒时做冷却器用，通热媒时做加热器用。

（2）安装与调节

表冷器根据用途可安装在空调机组内、送风支管上或安装在风机盘管、冷风机等局部处理设备中。

表冷器可水平安装，也可以垂直安装或倾斜安装。垂直安装时要使肋片保持垂直位置，以利于水滴及时落下，否则将因肋片上存留积水而增加空气侧阻力，降低传热系数。

由于表冷器工作时，经常有水分从空气中凝结出来，所以在表冷器下部应设滴水盘和排水管（图 9-10）。

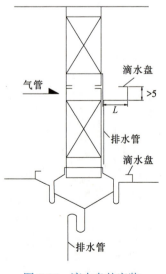

图 9-10　滴水盘的安装

表冷器的数量和组合方式与空气加热器一样，可根据被处理的空气量和需要冷量的多少确定。从空气流向看，既可以并联，也可以串联。当被处理的空气量大时，采用并联，以增大空气的流通截面，减少空气侧阻力。当被处理的空气要求温降较大时，则采用串联。

为了使冷水与空气之间有较大的平均温差，提高换热效率，减小表面式冷却器的面积，表冷器内外侧的冷水与空气应逆向流动。

表冷器管内水流速宜采用 0.6～0.8m/s，表冷器迎风面的空气质量流速宜为 2.5～3.5m/s，冷水进口温度应比空气的出口干球温度至少低 3.5℃，冷水温升宜采用 2.5～6.5℃。

冷热两用的表冷器，热媒宜采用热水，且热水温度不应太高（一般应低于 65℃），以免因管内积垢过多而降低传热系数。

同空气加热器一样，表冷器最高点应设排气阀，最低点应设泄水阀，冷水管路上应安装温度计、调节阀。

水冷式表冷器的调节，与空气加热器的调节一样，也分为空气旁通风量的调节、冷水流量的调节和冷水温度的调节三种。

（3）选择计算

水冷式表冷器的选择计算包括热工计算和阻力计算两部分。

1）热工计算。表冷器换热情况比较复杂，当水冷式表冷器盘管表面温度低于被处理空气初状态的温度但高于其露点温度时，将发生等湿冷却过程（干工况）；当表冷器表面温度低于被处理空气初状态的露点温度时，将发生减湿冷却过程（湿工况），此时热交换的推动力一部分是温差一部分是焓差。国内外关于表冷器的热工计算方法较多，下面介绍一种较为成熟的基于热交换效率的计算方法。

① 表冷器的热交换效率系数 ε_1。热交换效率系数：空气通过表冷器时的温度降低值与空气与冷水的最大温差之比，称表冷器的热交换效率系数，用 ε_1 表示。

根据定义有：

$$\varepsilon_1 = \frac{t_1 - t_2}{t_1 - t_{w1}} \tag{9-1}$$

式中　t_1、t_2——空气进入表冷器前后的干球温度，℃；

　　　　t_{w1}——进入表冷器的冷水初始温度，℃。

式中各项意义如图 9-11 所示。

公式（9-1）表示的热交换效率系数，同时考虑了空气和冷水两种介质的状态变化。当 t_2 减小时，说明热交换充分，空气温度降低较多，所以 ε_1 较大。另一方面，当冷水初温较低时，空气与水温差较大，热交换较彻底，ε_1 值也大。所以，ε_1 反映了空气和水热交换的效率。

② 接触系数 ε_2。

空气在表冷器内的实际温降与空气被冷却到饱和状态时温降的比值，称为接触系数或冷却系数，用 ε_2 表示，式中各项意义如图 9-12 所示。

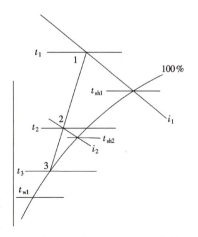

图 9-11　表冷器处理空气的参数

从图 9-12 可看出，接触系数 ε_2 为：

$$\varepsilon_2 = \frac{t_1 - t_2}{t_1 - t_3} = \frac{i_1 - i_2}{i_1 - i_3} = \frac{d_1 - d_2}{d_1 - d_3} \tag{9-2}$$

式中 t_3——表冷器在理想条件下（接触时间无限长）工作时空气终状态的干球温度，℃。

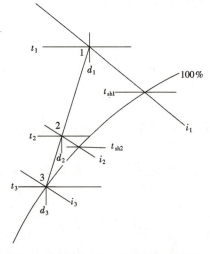

如图 9-12 所示，状态点 3 位于 i-d 图上状态点 1、2 连线的延长线与饱和曲线的交点上，t_3 可以代表表冷器表面的平均温度。

由于表冷器在实际使用过程中，外表面结垢和积灰，实际的接触系数比上式略小，所以乘以修正系数 α。即：

$$\varepsilon_2' = \alpha \varepsilon_2 \tag{9-3}$$

式中 ε_2'——实际表冷器的接触系数；

ε_2——干净表冷器的接触系数；

α——修正系数，若表冷器只做冷却用时取 α =0.9；若表冷器两用时取 α=0.8。

空气在水冷式表冷器内所能达到的接触系数 ε_2 的大小取决于表冷器的排数 N 和迎面风速 V_y 的值。表 9-2 即为 JW 型表冷器的 ε_2 值。

图 9-12 接触系数与空气参数的关系

表 9-2 JW 型表冷器的 ε_2 值

表冷器型号	排数 N	迎风面风速 V_y(m/s)			
		1.5	2.0	2.5	3.0
JW 型	2	0.590	0.545	0.515	0.490
	4	0.841	0.797	0.768	0.740
	6	0.940	0.911	0.888	0.872
	8	0.977	0.964	0.954	0.945

③ 析湿系数 ξ。

在用表冷器对空气进行减湿冷却处理时，既有显热交换，又有潜热交换，显热与潜热之和为全热。在空调工程中通常把全热交换和显热交换的比值称湿工况的析湿系数，用 ξ 表示，根据此定义有：

$$\xi = \frac{i_1 - i_3}{c_p(t_1 - t_3)} \tag{9-4}$$

式中 i_1、t_1——进入表冷器空气的焓和温度；

i_3、t_3——表冷器表面饱和空气层的焓和温度；

c_p——空气的比热。

对于没有水分凝结的干工况，$\xi=1$，对于湿工况，$\xi>1$，而且 ξ 越大，则水分析出就越多。

④ 传热系数 K。

传热系数是指单位传热面积和单位传热温差时的换热量。表冷器传热系数的大小和表冷器结构、管外风速 V_y、管内水流速 ω 以及析湿系数有关。一般采用试验公式计算，不同表冷器传热系数 K 值的试验公式不同，可查取相关的样本及资料。

2）表冷器热工计算的方法和步骤。

表冷器的热工计算分为两类，一类是设计计算，在选择表冷器时用；另一类是校核计算，用于校核已知型号的表冷器能否将具有一定初参数的空气处理到要求的终状态。

表冷器的设计计算步骤为：

① 计算接触系数 ε_2，初选表冷器的型号、排数；

② 计算析湿系数 ξ；

③ 计算传热系数 K；

④ 计算表冷器通过的水流量 W：

$$W = f_w \times \omega \times 10^3 \tag{9-5}$$

式中　f_w——水流通截面积，m^2；

　　　ω——水流速，m/s，一般取 $\omega = 0.5 \sim 1.5 m/s$。

⑤ 计算表冷器热交换效率系数 ε_1；

⑥ 计算水的初温：

$$t_{w1} = t_1 - \frac{t_1 - t_2}{\varepsilon_1} \tag{9-6}$$

⑦ 计算表冷器水的终温和冷负荷：

$$t_{w2} = t_{w1} + \frac{G(i_1 - i_2)}{W \cdot c} \tag{9-7}$$

$$Q_o = G(i_1 - i_2) \tag{9-8}$$

式中　c——为水的比热。

3）表冷器的阻力。

表冷器的阻力分空气侧阻力和水侧阻力。目前这两种阻力大多采用经验公式计算。空气侧阻力的大小与空气流速及析湿系数有关，而水侧阻力与水流速大小有关，计算式如下：

$$\Delta H = C V_y^\alpha \zeta^\beta \tag{9-9}$$

式中　ΔH——空气侧阻力，Pa；

　C、α、β——由实验得出的系数和指数。

$$\Delta h = D\omega^y \tag{9-10}$$

式中　Δh——水侧阻力，kPa；

　D、y——由实验得出的系数和指数。

表冷器的空气侧阻力和水侧阻力可查阅相关的样本及资料。

2. 直接蒸发式冷却器

直接蒸发式表冷器实际上是制冷循环中的蒸发器，制冷剂在蒸发器内蒸发汽化，吸收汽化潜热。空气则在管外肋片间流过，把热量传给管内制冷剂。房间空调器、冷风机组等的蒸发器即属直接蒸发式表冷器。其优点是直接靠制冷剂蒸发吸收空气热量，冷量损失少，房间降温速度快，安装方便，易于实现自动控制等。但其对房间参数的控制精度不高，蓄冷能力较差。

由于直接蒸发式表冷器是制冷循环中的一个部件，其配管安装的质量将直接影响到制冷系统的运行，因此安装时必须严格遵守制冷系统所规定的各种配管方法。

直接蒸发式表冷器在使用过程中有冷凝水析出，所以应考虑设滴水盘及带有存水弯的排水管装置。

9.3 喷水室处理空气

喷水室又称喷雾室，是空调系统多年来所采用的一种主要的空气处理设备，喷水室处理空气，是用喷嘴将不同温度的水喷成雾滴，使空气与水进行热湿交换，从而达到特定的处理效果。喷水室的主要优点是能够实现多种空气处理过程、具有一定的净化空气的能力，与过滤净化相比，喷水室净化空气的费用较低，并且不存在使用寿命问题，对提高室内空气品质具有积极的作用。但是喷水室存在着对水质的卫生要求较高、占地面积大、水系统复杂、耗电量较大等缺点。

9-3

喷水室处理空气

喷水室除了能改变空气的热、湿状态参数，还可用来净化空调新风中的有害气体，去除颗粒杂质，对室内空气品质具有重要作用。

9.3.1 喷水室的构造

喷水室由挡水板、喷嘴、喷嘴排管、补水装置、溢水器、喷水室外壳等组成，如图 9-13 所示。

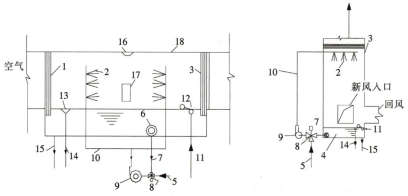

图 9-13 喷水室的构造

1—前挡水板；2—喷嘴与排管；3—后挡水板；4—底池；5—冷水管；6—滤水器；7—循环管；
8—三通阀；9—水泵；10—供水管；11—补水管；12—浮球阀；13—溢水器；14—溢水管；15—泄水管；
16—防水照明灯；17—检查门；18—外壳

喷水室的工作过程是：被处理的空气以一定的速度经过前挡水板 1 进入喷水空间，在此空气与喷嘴喷出的雾状水滴直接接触，由于水和空气的温度不同，它们之间进行着复杂的热湿交换。由喷水室出来的空气经后挡水板，分离出所携带的水滴，再经其他处理后，由风机送入空调房间。

底池 4 用于收集喷淋水，池中的滤水器 6 和循环管 7 以及三通阀 8 组成了循环水系统。

底池与多种管道相接。在冬季，采用循环水喷淋空气时，为补充蒸发掉的水分和维持底池内的水位，设置由补水管 11、浮球阀 12 组成的自动补水装置；夏季对空气作冷却减湿处理时，为排除空气中析出的多余凝结水，设有溢水器 13 和溢水管 14。此外，为便于检修、冲洗底池和防冻需要，设有泄水管 15，为观察喷水情况设有防水照明灯 16 和供检修用的检查门 17。

喷嘴是喷水室的"心脏"，其作用是将水喷成小的水滴和雾滴，喷嘴性能决定着喷水室空气的热湿处理效果，喷嘴型号及规格较多。

喷水室的生产已基本作为空调箱的一个组成部分随产品一起出厂，制造喷水室的壳体材料主要是钢板和玻璃钢，现场施工时也可用钢筋混凝土制作。

9.3.2　喷水室的水系统

根据空调系统冷源不同，喷水室的水系统可分为天然冷源供水系统和人工冷源供水系统，一般来说，使用天然冷源的水系统要简单一些。

1. 使用天然冷源的水系统

最简单的水系统是用深井泵抽取地下水直接供喷水室使用，用过之后则排入下水道。但是长期使用地下水，会造成水源紧张，又可能引起地面下沉，所以在很多地方已被禁用。

2. 使用人工冷源的水系统

该系统是利用由制冷机制备的冷水来处理空气的水系统。根据制冷机蒸发器的类型、安装位置和是否使用辅助水池及水泵等因素可以有很多方式，常见的有：

（1）自流回水方式

当冷冻站的蒸发水箱比喷水室底池低，则回水可靠自流回到蒸发水箱。在蒸发水箱冷却后的冷水再用水泵供给喷水室使用，如图 9-14 所示。

（2）压力回水方式

如果蒸发水箱高于喷水室底池则不能靠自流方式回水，则需要另设回水泵将喷水室的回水送回蒸发水箱。

如果几个喷水室共用一套制冷系统，可以采用集中的回水泵。为此要增设一个低位的集中回水池，使各喷水室的回水均能自流

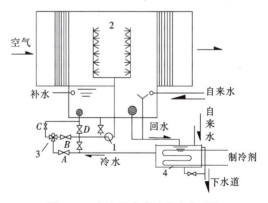

图 9-14　自流回水式喷水室水系统

1—喷水泵；2—喷水室；3—三通调节阀；4—蒸发水箱

到集中回水池，然后用一个回水泵送回蒸发水箱，如图 9-15 所示。此时，回水泵的开、停可由水池水位通过行程开关自动控制。选用的回水泵流量应大于各喷水室的最大回水量之和。

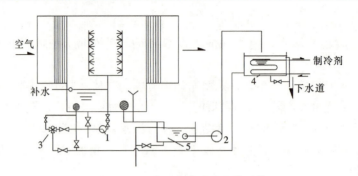

图 9-15　压力回水式喷水室水系统

1—喷水泵；2—回水泵；3—三通混合阀；4—蒸发水箱；5—回水箱

9.4　空气的其他热湿处理方法

9.4.1　空气的加湿处理

在冬季和过渡季节，室外空气含湿量一般比室内空气含湿量低，为了保证相对湿度的要求，有时需要向空气中加湿。在空调系统中，空气的加湿可以在两个地方进行：在空气处理室或送风管道内对空气集中加湿，或在空调房间内部对空气进行局部补充加湿。

空气的加湿方法，除利用喷水室加湿外，还有喷蒸汽加湿、电加湿和直接喷水加湿等。从本质上讲，这些加湿方法可归为两类：一是将水蒸气直接混入空气中进行加湿，即等温加湿；二是将水直接喷入空气中，由水吸收空气中的显热而汽化进入空气的加湿，即等焓加湿。

1. 等温加湿

将蒸汽直接喷入空气中，以改变空气的含湿量。在工业生产中，为了维持生产要求的温湿度，安装的蒸汽加湿器即属此类。在 $i\text{-}d$ 图上，蒸汽加湿过程几乎与等温线平行。这是因为当使用 100℃ 的饱和蒸汽时，其焓值约等于 2676kJ/kg，如果向空气中加入 Wkg 蒸汽，则空气将增加 $W \times 2676$ kJ 的热量，这时热湿比为：

$$\varepsilon = Q/W = W \times 2676/W \approx 2676 \text{kJ/kg} \tag{9-11}$$

在 $i\text{-}d$ 图上，当 $\varepsilon = 2676$ 时，热湿比线几乎和等温线平行，因而蒸汽加湿可视为等温加湿过程。

为了对空气加湿进行较好的控制，目前国产设备在空调机组中，广泛应用电加湿器对空气加湿。

电加湿器主要有电热式和电极式两种。电热式加湿器是电流通过放在水容器中的电阻丝，将水加热至沸腾而产生蒸汽。电极式加湿器，是利用火线接上一个铜棒作电极，金属容器接地，容器中的水作电阻，通电后水被加热产生蒸汽，如图 9-16 所示。

电极式加湿器产生的蒸汽量是由水位高度来控制的，水位越高，导电面积越大，电流通过也多，蒸发量就越大，因此可用改变橡皮管长度的办法来调节蒸汽量的大小，同时与湿球温度敏感元件、调节器等可组成加湿自控系统。

电极加湿器的耗电量较大，其功率可按下式计算：

$$N = Wi \tag{9-12}$$

式中　W——需要的产湿量，kg/h；

　　　　i——水温升所需热与汽化热之和（可取 2676kJ/kg）。

电极式加湿器结构紧凑，而且加温量容易控制，所以使用较广泛。它的缺点是耗电量较大，电极上易积水垢和腐蚀。因此，宜在小型空调系统中使用。

2. 等焓加湿

直接向空调房间空气中喷水的加湿装置有浸湿面蒸发式加湿器、离心式加湿器、加压喷雾式加湿器和超声波加湿器等。

浸湿面蒸发式加湿器的工作原理是利用泵使水流动，不断地往纤维状的浸湿面上淋水，通过浸湿面不断蒸发而加湿，用于加湿的水蒸气不含杂质，所以不会污染水质。

离心式加湿器的工作原理是往高速旋转盘上供给水，形成水膜流向转盘的周边，水撞到周边的挡板上而受离心力雾化。这种加湿器所需的动力小，适用于工业场合或供暖的场合，可安装在风道内，也可以和送风机组合成单元式机组设在室内使用。

加压喷雾式加湿器由给水加压泵和多个 0.2mm 直径的喷嘴组成，组装在空调器内使用，喷雾压力 800kPa 以下居多，水滴粒径 $100\mu m$，由于水滴不会全部蒸发，存在水滴析出问题。为了避免喷嘴堵塞，当环境要求严格时，应设置水处理装置。水处理采用浸透膜处理比较适用。

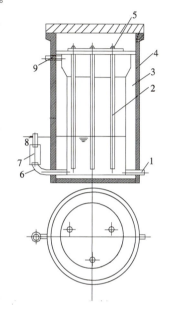

图 9-16　电极式加湿器

1—进水管；2—电极；3—保温层；
4—外壳；5—接线柱；6—溢水管；
7—橡皮短管；8—溢水嘴；
9—蒸汽出口

如果利用高频电力从水中向水面发射具有一定强度的、波长相当于红外波长的超声波，则水面就将产生喷水状的细小水柱，在水柱端部将形成水的细微粒子。超声波就是利用这种原理制作的加湿设备。其主要优点是产生的水滴颗粒细、运行安静可靠，产品小型单元化、使用方便，目前已大量进入城镇家庭。

除上面介绍的加湿方法外，还有一些利用水表面自然蒸发的简易加湿方法，如在地面洒水、铺湿草垫、让空气在风机作用下通过带水的填料层等，但这些方法存在加湿量不易控制、加湿速度慢等缺点。

9.4.2　空气的除湿处理

空调的湿负荷主要来自室内人员的产湿以及新风含湿量，这部分湿负荷在总的空调负荷中占 20%～40%，是整个空调负荷的重要组成部分。空气的除湿处理对于某些相对湿度要求低的生产工艺和产品储存有非常重要的意义。例如，在我国南方比较潮湿的地区或地下建筑、仪表加工、档案室及各种仓库等场合，均需要对空气进行除湿。

目前空调系统常用的除湿方式除前面所说的利用表面式冷却器除湿外，还有加热通风法除湿、冷冻除湿、液体吸湿剂除湿和固体吸湿剂除湿。

1. 加热通风法除湿

空气的加热过程，是等湿升温、相对湿度降低的过程。

实践证明，在含湿量一定时，空气温度每升高 1℃，相对湿度约降低 5%。如果室外空气含湿量低于室内空气的含湿量，就可以将经过加热的室外空气送入室内，同时从房间内排除同样数量的潮湿空气，从而达到除湿的目的。这种方法是一种经济易行的方法，其特点是设备简单、投资少、运行费用低，但受自然条件的限制，不能确保室内的除湿效果。

2. 冷冻除湿

冷冻除湿法就是利用制冷设备，将被处理的空气降低到它的露点温度以下，除掉空气中析出的水分，再将空气温度升高，达到除湿的目的。

图 9-17 就是冷冻除湿机的工作原理图。制冷剂经压缩—冷凝—节流—蒸发—压缩反复循环而连续制冷，制冷系统的蒸发器表面温度低于空气的露点温度，空气中的水蒸气在此被凝结出来，含湿量降低，温度降低，达到除湿目的。被除湿降温的空气，经过冷凝器时，待空气获得热量，温度升高，由风机送入室内使用。

冷冻除湿机的除湿过程在 i-d 图上的表示，如图 9-18 所示。需要除湿的空气由状态 1 进入除湿机后，在蒸发器中冷却干燥至状态 2，接近于饱和状态。在此过程中，每 kg 空气凝结的水量为 Δd，失去的热量为 Δi。空气经冷凝器等湿加热至状态 3，其相对湿度急剧下降。

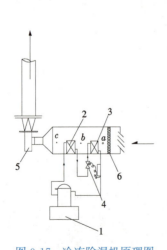

图 9-17　冷冻除湿机原理图

1—压缩机；2—冷凝器；3—蒸发器；4—膨胀阀；5—风机；6—空气过滤器

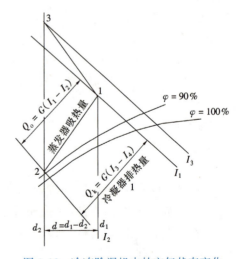

图 9-18　冷冻除湿机中的空气状态变化

冷冻除湿机性能稳定，运行可靠，不需要水源，管理方便，能连续除湿。但初投资比较大，在低温下运行性能很差，适宜于空气露点温度高于 4℃ 的场所。

3. 液体吸湿剂除湿

由于盐水溶液表面水蒸气分压力低于空气中的水蒸气分压力，当盐水溶液与空气直接接触时，空气中的水分就会被盐水吸收，从而达到除湿的目的，因此，这种除湿方法也称为吸收法除湿。

盐水浓度越高，其表面水蒸气分压力就越低，吸湿能力越强、盐水吸湿后浓度下降，吸湿能力也随之降低。因此，为了重复使用稀释溶液，需要将其再生处理，除去其中的水分，提高溶液的浓度。

液体吸湿剂常用的有溴化锂、氯化钙、氯化锂等无机盐类，此类物质的特点是腐蚀性强，在使用过程中，需要采用防腐材料或缓蚀剂。

液体除湿系统在应用过程中也曾出现了诸多问题。如溴化锂、氯化锂溶液对管道、设备有强烈腐蚀性；而另一些有机溶液吸湿剂，如三甘醇，有挥发性，会危害人体健康；液体吸湿剂稀释和再生过程都为变温过程，不可逆损失大，导致系统的效率低下。目前这些问题已得到解决，采用塑料材料既可防止盐溶液腐蚀，又可降低成本，而且盐溶液也不会挥发而污染空气；通过调整工艺流程，可得到接近等温过程的除湿与再生，实现设备较高的效率。

由于液体具有流动性，采用液体吸湿剂的传热设备比较容易实现；此外，液体除湿过程容易被冷却，从而实现等温除湿的目的，并且可能达到较好的热力学效果。

随着我国能源结构的调整，天然气将成为重要的城市能源，从节能的角度考虑，采用液体除湿空调实现湿度独立控制，避免冷凝除湿的能源浪费，这种方法已得到广泛地推广和使用。

4. 固体吸湿剂除湿

采用固体吸湿材料除湿的系统已开发出多种形式。

目前采用的固体除湿剂主要有硅胶、铝胶和氯化钙等。固体除湿剂除湿的原理是因为其内部有很多孔隙，孔隙中原有少量的水，由于毛细管作用使水面呈凹形，凹形水面的水蒸气分压力比空气中水蒸气分压力低，空气中水蒸气被固体吸湿剂吸收，达到除湿的目的。

采用固体吸湿材料除湿的系统有固定床式和转轮式两种。固定床式固体吸附除湿装置是通过改变空气侧流向，实现间歇式的吸湿再生；转轮除湿可实现连续的除湿再生，得到了更广泛的应用。

图 9-19 为转轮除湿机的工作原理图。当转轮以每小时 6 转的速度缓慢转动时，需要除湿的空气经过滤，进入四分之三的通道，通道呈蜂窝状，以增加接触面积。空气中的水蒸气被浸有氯化锂溶液石棉纸吸收，除湿后的空气由风机送到使用地点。

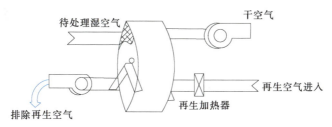

图 9-19　转轮除湿机工作原理图

同时，再生空气经加热后，从转轮相反的方向进入到转轮的四分之一通道，带走除湿剂及载体的水分，使石棉纸上的氯化锂再生。随着转轮的不断转动空气连续得到干燥。

5.膜法除湿

近年来随着膜技术的发展，利用膜的选择透过性进行除湿的方法有了很大进步。膜法除湿是依靠膜两侧的温度差和压力差而造成一定的浓度差，以膜两边的水蒸气分压力差作为驱动力，使水蒸气透过膜而散发到环境中去。图 9-20 为典型的原料加压膜法空气除湿系统。该系统中，外界的新鲜空气经压缩机加压后进入膜组件，由于进气侧总压提高，其中水蒸气的分压力也相应提高，水蒸气在膜进出侧压力差的作用下优先透过膜而被除去，干燥的空气进入房间。

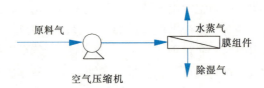

图 9-20　原料加压膜法空气除湿系统

几种常见的除湿装置的性能比较见表 9-3。

表 9-3　空气除湿装置的性能比较

操作方法	冷冻除湿	液体除湿	固体吸附除湿	转轮除湿	膜法除湿
分离原理	冷凝	吸收	吸附	吸附	渗透
除湿后露点（℃）	−20〜0	−30〜0	−50〜−30	−50〜−30	−40〜−20
设备占地面积	中	大	大	小	小
操作维修	中	难	中	难	易
生产规模	小〜大型	大型	中〜大型	小〜大型	小〜大型
主要设备	冷冻机 表冷器	吸收塔 换热器 泵	吸附塔 换热器 切换阀	转轮除湿器 换热器	膜分离器 换热器
耗能	大	大	大	大	小

9.5　组合式空调机组

组合式空调机组是由各种空气处理功能段根据需要组装而成的一种空气处理设备，适用于阻力大于 100Pa 的空调系统。通常采用的功能段包括：空气混合、过滤（还可细分为粗效过滤、中效过滤等几段）、表冷器、送风机、回风机等基本组合单元（图 9-21）。

全功能系统组合式空调机组实际应用中并不多见，选用时应根据工程需要和业主的要求，有选择地仅选用其中所需要的功能段即可（图 9-22）。

9-4

组合式空调机组

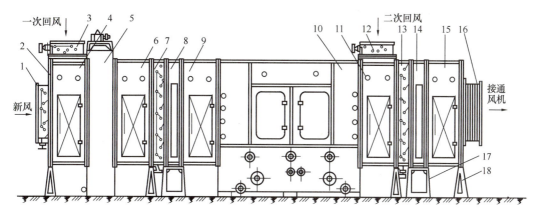

图 9-21 组合式空调机组组合形式一（二次回风式）

1—新风阀；2—混合室法兰盖；3、12—回风阀；4、11—混合室；5—过滤器；6、9、15—中间室；7、13—混合阀；8——次加热器；10—喷水室；14—二次加热室；16—风机接管；17—加热器支架；18—三角支架

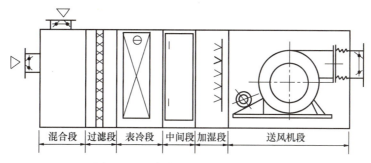

图 9-22 组合式空调机组组合形式二

拓展小课堂

进行空气热、湿处理设备的选型时应具备实事求是的科学态度，认真负责的工作态度，具备工程意识。

随着中国制造向中国创造、中国速度向中国质量、中国产品向中国品牌加快转变，空气热、湿处理设备的新技术、新工艺不断突破，新产品层出不穷，以此为切入点，培养责任担当、大局意识和核心意识；弘扬社会主义核心价值观，鼓励同学们认真学习专业技术，为中国核心技术的发展和实现中华民族伟大复兴作出贡献。

单元小结

空气热、湿处理设备是实现空调工程中空气参数控制的必要手段。在计算空调房间冷、湿负荷之后，下一步是要确定空调房间的送风状态和送风量，进一步的问题是如何选择空气处理设备，以得到所要求的送风状态，本教学单元介绍空气的常见处理过程及空气热、湿处理设备，为进行设备选型奠定基础。

思考题与习题 🔍

1. 空气的热湿处理设备有哪些？

2. 什么情况下采用加热器的串联或并联组合？

3. 蒸汽或热水加热器的热媒管路应如何连接？

4. 表面式冷却器处理空气能实现哪些过程？

5. 喷水室处理空气能实现哪些过程？

6. 只供夏季冷却干燥用的喷水室是否需要补水管及浮球阀？

7. 空调工程中常用哪些除湿方法？各方法有什么优缺点？

8. 对 $t=10℃$，$t_{sh}=5℃$ 的室外空气用循环水喷雾，一开始水池中灌满 20℃ 的自来水，试问最终水温会变为多少？

9. 用 i-d 图表示电加湿器加湿空气的变化过程。

教学单元 **10**

Chapter 10

空气调节系统

10-1

空调基本原理

教学单元概述

本教学单元讲述空气调节系统的分类、基本形式；空调房间的送风量和新风量的基本概念和计算方法。使同学们具备正确认识空气调节系统的分类、各类空调系统的特点及适用范围，能正确进行空调系统选择以及计算空调房间送风量和新风量的能力。

知识目标

1. 掌握空气调节系统的分类及特点；
2. 掌握空调房间送风状态及送风量计算方法，掌握新风量的确定原则；
3. 掌握一次回风系统的特点和处理过程；
4. 掌握风机盘管式空调系统的特点和工作原理；
5. 掌握分散式空调系统的分类和特点；
6. 熟悉变风量空调系统、多联机空调系统和温湿度独立控制空调系统的工作特点。

能力目标

1. 能确定送风状态，并进行空调房间的送风量计算；
2. 能正确计算空调房间的新风量；
3. 能正确选择空调系统的形式并进行计算。

10.1 空调房间送风状态与送风量的确定

10.1.1 夏季空调房间的送风状态和送风量

图 10-1 是某空调房间的送风示意图，假设为了消除室内产生的余热、余湿，需要向空调房间内送入（i_O，d_O）状态的空气 Gkg，送入的空气吸收空调房间产生的余热、余湿后，变为（i_N，d_N）状态的空气，从排风口排出。

图 10-1 空调房间送风示意图

由空调房间的热、湿平衡可知：

$$Gi_O + Q = Gi_N \qquad (10-1)$$
$$Gd_O + W = Gd_N \qquad (10-2)$$

式中 Q——空调房间的冷负荷，W；

W——空调房间的湿负荷，kg/s；

G——空调房间的送风量，kg/s；

i_O——送入空调房间的空气的焓，kJ/kg；

i_N——排出空调房间的空气的焓，kJ/kg；

d_O——送入空调房间的空气的含湿量，kg/kg；

d_N——排出空调房间的空气的含湿量，kg/kg。

10-2

空调房间送风状态与送风量的确定

由上式可得：

$$G = Q/(i_N - i_O) \qquad (10-3)$$

或

$$G = W/(d_N - d_O)$$

由空调房间的热、湿平衡得出的送风量应相等，所以，两式相比可得空调房间的热湿比为：

$$\varepsilon = Q/W = (i_N - i_O)/(d_N - d_O) \qquad (10-4)$$

式中 ε——空调房间的热湿比。

由于空调房间的空气状态（i_N，d_N）是设计提出的要求，也就是说是已知的，因此，由（i_N，d_N）即可在 i-d 图上确定出室内状态点 N。又因为室内要消除的余热、余湿已计算出。因而，送入房间的空气状态变化过程的热湿比由上式即可得出。

由此，在过室内状态点 N 的热湿比线上确定出一个送风状态点 O 以及 O 点的空气状态参数（i_O，d_O），再根据计算式（10-3）即可求出所需要的送风量。

但是，从图 10-2 上可知，凡是位于室内状态点 N 以下的热湿比线上的任何一点，都可以作为送风状态点，只不过由送风量的计算式（10-3）可知，送风状态点 O 离室内状态点 N 越近，送风温差 Δt_O（或焓差）越小，所需要的送风量越大。反之，送风状态点 O 距离室内状态点 N 越远，送风温差就越大，所需要的送风量越小。因此，送风状态点 O 的选

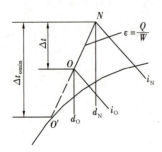

图 10-2 夏季送风状态

择就涉及经济技术的比较问题。

从经济上讲，一般总是希望送风温差 Δt_O（或焓差）尽可能的大，这样，需要的送风量就小，空气处理设备也可以小一些。既可以节约初投资的费用，又可以节省运行时的能耗。

但是从效果上看，送风量太小时，空调房间的温度场和速度场的均匀性和稳定性都会受到影响。同时，由于送风温差大，t_O 较低，冷气流会使人感到不舒适。此外，t_O 太低时，还会使天然冷源的利用受到限制。

设计规范根据空调房间恒温精度的要求，对送风温差 Δt_O 和换气次数给出了不同的推荐值，见表 10-1。其中，换气次数的定义是：

$$n = L/V \qquad (10\text{-}5)$$

式中　n——换气次数，次/h，衡量空调房间送风量的指标；

　　　L——空调房间送风量，m^3/h；

　　　V——空调房间的体积，m^3。

送风温差和换气次数　　　　　　　　　　　　表 10-1

室内允许波动范围	送风温差(℃)	换气次数(次/h)
±0.1~0.2℃	2~3	15~20
±0.5℃	3~6	＞8
±1.0℃	6~10	≥5
＞±1.0℃	人工冷源：≤15 天然冷源：可能的最大值	

从上面的讨论可知，当选定送风温差 Δt_O 后，即可按以下的步骤确定送风状态点 O 和所需要的送风量：

（1）在 $i\text{-}d$ 图上确定出室内状态点 N；

（2）由热湿比 ε，作出过 N 点的热湿比线；

（3）根据所选取的送风温差，在热湿比线上定出送风状态点 O；

（4）用式（10-3）计算所需要的送风量，并校核换气次数。

【例 10-1】某空调房间总余热量 $Q=3314\text{W}$，余湿量 $W=0.264\text{g/s}$，要求全年室内保持的空气参数为：$t_N=(22\pm1)℃$，$\varphi_N=(55\pm5)\%$，当地大气压力 $B=101325\text{Pa}$。试确定该空调房间的送风状态和送风量。

【解】（1）求热湿比 $\varepsilon=Q/W=3314/0.264=$ 12600kJ/kg；

（2）在 $i\text{-}d$ 图（图 10-3）上确定出室内状态点 N，作过 N 点的热湿比线 $\varepsilon=12600$ 的过程线，取送风温差 $\Delta t_O=8℃$，则送风温度 $t_O=22-8=$ 14℃，由送风温度 t_O 与热湿比线的交点，可确定送风状点 O，在 $i\text{-}d$ 图上查得：

$$i_O=36\text{kJ/kg}, \quad i_N=46\text{kJ/kg}$$

$$d_O=8.6\text{g/kg}, \quad d_N=9.3\text{g/kg}$$

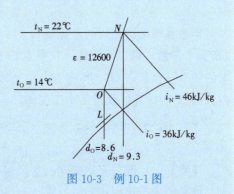

图 10-3　例 10-1 图

（3）计算送风量：

按消除余热计算：

$$G = Q/(i_N - i_O)$$
$$= 3314/(46-36) = 0.33 \text{kg/s}$$

按消除余湿计算：

$$G = W/(d_N - d_O) = 0.264/(9.3-8.6)$$
$$= 0.33 \text{kg/s}$$

按消除余热和余湿求出的送风量相同，说明计算正确。

10.1.2 冬季送风状态和送风量的确定

1. 采用与夏季不同的送风量

在冬季，由于围护结构的温差传热往往是从室内向室外传递，室内的余热比夏季少，甚至是负值，而余湿量常常与夏季相同，因此，冬季的热湿比比夏季小，甚至是负值。空调房间的送风温度 t_O，往往高于室温 t_N，送风焓值也大于室内焓值，如图 10-4 所示。

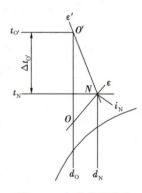

由于冬季送热风的送风温差可以比夏季送冷风的送风温差大得多，因而，冬季往往可以采用较小的送风量。对于较大的空调系统，这样就可采用较小的电机，减少运行费用。设计时可采用变速电机，或冬夏季分别设置两台电机。需要注意的是，减少送风量有时还要受到人体卫生要求、空调房间温湿度的精度要求等条件的限制。

图 10-4 冬季送风状态

采用与夏季不同的送风量时，冬季送风量的确定方法和步骤与夏季相同。

2. 采用与夏季相同的送风量

在工程上，应用较多的是全年固定送风量，即在先确定了夏季送风量后，冬季就采用与夏季相同的送风量，这样全年运行时只需调节送风参数即可，因而比较方便，这时可根据公式（10-3）反求出冬季的送风状态（$i_{O'}$，$d_{O'}$），即：

$$i_{O'} = i_N - Q/G$$
$$d_{O'} = d_N - W/G$$

当冬夏季采用相同的送风量 G 时，如果全年散湿量 W 不变，则由公式（10-3）可知，Δd 是个常数，则过夏季送风状态点 O 的等含湿量线 d_O 与冬季热湿比 ε' 线的交点就是所求的冬季送风状态 O'，实际上，由所求出的（$i_{O'}$，$d_{O'}$）确定的冬季送风状态点 O' 与室内状态 N 点的连线就是冬季工况的热湿比线。

【**例 10-2**】仍按上题基本条件，如冬季空调房间总余热量 $Q = -1.105 \text{kW}$，余湿量 $W = 0.264 \text{g/s}$，试确定该空调房间冬季工况的送风状态和送风量。

【**解**】（1）取与夏季相同的送风量

1）求冬季热湿比 $\varepsilon = Q/W = -1105/0.264 = -4190 \text{kJ/kg}$

2）由于冬、夏季室内散湿量相同，因而，冬季送风量状态的含湿量应当与夏季相同，即：

$$d_{O'} = d_O = 8.6\text{g/kg}$$

过室内状态点 N 作热湿比 $\varepsilon = -4190$ 的过程线，与 $d_O = 8.6\text{g/kg}$ 的等含湿量线的交点即是所求的冬季送风状态点 O'，如图 10-5 所示，从 $i\text{-}d$ 图上可查得：

$$i_{O'} = 49.35\text{kJ/kg}$$
$$t_{O'} = 28.5\text{℃}$$

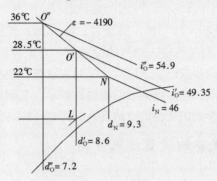

图 10-5 例 10-2 图

实际上，由于冬季送风量与夏季相同，可直接通过计算求出冬季送风状态点的焓值：

$$i_{O'} = i_N - Q/G = 46 + 1.105/0.33 = 49.35\text{kJ/kg}$$

在 $i\text{-}d$ 图上可查得：

$$t_{O'} = 28.5\text{℃}$$

（2）取与夏季不同的送风量

如果希望冬季采用较大的送风温差，减少送风量，则可按与夏季类似的步骤确定冬季的送风状态点和送风量。

1）求冬季热湿比：

$$\varepsilon = Q/W = -1105/0.264 = -4190\text{kJ/kg}$$

2）确定冬季送风状态点。

取冬季送风温度 $t_{O'} = 36\text{℃}$，则可由送风温度与冬季热湿比 $\varepsilon = -4190$ 的交点得到冬季送风状态点 O''，如图 10-5 所示，从 $i\text{-}d$ 图上可查得：

$$i_{O'} = 54.9\text{kJ/kg} \quad d_{O'} = 7.2\text{g/kg}$$

3）计算送风量：

$$G = Q/(i_N - i_{O'}) = -1.105/(46 - 54.9) = 0.124\text{kg/s}$$

拓展小课堂

　　在学习送风状态与送风量的确定过程中，需执行《民用建筑供暖通风与空气调节设计规范》GB 50736—2012 的相关规定，其中送风温差的选取要综合考虑使用效果和经济性两个因素，在送风量计算完成后还需校核换气次数。学习本节内容，有助于培养同学们严谨的科学态度，引导同学们养成认真负责的工作态度及爱岗敬业的职业道德，具有解决工程问题的思维方法和习惯，具备沟通能力及团结协作意识。

10.2 空气调节系统的分类

空气调节系统一般应包括：冷（热）源设备、冷（热）媒输送设备、空气处理设备、空气分配装置、冷（热）媒输送管道、空气输配管道、自动控制装置等。这些组成部分可根据建筑物形式和空调空间的要求组成不同的空气调节系统。在实际工程中，应根据建筑物的用途和性质、热湿负荷特点、温湿度调节与控制的要求、空调机房的面积和位置、初投资和运行费用等许多方面的因素选定适合的空调系统，因此，首先要了解空调系统的分类。

10.2.1 按空气处理设备的设置情况分类

1. 集中式空调系统

这种系统的所有空气处理设备（包括冷却器、加热器、过滤器、加湿器和风机等）均设置在一个集中的空调机房内，处理后的空气经风道输送到各空调房间。集中式空调系统又可分为单风管系统、双风管系统和变风量系统。

集中式空调系统处理空气量大，有集中的冷源和热源，运行可靠，便于管理和维修，但机房占地面积较大。

2. 半集中式空调系统

这种系统除了设有集中空调机房外，还设有分散在空调房间内的空气处理装置。半集中式空气调节系统按末端装置的形式又可分为末端再热式系统、风机盘管系统和诱导器系统。

3. 全分散空调系统

全分散空调系统又称为局部空调系统或局部机组。该系统的特点是将冷（热）源、空气处理设备和空气输送装置都集中设置在一个空调机内。可以按照需要，灵活、方便地布置在各个不同的空调房间或邻室内。全分散空调系统不需要集中的空气处理机房。常用的有单元式空调器系统、窗式空调器系统和分体式空调器系统。

10.2.2 按负担室内负荷所用的介质来分类

1. 全空气系统

全空气空调系统是指空调房间的室内负荷全部由经过处理的空气来负担的空气调节系统。如图10-6（a）所示，在室内热湿负荷为正值的场合，用低于室内空气焓值的空气送入房间，吸收余热余湿后排出房间。由于空气的比热小，用于吸收室内余热的空气量很大，因而这种系统的风管截面大，占用建筑空间较多。

2. 全水系统

指空调房间的热湿负荷全由水作为冷热介质来负担的空气调节系统，如图10-6（b）

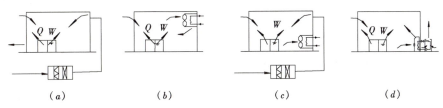

图 10-6　按负担室内负荷所用介质的种类对空调系统分类示意图

（a）全空气系统；（b）全水系统；（c）空气一水系统；（d）冷剂系统

所示。由于水的比热比空气大得多，在相同条件下只需较小的水量，从而使输送管道占用的建筑空间较小。但这种系统不能解决空调房间的通风换气问题，通常情况不单独使用。

3. 空气一水系统

由空气和水共同负担空调房间的热湿负荷的空调系统称为空气一水系统。如图 10-6（c）所示，这种系统有效地解决了全空气系统占用建筑空间大和全水系统空调房间通风换气的问题。

4. 冷剂系统

将制冷系统的蒸发器直接置于空调房间以吸收余热和余湿的空调系统称为冷剂系统，如图 10-6（d）所示。这种系统的优点在于冷热源利用率高，占用建筑空间少，布置灵活，可根据不同的空调要求自由选择制冷和供热。通常用于分散安装的局部空调机组。

10.2.3　根据集中式空调系统处理的空气来源分类

1. 封闭式系统

它所处理的空气全部来自空调房间，没有室外新风补充，因此房间和空气处理设备之间形成了一个封闭环路，如图 10-7（a）所示。封闭式系统用于封闭空间且无法（或不需要）采用室外空气的场合。

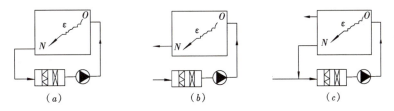

图 10-7　按处理空气的来源不同对空调系统分类示意图

（a）封闭式；（b）直流式；（c）混合式

这种系统冷、热量消耗最少，但卫生效果差。当室内有人长期停留时，必须考虑换气。这种系统应用于战时的地下庇护所等战备工程以及很少有人进入的仓库。

2. 直流式系统

它所处理的空气全部来自室外，室外空气经处理后送入室内，然后全部排至室外，如图 10-7（b）所示。这种系统适用于不允许采用回风的场合，如放射性实验室以及散发大量有害物的车间等。为了回收排出空气的热量和冷量对室外新风进行预处理，可在系统中设置热回收装置。

3. 混合式系统

封闭式系统不能满足卫生要求，直流式系统在经济上不合理。因而两者在使用时均有很大的局限性。对于大多数场合，往往需要综合这两者的利弊，采用混合一部分回风的系统，如图 10-7（c）所示。这种系统既能满足卫生要求，又经济合理，故应用最广。

10.2.4　按风道中空气流速分类

1. 高速空调系统

高速空调系统主风道中的流速可达 20～30m/s，由于风速大，风道断面可以减少许多，故可用于层高受限，布置风道困难的建筑物中。

2. 低速空调系统

低速空调系统风道中的流速一般不超过 8～12m/s，风道断面较大，需要占较大的建筑空间。

10.3　普通集中式空气调节系统

集中式空气调节系统是最早出现的一种典型的全空气系统。这种系统的服务面积大，处理空气多，便于集中管理，在一些大型公共建筑（体育场馆、剧院、商场等）采用较多。

10.3.1　直流式（全新风式）空气调节系统

1. 夏季处理方案

如图 10-8 所示，为直流式空气调节系统图示，图 10-9 表示这种系统夏季处理方案的 i-d 图。图中 W 表示夏季室外空气状态点，N 表示室内要求的空气状态点，O 为夏季送风状态点。空气处理的任务是使室外空气由状态 W 处理到规定的送风状态点 O，然后送入室内，保证室内温湿度的要求。

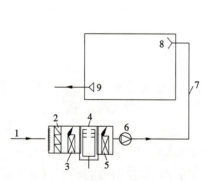

图 10-8　直流式空气调节系统

1—进风口；2—过滤器；3—预热器；
4—喷水室；5—再热器；6—风机；
7—风道；8—送风口；9—排风口

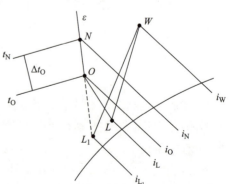

图 10-9　直流式空调系统夏季处理方案

152

直流式空调系统常采用下列处理方案。室外新风由状态 W，经喷水室进行冷却减湿处理到机器露点 L（L 的位置是 O 点状态的等湿线与 $\varphi = 90\% \sim 95\%$ 的等相对湿度线的交点），然后经过加热器加热到 O 点。整个处理过程可写成：

$$W \xrightarrow{\text{冷却减湿}} L \xrightarrow{\text{绝热减湿}} O \xrightarrow{\varepsilon} N$$

此过程处理空气所需冷量为：

$$Q_O = G(i_W - i_L) \tag{10-6}$$

式中　G——空气量，kg/h；

　　　i_W——新风的焓值，kJ/kg；

　　　i_L——机器露点 L 状态空气的焓值，kJ/kg。

这一过程所需加热量为：

$$Q = G(i_O - i_L) \tag{10-7}$$

式中　i_O——送风状态空气的焓值，kJ/kg。

在这种方案的处理过程中，为了保证必要的送风温差，不得不把经过喷水室冷却减湿以后的空气再加热，这样就造成了冷热抵消，增加了能耗。

对于送风温差无严格限制的空调系统，可以用最大温差送风，即露点送风，如图 10-9 中虚线表示的处理方案。这时将室外空气从 W 状态点直接喷水冷却减湿至 L_1 点即可送入室内。这种方法所需的风量为：

$$G' = \frac{Q}{i_N - i_{L_1}} \tag{10-8}$$

式中　Q——房间余热量，W；

　　　i_N——空调房间空气的焓值，kJ/kg；

　　　i_{L_1}——机器露点 L_1 状态下空气的焓值，kJ/kg。

所需冷量 Q'_O 为：

$$Q'_O = G'(i_W - i_{L_1}) \tag{10-9}$$

露点送风可以减小送风量，且能消除冷热量抵消造成的能量损失，但送风温差较大，室内温度分布的均匀性和稳定性较差。

2. 冬季处理方案

设冬季室外空气状态为 W'，送风状态点为 O'，则冬季空气处理方案可用图 10-10 表示，即将室外空气由状态 W' 经预热器加热到 W'_1，然后经过喷水室喷循环水处理到 L'，最后通过二次加热器处理到 O' 点。整个处理过程可写成：

$$W' \xrightarrow{\text{等湿加热}} W'_1 \xrightarrow{\text{等焓加湿}} L' \xrightarrow{\text{等湿加热}} O' \xrightarrow{\varepsilon'} N$$

其中 W'_1 和 L' 点按下述方法确定：通过 O' 作等湿线与 $\varphi = 90\% \sim 95\%$ 线交于 L' 点，然后由 L' 点作等焓线与 W' 的等湿线交于 W'_1 点。冬季两次加热所需加热量分别为：

预热器加热量：

$$Q_1 = G(i_{W'_1} - i_{W'}) \tag{10-10}$$

二次加热量：

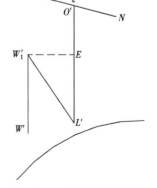

图 10-10　直流式空调系统
冬季处理方案

$$Q_2 = G(i_{O'} - i_{L'}) \tag{10-11}$$

式中 $i_{W_1'}$、$i_{W'}$、$i_{O'}$、$i_{L'}$ 分别为 W_1'、W'、O' 和 L' 状态空气的焓值。

将夏季和冬季空气处理方案进行比较可以看出，空气经喷水室后，不论冬季或夏季都要经过加热处理，只是加热量不同。因此在选择加热器时，应该按较大的用热量选择。

应该指出，为了达到夏季和冬季送风状态点，可以有很多途径，上面所讲的是最常用的处理方案，其优点是夏季和冬季可以合用一套空气处理设备。

如果不使用喷水室，而是夏季使用表面冷却器，冬季使用喷蒸汽加湿，则夏季处理方案仍如图10-9所示，冬季处理方案如图10-10中虚线部分（等温加湿）。喷蒸汽过程所需蒸汽量 W 为：

$$W = G(d_{L'} - d_{W'}) \tag{10-12}$$

式中　$d_{L'}$——L'状态空气的含湿量，g/kg；

　　　$d_{W'}$——W'状态空气的含湿量，g/kg。

如果冬季采用与夏季相同的送风量，且冬、夏季室内参数相同，余湿量也相同，则 L 点与 L' 点重合，即冬、夏季为同一露点。

10.3.2　一次回风式空气调节系统

直流式空调系统卫生条件好，但是冷、热量消耗大，封闭式空调系统最经济，但卫生条件差，因此两者都只在特殊场合采用。在实际工程中，最常用的是混合式系统，即利用一部分回风与室外新风混合处理后再送入室内的空调系统（称为一次回风系统）。这种系统既能满足卫生要求，又经济合理，故应用最广泛，如图10-11所示。

显然，在一次回风系统中回风量越大，新风量越小，就越经济。但实际上不能无限制地减少新风量。

确定新风量的依据有下列三个因素：

（1）卫生要求。为了保证人们的身体健康，必须向空调房间送入足够的新鲜空气。对某些空调房间的调查表明，有些房间由于新风量不足，工作人员的患病率显著增加。这是因为人体每时每刻都在不断地吸入氧气，呼出二氧化碳。在新风量不足时，就不能供给人体足够的氧气，因而影响了人体的健康。表10-2和表10-3给出了不同条件下每个人呼出的二氧化碳量和各种场合下室内二氧化碳允许浓度。实际工程中，空调系统的新风量可按规范确定：民用建筑按表10-4采用；工业建筑应按保证每人不小于 $30m^3/h$ 的新风量确定。

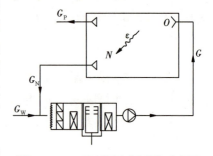

图 10-11　一次回风空调系统示意图

表 10-2　人体在不同状态下二氧化碳呼出量

工作状态	二氧化碳呼出量[L/(h·人)]	二氧化碳呼出量[g/(h·人)]
安静时	13	19.5
极轻工作时	22	33
轻劳动	30	45
中等劳动	46	69
重劳动	74	111

表 10-3 二氧化碳允许浓度

房间性质	二氧化碳允许浓度（L/m³)	二氧化碳允许浓度（g/kg)
人长期停留	1	1.5
儿童和病人停留	0.7	1.0
人周期性停留	1.25	1.75
人短期停留	2.0	3.0

表 10-4 民用建筑主要房间每人所需最小新风量

建筑类型	新风量[m³/(h·人)]	建筑类型	新风量[m³/(h·人)]
办公室	30	美容室	45
客房	30	理发室	20
多功能厅	20	宴会厅	20
大堂	10	餐厅	20
四季厅	10	咖啡厅	10
游艺厅	30		

（2）补充局部排风量。当空调房间有局部排风装置时，为了不使室内产生负压，在系统中必须有相应的新风量来补充排风量。此时新风量等于局部排气量。

（3）保持空调房间正压的要求。为了防止外界空气侵入，影响空调房间空气参数，需要在空调房间内保持正压，使送风量大于排风量，多余的风量由门窗缝隙渗出。

在实际工程中，按上述方法求得的新风量不足总风量的 10% 时，仍应按 10% 计算。

必须指出，在冬季和夏季室外设计计算参数下规定的最小新风比，是出于经济方面的考虑。在春、秋过渡季节，可以提高新风比例，甚至采用全新风，充分利用室外新风的冷量或热量，从而减少，甚至免除处理过程所需要的冷、热量。

1. 夏季处理方案

图 10-11 为一次回风系统图示。图中 G_W 为新风量，G_N 为回风量，G_P 为排至室外的风量，$G_{\Delta P}$ 是保持房间正压所需风量。其中 $G_W = G_P + G_{\Delta P}$，送风量 $G = G_W + G_N$。

图 10-12 是一次回风空调系统的夏季空气处理方案的 i-d 图。图中 C 表示新风与回风的混合状态点，其余各点和全新风系统意义相同。为了获得 O 点，常用的方法是将室内、外混合状态 C 的空气通过喷水室

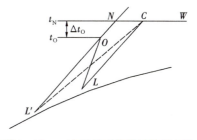

图 10-12 一次回风系统夏季处理方案

（或空气冷却器）冷却减湿处理到 L 点，再从 L 加热到 O 点，然后送入室内，吸收房间的余热余湿后变成室内状态 N，整个处理过程可写成：

$$W \brace N \} \xrightarrow{\text{混合}} C \xrightarrow{\text{冷却减湿}} L \xrightarrow{\text{等湿加热}} O \xrightarrow{\varepsilon} N$$

新、回风混合点 C 可按下列方法求得：

$$\frac{\overline{NC}}{\overline{NW}} = \frac{G_W}{G} \quad \therefore \overline{NC} = \overline{NW}\frac{G_W}{G} \tag{10-13}$$

而 G_W/G 即新风比 $m\%$，为已知条件，于是 C 点的位置就确定了。C 点也可以通过数学方法计算确定：

$$\frac{G_W}{G} = \frac{i_C - i_N}{i_W - i_N} \quad \therefore i_C = i_N + \frac{G_W}{G}(i_W - i_N) \tag{10-14}$$

同理可求得：

$$d_C = d_N + \frac{G_W}{G}(d_W - d_N) \tag{10-15}$$

在 i-d 图上求得 i_C（或 d_C）线与 $\overline{NW}$ 线的交点即为 C 点。

处理过程所需冷量为：

$$Q_O = G(i_C - i_L) \tag{10-16}$$

式中　G——送风量，kg/h；

i_C，i_L——分别为 C 状态和 L 状态空气的焓值，kJ/kg。

当送风量相等，露点 L 相同时，与全新风空调系统比较，$i_C < i_W$，所以一次回风系统的耗冷量比全新风系统少，而且新风量越小，节省的冷量就越多。

这一处理过程所需的加热量为：

$$Q = G(i_O - i_L) \tag{10-17}$$

式中　i_O——送风状态 O 点空气的焓值，kJ/kg；

其他各项符号意义同前。

如果采用露点送风，只要将混合后的空气（C 点状态）经冷却减湿至 L' 点送入室内即可，这时 L' 点也就是送风状态点。如图 10-12 中的虚线部分。这种处理过程可以节省再热量，但送风温差大，影响空调精度。这一过程所需冷量为：

$$Q'_O = G'(i_C - i_{L'}) \tag{10-18}$$

式中　G'——露点送风量，kg/h；

$i_{L'}$——露点 L' 状态空气的焓值，kJ/kg；

i_C——新、回风混合状态空气的焓值，kJ/kg。

【例 10-3】某空调房间参数为 $t_N = 25\% \pm 0.5℃$，$\varphi_N = 65\% \pm 5\%$，余热量 $Q = 6\text{kW}$，余湿量不计；室外空气计算参数为 $t_W = 34℃$，$t_{sh} = 26.8℃$，大气压力为 101325Pa，要求新风比为 15%，若采用水冷式表面冷却器冷却空气，求夏季设计工况所需冷量。

【解】（1）求热湿比 ε

$$\varepsilon = \frac{Q}{W} = \frac{6000}{0} = \infty$$

（2）确定送风状态点 O

根据已知条件在 i-d 图上找出室内空气状态点 N，过 N 点作 $\varepsilon = \infty$ 的直线与等相对

湿度线 $\varphi=92\%$ 曲线交于 L 点（机器露点），得 $t_L=19.6\,^{\circ}\mathrm{C}$，$i_L=52.4\mathrm{kJ/kg}$（图 10-13）。

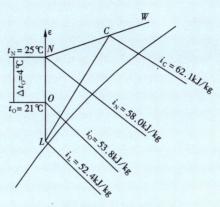

图 10-13　例 10-3 图

按空调精度 $\Delta t=\pm0.5\,^{\circ}\mathrm{C}$，取送风温差 $\Delta t_O=4\,^{\circ}\mathrm{C}$，得送风温度 $t_O=t_N-\Delta t_O=25-4=21\,^{\circ}\mathrm{C}$。作 $t_O=21\,^{\circ}\mathrm{C}$ 等温线与 $\varepsilon=\infty$ 线的交点 O 即为送风状态点。$i_O=53.8\mathrm{kJ/kg}$。

（3）求送风量 G

$$G=\frac{Q}{i_N-i_O}=\frac{6}{58-53.8}=1.429\mathrm{kg/s}$$

（4）确定新、回风混合点 C

根据已知新风比为 15%，$G_W/G=0.15$，得线段比 $\dfrac{\overline{NC}}{\overline{NW}}=0.15$，按此比例在 $i\text{-}d$ 图上求得 C 点位置，$i_C=62.1\mathrm{kJ/kg}$。

（5）空调系统所需冷量

$$Q_O=G(i_C-i_L)=1.429\times(62.1-52.4)=13.861\mathrm{kW}=13861\mathrm{W}$$

2. 冬季处理方案

如图 10-14 所示为冬季空气处理方案，图中的 O'、N、L' 等状态点的位置确定方法与全新风系统相同。为了采用喷循环水绝热加湿法将空气处理到 L' 点，在不小于最小新风比的前提下，应使新、回风混合后的状态点 C' 正好落在 $i_{L'}$ 线上。按此要求确定新、回风混合比和新风量。这一处理过程可表示为：

$$\left.\begin{array}{l}W'\\N\end{array}\right\}\xrightarrow{\text{混合}}C'\xrightarrow{\text{绝热加湿}}L'\xrightarrow{\text{等湿加热}}O'\xrightarrow{\varepsilon'}N$$

上述处理方案中绝热加湿过程也可以用喷蒸汽的方法来实现，即从 C' 点等温加湿（喷蒸汽）到 E 点，然后加热到 O' 点（图 10-14 中虚线部分），即：

$$\left.\begin{array}{l}W'\\N\end{array}\right\}\xrightarrow{\text{混合}}C'\xrightarrow{\text{等温加湿}}E\xrightarrow{\text{等湿加热}}O'\xrightarrow{\varepsilon'}N$$

当采用绝热加湿方案时，有时即使是按最小新风比进行新、回风混合，其混合点 C' 的焓值 $i_{C'}$ 仍然低于 $i_{L'}$。这时，可以采用将混合后的空气预热的方法，使状态点 C_1' 落到 $i_{L'}$ 线上，这样就可以采用绝热加湿的方法了，如图 10-15 所示，其中 C' 为按照最小新风比进行混合的一次混合点，C_1' 为过 C' 点作等含湿线与 $i_{L'}$ 线的交点。整个处理过程可表示为：

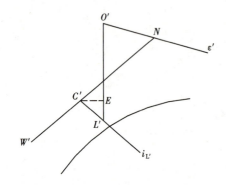

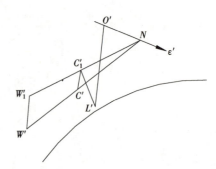

图 10-14　一次回风系统冬季处理方案Ⅰ　　　图 10-15　一次回风系统冬季处理方案Ⅱ

$$\left.\begin{array}{c} W' \\ N \end{array}\right\} \xrightarrow{\text{混合}} C' \xrightarrow{\text{等湿加热}} C_1' \xrightarrow{\text{绝热加湿}} L' \xrightarrow{\text{等湿加热}} O' \xrightarrow{\varepsilon'} N$$

在实际运行过程中，有时也采用先将新风加热，然后再与回风混合的处理过程，如图 10-15 所示。处理过程可表示为：

$$\left.\begin{array}{c} W' \xrightarrow{\text{等湿加热}} W_1' \\ N \end{array}\right\} \xrightarrow{\text{混合}} C_1' \xrightarrow{\text{绝热加湿}} L' \xrightarrow{\text{等湿加热}} O' \xrightarrow{\varepsilon'} N$$

W_1' 点为 W' 点的等含湿量线与 $\overline{NC_1'}$ 延长线的交点，于是：

$$\frac{\overline{NC_1'}}{\overline{NW_1'}} = \frac{\overline{NC'}}{\overline{NW'}} = \frac{G_W}{G} = \frac{i_N - i_{C_1'}}{i_N - i_{W_1'}} \tag{10-19}$$

$$\because i_{L'} = i_{C_1'} \quad \therefore i_{W_1'} = i_N - \frac{G(i_N - i_{L'})}{G_W} = i_N - \frac{i_N - i_{L'}}{m\%}$$

由上式可知，当室外焓值小于 $i_{W_1'}$ 时，需预热。预热量为：

$$Q = (i_{W_1'} - i_{W'}) G_W \tag{10-20}$$

这种先加热新风，后混合的方法常用于寒冷地区，以避免室外冷空气直接与室内回风混合后，混合状态出现在 $\varphi = 100\%$ 曲线以下，造成水汽凝结成雾的现象。

需要指出，先混合后加热与先加热后混合，在热量消耗上是相同的。

10.3.3　二次回风式空气调节系统

如图 10-16 所示为二次回风式空调系统图。图中各设备、部件名称与一次回风系统相同。一次回风系统虽然比全新风系统节能，但是仍然需要再热器来解决送风温差受限制的问题，再热耗能造成冷热能量抵消。

二次回风系统是在喷水室前后两次引入回风，以喷水室后的回风代替再热器对空气再加热，可节省热量和冷量。由于采用了两次回风，所以称为二次回风系统。

1. 夏季处理方案

这种系统的总回风量与一次回风系统相同，即回风量等于送风量与新风量之差（$G_N = $

$G-G_W)$，只是将回风分成两部分，第一部分回风（一次回风）风量为 G_1，与新风在喷水室前混合。第二部分回风（二次回风）风量为 G_2，与经过喷水室处理后的空气第二次混合。

如图 10-17 所示为二次回风系统夏季处理过程的 i-d 图。室外空气状态 W 与一次回风混合到 C_1 点，经喷水室冷却减湿至 L，然后与二次回风混合，使混合后的空气状态 C_2 正好与所需要的夏季送风状态点 O 相吻合，最后，将 O 状态空气送入房间，吸收余热、余湿后，变成室内要求的空气状态 N。这一处理过程可表示如下：

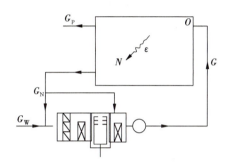

图 10-16　二次回风空调系统示意图

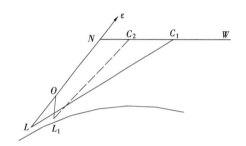

图 10-17　二次回风系统夏季处理方案

$$\left.\begin{array}{c} W \\ N \end{array}\right\} \xrightarrow{混合} C_1 \xrightarrow{冷却减湿} L \left.\begin{array}{c} \\ \\ N \end{array}\right\} \xrightarrow{混合} O \xrightarrow{\varepsilon} N$$

这里的 L 点不同于一次回风系统的机器露点 L_1，L 是 ε 线与 $\varphi=90\%\sim95\%$ 线的交点。按照确定空气混合状态点的方法，可以求出回风量 G_1 和 G_2：

$$\frac{G_2}{G_L}=\frac{\overline{OL}}{\overline{NO}}=\frac{i_O-i_L}{i_N-i_O}$$

$$\frac{G_2}{G}=\frac{G_2}{G_2+G_L}=\frac{\overline{OL}}{\overline{NO}+\overline{OL}}=\frac{\overline{OL}}{\overline{NL}}=\frac{i_O-i_L}{i_N-i_L}$$

$$\therefore G_2=G\frac{\overline{OL}}{\overline{NL}}=G\frac{i_O-i_L}{i_N-i_L} \tag{10-21}$$

同理

$$G_L=G\frac{\overline{NO}}{\overline{NL}}=G\frac{i_N-i_O}{i_N-i_L}=\frac{Q}{i_N-i_L}$$

$$G_1=G_L-G_W \tag{10-22}$$

式中　Q——空调房间余热量，kW。

第一次回风混合状态点可以由下列方法确定：

$$\frac{G_W}{G_1}=\frac{\overline{NC_1}}{\overline{WC_1}}=\frac{i_N-i_{C_1}}{i_{C_1}-i_W}$$

$$i_{C_1}=\frac{G_1 i_N+G_W i_W}{G_1+G_W} \tag{10-23}$$

由图 10-17 中可以看出，当总回风量相同时，二次回风系统的一次回风量小于一次回风系统的回风量，所以混合点 C_1 更靠近 W。

二次回风系统节省了再热量，其数值为 $Q_1 = G(i_O - i_L)$，同时也节省了与这个热量数值相同的冷量。

2. 冬季处理方案

假定室内参数和风量及余湿量与夏季相同，第二次回风的混合比，冬、夏季也不变。机器露点的位置也与夏季相同。

由以上假定可知，冬季送风状态点与夏季送风状态点的含湿量相同，即冬、夏季送风状态点 O 和 O' 在同一条等 d 线上。可通过加热使空气状态由 O 点变为 O'，而 O 点就是夏季的二次混合点（图 10-18）。整个处理过程如下：

$$\left.\begin{array}{l} W' \\ N \end{array}\right\} \xrightarrow{\text{一次混合}} C' \xrightarrow{\text{绝热加湿}} \left.\begin{array}{l} L' \\ \\ N \end{array}\right\} \xrightarrow{\text{二次混合}} O \xrightarrow{\text{等湿加热}} O' \xrightarrow{\varepsilon'} N$$

即新风与回风按新风比 $= \dfrac{\overline{NC'}}{\overline{NW'}}$ 混合、绝热加湿后，状态达到 L'，由 L' 按照夏季二次混合比与二次回风混合至 O，经再热器加热至 O' 点。

当按照最小新风比混合，C' 点处于 i_L 线以下时，应进行预热（图 10-19），其处理过程如下：

$$\left.\begin{array}{l} W' \\ N \end{array}\right\} \xrightarrow{\text{一次混合}} C' \xrightarrow{\text{等湿加热}} C_1' \xrightarrow{\text{绝热加湿}} \left.\begin{array}{l} L' \\ \\ N \end{array}\right\} \xrightarrow{\text{二次混合}} O \xrightarrow{\text{等湿加热}} O' \xrightarrow{\varepsilon'} N$$

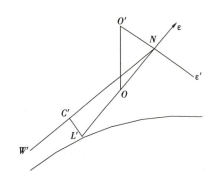

图 10-18　二次回风系统冬季处理方案 Ⅰ

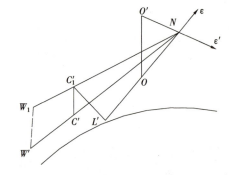

图 10-19　二次回风系统冬季处理方案 Ⅱ

预热器加热量为：

$$Q = G_L(i_{C_1'} - i_{C'}) \tag{10-24}$$

冬季设计工况下的再热器加热量为：

$$Q = G(i_{O'} - i_O) \tag{10-25}$$

如果先将室外空气加热，然后进行第一次混合，也是可行的。处理过程如图 10-19 中虚线部分，先混合再加热与先加热再混合所需热量是相同的。

【例 10-4】某恒温恒湿车间空调要求 $t_N = 23 \pm 1℃$，$\varphi_N = 55\% \pm 10\%$。车间余热量，夏季和冬季分别为 $Q = 16700W$，$Q' = -5000W$，余湿量冬夏季均为 $W = 1.67g/s$，局部排气量为 $0.222m^3/s$。室外空气计算参数为：夏季 $t_W = 34℃$，$t_{sh} = 26.8℃$，冬季 $t_{W'} = -11℃$，$\varphi_{W'} = 58\%$。当地大气压力为 101325Pa。若采用二次回风集中空调系统，试确定空调方案和设备容量。

【解】（1）夏季

1）根据热湿负荷求热湿比 ε

$$\varepsilon = \frac{Q}{W} = \frac{16700}{1.67} = 10000kJ/kg$$

在 $i\text{-}d$ 图（$P = 101325Pa$）上，过室内空气状态点 N 作 ε 线，与 $\varphi = 95\%$ 线交点 L 即为机器露点，$t_L = 14.2℃$，$i_L = 32.5kJ/kg$。

2）按空调精度（±1℃）要求，取送风温差 $\Delta t_O = 8℃$，则 $t_O = t_N - \Delta t_O = 23 - 8 = 15℃$。$t_O = 15℃$ 等温线与 ε 线的交点 O 即为送风状态点。由 $i\text{-}d$ 图上查得 $i_O = 36.8kJ/kg$，$d_O = 8.6g/kg$。

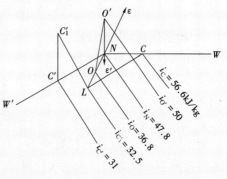

图 10-20　例 10-4 图

3）计算送风量 G：

$$G = \frac{Q}{i_N - i_O} = \frac{16.7}{47.8 - 36.8} = 1.518kg/s = 5465kg/h$$

4）通过喷水室的风量 G_L（图 10-20）：

$$\frac{G_L}{G} = \frac{\overline{NO}}{\overline{NL}}$$

$$G_L = G\frac{\overline{NO}}{\overline{NL}} = G\frac{i_N - i_O}{i_N - i_L} = 1.518 \times \frac{47.8 - 36.8}{47.8 - 32.5} = 1.091kg/s$$

5）求二次回风量 G_2：

$$G_2 = G - G_L = 1.518 - 1.091 = 0.427kg/s$$

6）确定新风量 G_W

由于室内有局部排风，补充排风所需的新风量占送风量的百分数（下式中 1.146 为空气 34℃时的密度）：

$$\frac{G_W}{G} \times 100\% = \frac{0.222 \times 1.146}{1.518} \times 100\% = 16.8\%$$

上式求得的百分数满足卫生要求，故确定新风量为 $G_W = 0.222 \times 1.146 = 0.254kg/s$（没有考虑正压的要求）。

7）求一次回风量 G_1：

$$G_1 = G_L - G_W = 1.091 - 0.254 = 0.837kg/s$$

8）确定一次回风混合点 C：

$$i_C = \frac{G_1 i_N + G_W i_W}{G_1 + G_W} = \frac{0.837 \times 47.8 + 0.254 \times 83.5}{0.837 + 0.254} = 56.1 \text{kJ/kg}$$

9）计算冷量 Q_O：

$$Q_O = G_L(i_C - i_L) = 1.091 \times (56.1 - 32.5) = 25.7 \text{kW}$$

（2）冬季

1）求热湿比 ε'：

$$\varepsilon' = \frac{Q'}{W'} = \frac{-5000}{1.67} = -2994$$

2）确定送风状态点 O'

采用与夏季相同的风量。又因冬、夏季余湿量相同，故冬、夏季含湿量相等，即 $d_O = d_{O'}$。在 i-d 图上找出 ε' 线与 $d_{O'}$ 线的交点即为冬季送风状态点 O'。查得 $i_{O'} = 50 \text{kJ/kg}$（图 10-20）。

3）求一次回风混合点 C'

由于 N、L' 等状态点与夏季 N、L 等点相同，这使得二次混合过程与夏季也相同。因此可按夏季相同混合比求一次回风混合点 C'：

$$\frac{\overline{C'W'}}{\overline{NW'}} = \frac{G_1}{G_L}$$

$$\overline{C'W'} = \frac{G_1}{G_L}\overline{NW'} = 0.77\overline{NW'}$$

查得 $i_{C'} = 31 \text{kJ/kg} < i_{L'}$，应设预热器（$i_{C'}$ 也可通过计算求得）。

4）求 C_1'

过 C' 的等 d 线与 $i_{L'}$ 线的交点即为 C_1' 点：

$$i_{C_1'} = 32.5 \text{kJ/kg}。$$

5）求加热量 Q

一次混合后的加热量：

$$Q_1 = G_L(i_{C_1'} - i_{C'}) = 1.091 \times (32.5 - 31) = 1.6 \text{kW}$$

二次混合后的加热量：

$$Q_2 = G(i_{O'} - i_O) = 1.518 \times (50 - 36.8) = 20.03 \text{kW}$$

10.4 风机盘管式空调系统

风机盘管式空调系统在每个空调房间内设有风机盘管（FC）机组，作为系统的末端装置。新风经集中处理后送入房间，由两者结合运行，属于半集中式空调系统。这种系统在目前的大多数办公楼、商用建筑及小型别墅中采用较多。

10.4.1　风机盘管系统的构造、分类和特点

　　风机盘管机组是由冷热盘管（一般采用 2～4 排铜管串片式）和风机（多采用前向多翼离心式风机或贯流风机）组成。室内空气直接通过机组内部盘管进行热湿处理。风机的电机多采用单相电容调速低噪声电机。与风机盘管机组相连接的有冷、热水管路和凝结水管路。

　　风机盘管机组可分为立式、卧式和卡式等，如图 10-21 所示。可按室内安装位置选定，同时根据装潢要求做成明装或暗装。

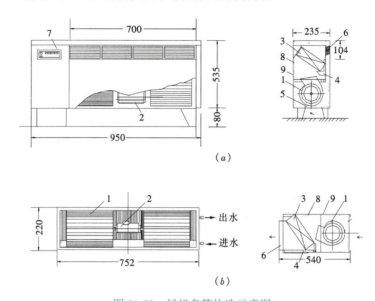

(a)

(b)

图 10-21　风机盘管构造示意图

1—风机；2—电机；3—盘管；4—凝结水盘；5—循环风进口及过滤器；6—出风口格栅；7—控制器；8—吸声材料；9—箱体

　　风机盘管机组系统一般采用风量调节（一般为三速控制），也可以采用水量调节。具有水量调节的双水管风机盘管系统在盘管进水或出水管路上装有水量调节阀，并由室温控制器控制，使室内温度得以自动调节。如图 10-22 所示。它由感温元件、室温调节器和小型电动三通分流阀门所构成，在室温敏感元件作用下通过调节器控制水量阀（双位调节阀），向机组断续供水而达到调节室温的目的。

　　风机盘管的优点是：布置灵活，容易与装潢工程配合；各房间可以独立调节室温，当房间无人时便可关机，不影响其他房间的使用，有利于节约能量；房间之间空气互不串通；系统占用建筑空间少。

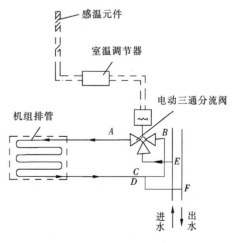

图 10-22　风机盘管系统的室温控制

它的缺点是：布置分散，维护管理不方便；当机组没有新风系统同时工作时，冬季室内相对湿度偏低，故不能用于全年室内湿度有要求的地方；空气的过滤效果差；必须采用高效低噪声风机；通常仅适合于进深小于 6m 的房间；水系统复杂，容易漏水；盘管冷热兼用时，容易结垢，不易清洗。

10.4.2 风机盘管机组系统新风供给方式和设计原则

风机盘管机组的新风供给方式有多种，如图 10-23 所示。

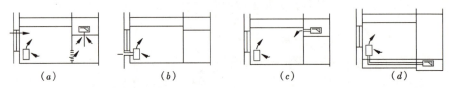

图 10-23 风机盘管系统的新风供给方式
（a）室外渗入新风；（b）新风从外墙洞口引入；（c）独立的新风系统；
（d）独立的新风系统送入风机盘管机组

（1）靠渗入室外空气（室内机械排风）补充新风，如图 10-23（a）所示，机组基本上处理再循环空气。这种方案投资和运行费用经济，但因靠渗透补充新风，受风向、热压等影响，新风量无法控制，且室外大气污染严重时，新风清洁度差，所以室内卫生条件较差；且受无组织的渗透风影响，室内温湿度分布不均匀，因而这种系统适用于室内人少的场合，特别适用于旧建筑物增设风机盘管空调系统且布置新风管困难的情况。

（2）墙洞引入新风直接进入机组，如图 10-23（b）所示，利用可调节的新风口，冬、夏按最小新风量运行，过渡季节尽量多采用新风。这种方式投资省，节约建筑空间，虽然新风得到比较好的保证，但随着新风负荷的变化，室内参数将直接受到影响，因而这种系统适用于室内参数要求不高的建筑物。而且新风口还会破坏建筑物表面，增加室内污染和噪声，所以要求高的地方也不宜采用。

（3）由独立的新风系统提供新风，即把新风处理到一定的参数，由风管系统送入各个房间，如图 10-23（c）、（d）所示。这种方案既提高了系统的调节和运行的灵活性，且进入风机盘管的供水温度可适当调节，水管的结露现象可得到改善。这种系统目前被广泛采用。

1）新风管单独接入室内。这时送风口可以紧靠风机盘管的出风口，也可以不在同一地点，但从气流组织的角度来说，两者混合后再送入工作区比较好。

2）新风接入风机盘管机组。新风和回风先混合，再经风机盘管处理后送入房间。这种方法，由于新风经过风机盘管机组，增加了机组风量的负荷，使运行费用增加和噪声增大。此外，由于受热湿比的限制，盘管只能在湿工况下运行。

10.4.3 独立新风系统空气处理过程的分析

采用独立新风的风机盘管空调系统主要有以下几种方式：

1. 新风处理到室内干球温度（$t_L = t_N$）

如图 10-24（a）所示，这种方式风机盘管机组承担室内冷负荷、部分新风冷负荷和湿负荷，新风机组承担部分新风冷负荷和湿负荷。这时，风机盘管机组负荷较大，在湿工况下运行，卫生条件较差。新风机组处理的焓差小，冷却去湿能力不能充分发挥。

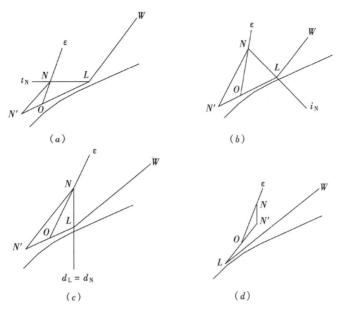

图 10-24　独立新风系统的空调方式

2. 新风处理到室内焓值（$i_L = i_N$）

如图 10-24（b）所示，该方式风机盘管机组承担室内冷负荷、湿负荷和部分新风湿负荷，新风机组承担新风冷负荷和部分新风湿负荷。风机盘管机组在湿工况下运行。

3. 新风处理到室内等含湿量线上（$d_L = d_N$）

如图 10-24（c）所示，该方式风机盘管承担部分室内冷负荷、湿负荷，新风机组承担新风冷负荷和湿负荷，部分室内冷负荷。盘管在湿工况下运行。

4. 新风处理到低于室内含湿量（$d_L < d_N$）

如图 10-24（d）所示，此方式风机盘管承担室内人体、照明和日射得热引起的瞬变负荷，新风机组承担新风负荷和室内湿负荷。这时，风机盘管机组的负荷较小，要求的冷水温度较高，盘管在干工况下运行，卫生条件较好。但是，新风机组要求的冷水温度较低，新风处理的焓差较大（$\Delta i \geqslant 40 \mathrm{kJ/kg}_{干空气}$），需要 6～8 排盘管，一般的新风机组和表冷器难以满足，因而这种方式适用于室内湿负荷不大的场合。否则新风机组需要设置二次加热器。这种处理方法欧美国家用得较多。

10.4.4　夏季空调过程设计

通常把新风处理到等于室内焓值（$i_L = i_N$），根据新风和回风混合的情况，有以下两种处理方式。

1. 新风管单独接入室内

这时新风直接送入室内，与经过盘管冷却去湿后的室内回风混合后达到室内送风状态点，如图 10-25（a）所示，空气处理过程为：

$$W \xrightarrow{\text{冷却减湿}} L \xrightarrow{\text{风机温升}} L' \left.\begin{array}{c} \\ \\ \end{array}\right\} \xrightarrow{\text{混合}} O \xrightarrow{\varepsilon} N$$
$$N \xrightarrow{\text{冷却减湿}} N'$$

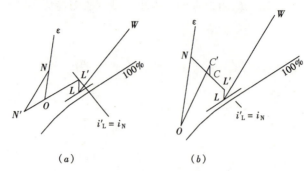

（a）　　　　　　　　　（b）

图 10-25　新风处理到室内焓值（$i_L = i_N$）

空调过程的设计可按以下步骤进行：

（1）根据设计条件确定室外状态点 W 和室内状态点 N。

（2）确定新风处理后的终状态 L'。

根据室内空气 i_N 线、新风处理后的机器露点的相对湿度和风机温升 Δt 即可确定新风处理后的机器露点 L 及温升后的 L' 点。

（3）确定室内送风状态点 O。

过室内状态点 N 作热湿比线 ε，ε 线与相对湿度 $\varphi = 90\% \sim 95\%$ 的交点就是室内送风状态点 O，也可按送风温差 Δt_O 确定 O 点。

由于风机盘管在绝大多数场合是用于舒适性空调，一般对送风温差无严格限制，所以应尽量使风机盘管出口的空气状态接近机器露点，以提高盘管的处理效率。送风状态点 O 确定之后，即可计算出空调房间的送风量：

$$G = Q/(i_N - i_O) \tag{10-26}$$

（4）确定风机盘管处理后的状态点 N'。

连接 $\overline{L'O}$ 并延长到 N'，使 $\overline{L'O}/\overline{ON'} = G_N/G_W$

则 N' 就是风机盘管处理空气的出口状态点。

式中　G_W——新风量，kg/s；

　　　G_N——风机盘管处理的空气量，kg/s，$G_N = G - G_W$。

由混合原理：

$$G_W/G_N = (i_O - i_{N'})/(i_{L'} - i_O)$$
$$G_W/G_N = (d_O - d_{N'})/(d_{L'} - d_O)$$

可得：

$$\left.\begin{array}{l} i_{N'} = i_O - (i_{L'} - i_O)G_W/G_N \\ d_{N'} = d_O - (d_{L'} - d_O)G_W/G_N \end{array}\right\} \tag{10-27}$$

（5）确定新风负担的冷量和盘管负担的冷量。

新风负担的冷量为：

$$Q_O = G_W(i_W - i_L) \tag{10-28}$$

盘管负担的冷量为：

$$Q'_O = G_N(i_N - i_{N'}) \tag{10-29}$$

2. 新风接入风机盘管机组

这时新风先与室内回风混合，再经盘管冷却去湿处理到室内送风状态点送入房间，由于新风经过风机盘管机组，增加了机组风量的负荷，造成运行费用增加和噪声增大。这种情况下的空调过程如图 10-25（b）所示。空气处理流程为：

$$W \xrightarrow{\text{冷却减湿}} L \xrightarrow{\text{风机温升}} \left.\begin{array}{c} L' \\ N \end{array}\right\} \xrightarrow{\text{混合}} C \xrightarrow{\text{风机温升}} C' \xrightarrow{\text{冷却减湿}} O \xrightarrow{\varepsilon} N$$

空调过程的设计可按以下步骤进行：

（1）确定室内的总送风量 G。

过室内状态点 N 作热湿比线 ε，ε 线与 $\varphi = 90\% \sim 95\%$ 的等相对湿度线相交确定出送风状态点 O，送风状态点 O 确定之后，即可计算出空调房间的送风量为：

$$G = Q / (i_N - i_O) \tag{10-30}$$

（2）确定 L' 点和机器露点 L。

根据新风机组出口空气状态 L' 点的焓值等于室内焓值（$i_{L'} = i_N$），新风机组的风机温升可确定出 L' 点和机器露点 L，机器露点 L 应当在相对湿度 $\varphi = 90\% \sim 95\%$ 的范围内。

（3）确定混合状态点 C 和 C' 点。

由

$$G_W / G = (d_C - d_N) / (d_{L'} - d_N)$$

可得混合状态点 C 的含湿量为：

$$d_C = d_N + (d_{L'} - d_N) G_W / G = d_N + m(d_{L'} - d_N) \tag{10-31}$$

等含湿量线 d_C 与 $\overline{NL'}$ 连线的交点即为混合状态点 C。然后根据风机盘管温升即可在 d_C 含湿量线上确定出 C' 点。

（4）确定新风负担的冷量和盘管负担的冷量。

新风负担的冷量为：

$$Q_O = G_W (i_W - i_L) \tag{10-32}$$

盘管负担的冷量为：

$$Q_{O'} = G (i_{C'} - i_O) \tag{10-33}$$

【例 10-5】 北京地区某空调客房采用风机盘管加独立新风系统，夏季室内设计参数为 $t_N = 25℃$，$\varphi_N = 60\%$。夏季空调室内冷负荷 $Q = 1.1\text{kW}$，湿负荷 $W = 204\text{g/h}$，室内设计新风量 $G_W = 72\text{kg/h}$，试进行夏季空调过程计算。

【解】 按新风处理到室内焓值、单独进入室内的情况计算。空调过程如图 10-26 所示，图中忽略了风机风管温升对空调过程的影响。

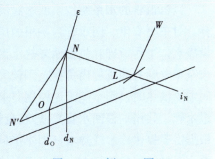

图 10-26　例 10-5 图

（1）由北京地区夏季空调室外计算参数 $t_W = 33.2℃$，$t_{sh} = 26.4℃$，以及室内设计条件，在 i-d 图上确定室内外状态点 N、W 的焓值为：

$$i_W = 82.5 \text{kJ/kg}, \; i_N = 55.8 \text{kJ/kg}$$

（2）确定新风处理后的状态点 L

根据题设条件，过室内状态的等焓线与 $\varphi_N = 95\%$ 等相对湿度线的交点即为 L 点，且有 $i_L = i_N = 55.8 \text{kJ/kg}$。

（3）确定室内送风状态点 O

计算室内热湿比：

$$\varepsilon = Q/W = 1100 \times 3600/204 = 19411 \text{kJ/kg}$$

过室内状态点 N 作 $\varepsilon = 19411$ 的热湿比线与相对湿度 $\varphi = 93\%$ 等相对湿度线相交，即可确定出室内送风状态点 O，该点的焓为 $i_O = 46 \text{kJ/kg}$。

（4）确定空调房间的送风量 G：

$$G = Q/(i_N - i_O) = 1.1/(55.8 - 46) = 0.112 \text{kg/s}(404 \text{m}^3/\text{h})$$

（5）确定风机盘管出口状态点 N'：

$$由 \; G_L/G_W = (i_L - i_O)/(i_O - i_{N'})$$
$$i_{N'} = i_O - (i_L - i_O)G_W/G_L$$
$$= 46 - (55.8 - 46) \times 72/(404 - 72)$$
$$= 43.9 \text{kJ/kg}$$

（6）确定新风负担的冷量：

$$Q_O = G_W(i_W - i_L)$$
$$= (82.5 - 55.8) \times 72/3600$$
$$= 0.534 \text{kW}$$

（7）确定风机盘管负担的冷量：

$$Q_{O'} = G_L(i_N - i_{N'})$$
$$= (55.8 - 43.9) \times (404 - 72)/3600$$
$$= 1.098 \text{kW}$$

10.4.5 风机盘管水系统

风机盘管的水系统按供回水管的根数可分为双水管系统、三水管系统和四水管系统三种。对于具有供、回水管各一根的风机盘管水系统，称为双水管系统，冬季供热水，夏季供冷水，工作原理和机械循环热水供暖系统相似。这种系统形式简单，投资少，但对于要求全年空调且建筑物内负荷差别较大的场合，如在过渡季节中有的房间需要供冷，有的房间需要供热时，则不能满足使用要求。在这种情况下，可以采用三水管系统（两根冷热水进水管、共用一根回水管），即在盘管进口处没有程序控制的三通阀，由室内恒温器控制，根据需要提供冷水或热水（但不能同时通过），这种系统能很好满足使用要求，但由于有混合损失，能量消耗大。更为完善的系统是四水管系统，这种系统有两种做法：一种是在三水管基础上加一根回水管；另一种做法是把盘管分成冷却和加热两组，使水系统完全独立。采用四管系统，初投资较高，但运行很经济，因为大多可由建筑物内部热源的热泵提供热量，而对调节室温具有较好的效果。四管系统一般在舒适性要求很高的建筑物内采用。图 10-27 是四水管系统的两种连接方法。

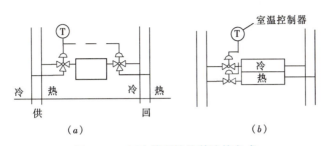

图 10-27　四水管系统及其连接方式

　　风机盘管机组系统的水管设计与供暖管路有许多相同之处，例如，管路同样要考虑必要的坡度，设置放气装置，以排除管路内的空气，防止产生气堵；系统应设置膨胀水箱（开放式和闭式）；大多数风机盘管机组系统中应设置凝结水管（干工况除外）。供暖管路的设计方法大多可用于风机盘管机组系统的水管设计之中，参见《供热工程》等相关书目。

10.5　分散式空调系统

　　在一些建筑物中，如果只是少数房间有空调要求，这些房间又很分散，或者各房间负荷变化规律有不同，显然用集中式或半集中式空调系统是不适宜的，应采用分散式空调系统。

　　分散式空调系统实际上是一个小型空调系统，采用直接蒸发或冷媒冷却方式，它结构紧凑，安装方便，使用灵活，是空调工程中常用的设备。小容量空调设备作为家电产品大批量生产。

10.5.1　构造类型

1. 按容量大小分

　　(1) 窗式：容量小，冷量在 7kW 以下，风量在 0.33m³/s（1200m³/h）以下，属小型空调机。一般安装在窗台上，蒸发器朝向室内，冷凝器朝向室外，如图 10-28 所示。

　　(2) 挂壁机和吊装机：容量小，冷量在 13kW 以下，风量在 0.33m³/s（1200m³/h）以下，如图 10-29 所示。

　　(3) 立柜式：容量较大，冷量在 70kW 以下，风量在 5.55m³/s（20000m³/h）以下。立柜式空调机组通常落地安装，机组可以放在室外，如图 10-30 所示。

2. 按制冷设备冷凝器的冷却方式分

　　(1) 水冷式：容量较大的机组，其冷凝器采用水冷式，用户必须具备冷却水源，一般用于水源充足的地区，为了节约用水，大多数采用循环水。

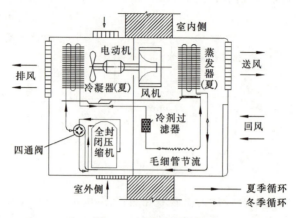

图 10-28　窗式空调机

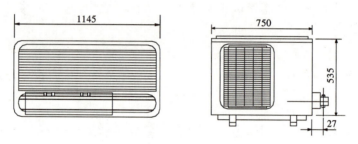

图 10-29　挂壁机和吊装机

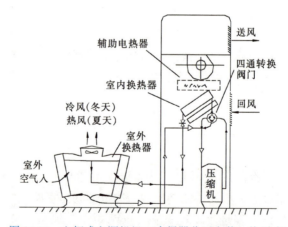

图 10-30　立柜式空调机组（冷凝器分开安装，热泵式）

（2）风冷式：容量较小的机组，如窗式空调，其冷凝器部分在室外，借助风机用室外空气冷却冷凝器。容量较大的机组也可将风冷冷凝器独立放在室外。风冷式空调机不需要冷却塔和冷却水泵，不受水源条件的限制，在任何地区都可以使用。

3. 按供热方式分

（1）普通式：冬季用电加热器供暖。

（2）热泵式：冬季仍用制冷机工作，借助四通阀的转换，使制冷剂逆向循环，把原蒸发器当作冷凝器、原冷凝器作为蒸发器，空气流过冷凝器被加热作为供暖用。

4. 按机组的整体性来分

（1）整体机：将空气处理部分、制冷部分和电控系统的控制部分等安装在一个罩壳内形成一个整体。结构紧凑，操作灵活，但噪声振动较大。

（2）分体式：把蒸发器和室内风机作为室内侧机组，把制冷系统的蒸发器之外的其他部分置于室外，称为室外机组。两者用冷剂管道相连接。可使室内的噪声降低。在目前的产品中也有用一台室外机与多台室内机相匹配。由于传感器、配管技术和机电一体化的发展，分体式机组的形式可有多种多样。

10.5.2　空调机组的性能和应用

1. 空调机组的能效比（EER）

能效比也称制冷性能系数，空调机组的能耗指标可用能效比来评价：

$$能效比 = \frac{机组名义工况下制冷量（W）}{整机的功率消耗（W）}$$

机组的名义工况（又称额定工况）制冷量是指国家标准规定的进风湿球温度、风冷冷凝器进口空气的干球温度等检验工况下测得的制冷量。最新颁布的《房间空气调节器能效限定值及能效等级》GB 21455—2019 中，将空调的能效比划分为五个等级，其中一、二级能效等级为节能型产品，一级能效空调机 EER≥3.6，二级能效空调机 EER≥3.4，三级能效空调机 EER≥3.2。

2. 空调机组的选定

空调机组的选定应考虑以下几个方面：

（1）确定空调房间的室内参数，计算热、湿负荷，确定新风量。

（2）根据用户的实际条件与要求、空调房间的总冷负荷（包括新风负荷）和空气在 i-d 图上实际处理过程的要求，查用机组的特性曲线和性能表（不同进风湿球温度和不同冷凝器进水温度或进风干球温度下的制冷量），使冷量和出风温度符合工程的设计要求。不能只根据机组的名义工况来选择机组。

3. 空调机组的应用

空调机组的开发和应用应满足人们生产和生活不断发展的需要，力求产品的多样化、系列化、机组结构优化和控制自动化，并向人工智能方向发展。

从目前来看，空调机组的应用大致有以下几种：

（1）个别方式：作为典型的局部地点使用。在建筑物内个别房间设置，彼此独立工作，相互没有影响。住宅建筑中多采用这种空调方式，并向人工智能方向发展。

（2）多台合用方式：对于较大的空间，使用多台空调机联合工作。这种空调方式可以接风管，也可以不接风管，只要使空调空间内空气分布均匀，噪声水平低，满足温湿度要求即可。常使用的场合有：会议室、食堂、电影院、车间等。

（3）集中化使用方式：为有效利用空调机组的冷热量，提高运转水平，在建筑物内大量使用时，由个别方式发展为集中系统方式。

10.6 变风量空调系统

普通集中式空调系统的送风量是全年固定不变的，并且按房间最大热、湿负荷确定送风量，成为定风量系统（Constant Air Volume System，CAV 系统）。实际工程中，由于空调系统大部分时间在部分负荷下运行，当室内负荷减少时，定风量系统是靠调节再热量以提高送风温度（减少送风温差）来维持室温不变。这样既浪费热量，又浪费冷量，因此，变风量系统（Variable Air Volume System，VAV 系统）应运而生，如图 10-31 所示。

10-5

变风量空调系统

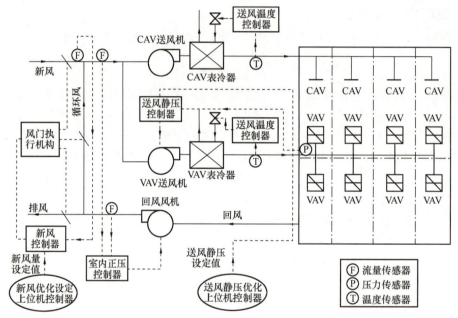

图 10-31 变风量系统原理图

VAV 系统 20 世纪 60 年代源于美国，20 世纪 80 年代开始在欧美、日本等国得到迅速发展，经过多年的普及和发展，目前采用 VAV 技术的多层建筑与高层建筑已达 95%。其主要特点是，当室内负荷降低时，VAV 系统通过调节送入房间的风量来适应负荷的变化，同时在确定系统总风量时还可以考虑一定的同时使用情况，能够节约风机运行能耗和减少风机装机容量，也可一定程度减少制冷机的冷量。对于大容量的空调系统，节能效果尤为明显。有关文献介绍，VAV 系统与 CAV 系统相比大约可以节约风机耗能 30%～70%。

10-6

VAV 系统的末端装置

10.6.1 VAV 系统的末端装置

按照负担室内空调负荷所采用的介质分类，VAV 系统属于全空气系统的一种。从设备设置看，VAV 系统除有集中空调机房外，在送风的末端还设有变风量装置，称为"末端装置"。集中空调机房把空气处理到送风状态后，由风道把空气输送到各个房间，各间的送风量大小由变风量末端装置调节，以适应负荷的变化，维持室内温度。

VAV 系统运行效果，取决于空调系统设计是否合理、VAV 末端装置的性能优劣以及控制系统的整定和调试。其中，合理的系统设计是基础，末端装置的性能是关键。

1. 节流型末端装置

目前使用最多的一种变风量末端装置，其调节原理是通过改变流通空气的通道截面面积而改变风量，包含文氏管型变风量末端装置及带风速传感器的电子式变风量末端装置。如图 10-32 所示为文氏管型变风量末端装置，其阀体呈文氏管状，具有两个独立的动作部分：一部分是"变风量机构"，即随着室内负荷变化由室内恒温调节器的信号控制椎体位置，改变椎体与管道之间的通道面积，从而调节风量；另一部分是"定风量机构"，即依靠椎体构件内弹簧的补偿作用来平衡上游风管内静压的变化，使风口的风量保持不变。

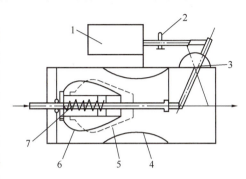

图 10-32　节流型变风量末端装置
1—执行机构；2—限位器；3—刻度盘；4—文氏管；
5—定流量控制和压力补偿时的位置；6—椎体；
7—压力补偿弹簧

节流型末端装置的特点：

（1）根据负荷变化自动调节送风量，当系统中有其他末端装置在进行风量调节导致风管内静压变化时，节流型末端装置一般都有定风量装置，有稳定风量的功能，故设计和施工得以简化。末端装置运行时产生的噪声不应对室内环境造成不利影响。

（2）当风量过小时，会产生以下不利影响：新风量不易保证；对于散湿量较大的房间，难以保持一定的相对湿度；室内气流组织会受到一定影响。要克服上述缺点，需要增加系统静压、室内最大风量和最小风量、室外新风量等的控制环节，系统的造价会有所提高。

（3）送风口节流后，风机与风道联合工作的特性变化了，使得管内静压升高，为了进一步节能，应在风道内设静压控制器调节风机风量。

2. 旁通型末端装置

旁通型变风量末端装置在负荷减少时，部分空气会经过吊顶由旁通风道送回空气处理机组中，而空调系统的风机风量不会发生变化（图 10-33）。旁通型末端装置的工作原理是：在送风量不变的情况下，进入空调房间的风量是可以根据负荷变化进行改变。其设在旁通风口与送风口上的风阀，与电动或气动执行机构相连接，控制送入空调房间内的空气量和直接作为回风返回风道的气流量的比例，以根据空调房间内负荷的变化，随时改变送风量，既节省了系统的能耗，又满足了空调房间对送风的要求。该装置是一种简单的控制温度的方法，通常用于节能要求不高，小规模且投资不大的系统中。

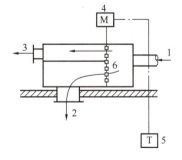

图 10-33　旁通型变风量末端装置
1—进风；2—送风；3—旁通风；
4—执行机构；5—温度控制器；
6—风门

旁通型末端装置的特点：

（1）系统风道内静压变化不大，不会产生噪声。

（2）当室内负荷减少时，不必增加再热量，但风机动力没有节约且需要增设回风道。

10.6.2　VAV 系统的适用性

VAV 系统具有如下适用性：

（1）运行经济、节能，由于风量随负荷的减小而降低，所以冷量、风机功率接近建筑物空调负荷的实际需要。在过渡季节也可以尽量利用室外新风冷量。

（2）各个房间的室内温度可以个别调节，每个房间的风量调节直接受装在室内的恒温器控制。

（3）具有一般低速集中空调系统的优点。如可以进行较好的空气过滤、消声等，并有利于集中管理。

（4）不像其他系统那样，始终能保证室内换气次数、气流分布和新风量，当风量过低而影响气流分布时，则只能以末端再热来代替进一步降低风量。

在高层建筑和大型建筑中的内区，由于没有多变的建筑传热、太阳辐射等负荷，室内全年或多或少有余热，全年需要送冷风，用 VAV 系统较为合适。但在建筑物外区有时仍可用 CAV 系统或空气—水系统等，以满足冬季和夏季内区和外区的不同要求。

10.7　多联机空调系统

10-7

多联机空调系统

多联机空调系统，又称变制冷剂流量空调系统（Varied Refrigerant Volume，VRV 系统），最先由日本研制成功，20 世纪 90 年代初被引入我国，因其部分负荷运行时能效比较高、季节能效比较高等优点被广泛应用于中小型建筑和部分公共建筑中。

多联机俗称"一拖多"，指的是一台室外机通过配管连接两台或两台以上室内机，室外侧采用风冷换热形式，室内侧采用直接蒸发换热形式的一次制冷剂空调系统（图 10-34）。按照负担室内空调负荷所采用的介质分类，多联机空调系统属于制冷剂系统的一种。

图 10-34　多联机空调系统

外机主要包含一到三个压缩机（一个模块）、配套的风冷式换热器（夏季冷凝器，冬季蒸发器）、四通阀、膨胀阀、控制板等。内机是一个风机、一个换热器（夏季蒸发器，冬季冷凝器）。其余的是管路系统：冷媒管路连接室外机和室内机，一般一台外机带 2～18 台内机，有时一组外机甚至可带到 60～70 台内机。信号线跟冷媒管路一起铺设；冷凝水系统将室内机产生的冷凝水排到下水点。

由于 VRV 系统只是输送制冷剂到每个房间的分机，所以不需要设计独立的风道（新风系统另外安排风道），做到了设备的小型化和安静化。与常规水系统相比没有水泵，不通过水做载冷剂，采用制冷剂直接蒸发式，同等冷量下，换热面积小，内机尺寸紧凑，便于安装与装饰配合。

多联机空调系统的优点是：

（1）节约能源、运行费用低。

（2）节省空间，独立系统，分散组合，充分满足建筑物分区控制的需要。

（3）控制先进，运行可靠，维修方便。

（4）机组适应性好，制冷制热温度范围宽。

（5）设计自由度高，安装和计费方便。

VRV 系统的缺点是技术要求高，且初投资费用高。

VRV 系统设计与施工的技术要求可参考规范《多联机空调系统工程技术规程》JGJ 174—2010。

10.8　温湿度独立控制空调系统

空调是建筑能耗的主要部分，室内的温度、湿度控制是空调系统的主要任务。目前，常见的空调系统都是通过向室内送入经过处理的空气，依靠与室内的空气交换完成温湿度控制任务。然而单一参数的送风很难实现温湿度双参数的控制目标，这就往往导致温度、湿度不能同时满足要求。由于温湿度调节处理的特点不同，同时对这二者进行处理，也往往造成一些不必要的能量消耗。

10.8.1　温湿度独立控制空调系统的基本原理

温湿度独立控制空调系统将温度与湿度独立处理，可以避免常规空调系统热湿耦合处理带来的问题，能够有效提高空调系统的能源利用效率。其特点是用干燥新风通过变风量方式调节室内湿度，用高温冷水通过独立的末端（辐射方式或对流方式）调节室内温度。

1. 系统的组成

如图 10-35 所示，温湿度独立控制空调系统的基本组成为：处理显热的系统和处理潜热的系统，两个系统独立调节分别控制室内的温度与湿度。处理显热的系统包括：高温冷源、余热消除末端装置，采用水作为输送媒介。处理潜热（湿度）的系统包括：新风处理机组、送风末端装置，采用新风作为能力输送的媒介，同时满足室内空气品质的要求。

温湿度独立控制空调系统的四个主要设备分别为：高温冷水机组（出水温度 18℃ 左右）、新风处理机组（制备干燥新风）、去除显热的室内末端装置、去除潜热的室内送风末端装置。其中核心设备是新风处理机组和室内显热控制末端装置。

2. 新风处理机组

溶液除湿型空气处理机组是温湿度独立控制空调系统中最常用的新风处理机组，它采

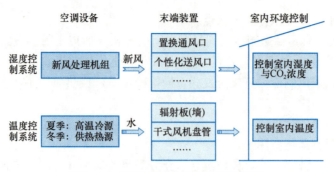

图 10-35　温湿度独立控制空调原理图

用具有调湿性能的盐溶液作为工作介质，利用溶液的吸湿与放湿特性实现对空气的除湿与加湿处理过程（图 10-36）。盐溶液与空气中的水蒸气分压力差是二者进行水分传递的驱动。当溶液表面的蒸气压力低于空气中的水蒸气分压力时，溶液吸收空气中的水分，空气被除湿；当溶液表面的蒸气压力高于空气中的水蒸气分压力时，溶液中的水分进入空气中，溶液被浓缩再生，空气被加湿。

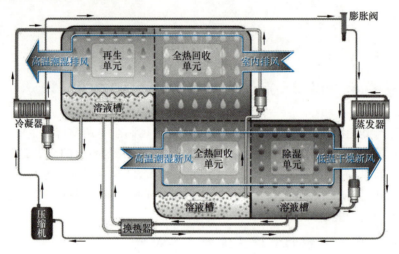

图 10-36　溶液除湿新风机组原理及空气处理过程

10.8.2　温湿度独立控制空调系统的特点

温湿度独立控制空调系统与常规空调系统相比具有以下优势：

（1）采用温湿度独立控制的空调方式，机组效率大大增加，夏季热泵式溶液调湿新风机组 COP（性能系数）在 5.5 以上，水源热泵 COP（性能系数）也可达到 8.5 以上。

（2）溶液可有效去除空气中的细菌和可吸入颗粒，有益于提高室内空气品质。

（3）系统无冷凝水的潮湿表面，送风空气品质高，确保室内人员舒适健康。

（4）真正实现室内温度、湿度独立调节，精确控制室内参数，提高人体舒适性。

（5）除湿量可调范围大，可精确控制送风温度和湿度，即使对于潜热变化范围较大的房间（如会议室），也能够始终维持室内环境控制要求。

（6）热泵式溶液调湿新风机组与水源热泵均可冬夏两用，与常规系统相比，可以节省蒸气锅炉与热水换热器的投资费用。

温湿度独立控制空调系统作为一种全新的空调模式，主要应用于对室内湿度有严格要求或空气品质要求比较高的场合，其优越的节能性和舒适性受到普遍的认可。但是，该系统目前由于受技术上的限制还有很多地方需要改进，相信随着技术的进步和理论上的突破，温湿度独立控制空调系统将会有很大的发展前景。

🔍 拓展小课堂

对各类空调系统的学习，不仅能帮助同学们正确进行空调系统选择和计算，也能锻炼其发现问题、独立思考、解决问题的能力，培养不断接纳新技术的探究精神；在空调工程中变风量空调系统、多联机空调系统、温湿度独立控制空调系统这三种新型空调系统学习的过程中，培养社会担当和责任意识。

单元小结 🔍

本教学单元讲述了空气调节系统的各种分类方法，并对常见的几类空调系统进行了详细分析。尤其分析了普通集中式空调系统分类原则、一次回风和二次回风两种典型的集中式空调系统的夏季、冬季处理方案；分析了风机盘管式空调系统夏季空气处理过程，分析了分散式空调系统的特点和应用；分析了空调工程中变风量空调系统、多联机空调系统、温湿度独立控制空调系统三种应用较广泛的新型空调系统的工作原理和特点。

思考题与习题 🔍

1. 怎样确定空调房间和系统的新风量？

2. 试分别说明一、二次回风系统的特点和运用场合。

3. 一次回风系统的需冷量由哪几部分组成？

4. 风机盘管、空调系统的新风供给方式有几种，各有什么优缺点？

5. 空调房间夏季负荷 $Q=5.00\text{kW}$，余湿量很小可忽略不计，室内设计参数 $t_N=26℃$，$\varphi_N=60\%$ 已知当地夏季空调室外计算参数 $t_W=35℃$，$i_W=90\text{kJ/kg}$，大气压力 $B=101325\text{Pa}$，现采用一次回风系统处理空气，室内允许波动范围为 $\pm0.5℃$，新风比为 15%，试求空气处理所需的冷量。

6. 北京地区某空调客房采用风机盘管加独立新风系统，夏季室内设计参数为 $t_N=26℃$，$\varphi_N=60\%$。夏季空调室内冷负荷 $Q=1.4\text{kW}$，湿负荷忽略为零，室内设计新风量 $G_W=65\text{kg/h}$，试进行夏季空调过程计算。

7. VAV 系统的适用范围如何，为什么不能适用于所有的空调系统？

8. VAV 系统如何根据负荷变化来调节风量？VAV 系统的最小新风量如何确定？为何有最小新风量？

9. 为什么 VAV 系统的风管设计不需要精确计算？

教学单元11
空气的净化处理

11-1

空气的净化
处理

教学单元概述

　　本教学单元主要讲述净化空调系统的特点、净化空调与一般空调的区别，同时讲述了室内空气品质及室内空气净化处理方法。在认识室内空气净化标准的基础上，使同学们掌握净化空调系统的主要形式，具备以过滤器为主要处理设备除去空气中的悬浮尘埃、细菌、有毒有害气体、除臭、增加空气离子等的系统设计与选型能力，以及具备对室内空气质量进行主观、客观评价的方法和初步能力。

知识目标

　　1. 掌握室内空气的净化标准；
　　2. 掌握净化空调系统的主要形式和特点；
　　3. 熟悉过滤器的分类及主要性能指标；
　　4. 了解室内空气质量主观、客观评价的方法，了解室内空气净化的其他装置。

能力目标

　　1. 能根据室内空气的净化标准，进行过滤器的选型计算；
　　2. 能对室内空气质量进行主观、客观评价。

空气调节系统中所处理空气的来源，一般是新风和回风二者的混合空气。新风由于室外大气环境的污染而被污染；回风则因室内人的活动、室内燃烧设备产生有害物、建筑材料污染物散发、生产和工艺过程等而被污染。空气中的污染物对人体不利，还会影响室内设备、家具的使用寿命，甚至还会影响生产工艺的正常进行。因此，在空气调节系统中设置过滤器和其他净化空气的装置是十分必要的。所谓净化处理，主要是指以过滤器为主要处理设备除去空气中的悬浮尘埃、细菌、有毒有害气体、除臭、增加空气离子等。

随着现代工业和科学技术的发展，为保证产品的质量、精度和高成品率等，需要有高洁净程度的生产环境。例如，电子、精密仪器等工业对空气环境的洁净要求，远远超过人体卫生标准。随着现代生物技术的发展，一些制药厂、医院手术室、医学实验室等，要求无菌无尘，这些洁净房间称为"生物洁净室"。

本教学单元主要介绍净化空调系统、室内空气品质及室内空气处理方法。

11.1　室内空气的净化标准

目前，一般工业和民用空调工程中，按空气中含尘浓度的多少，通常将空气净化标准分为三类：

一般净化：对于以温湿度要求为主的空调系统，对室内含尘浓度无具体要求，往往采用粗效过滤器一次过滤即可。大多数空调系统都属此类。

中等净化：对室内空气含尘浓度有一定的要求，通常用质量浓度表示，如在大型公共建筑中空气中悬浮微粒的质量浓度$\leqslant 0.15\text{mg}/\text{m}^3$。

超净净化：对室内空气含尘浓度提出了严格要求。由于尘粒对工艺的有害程度与尘粒的大小和数量有关，所以洁净指标按照环境空气含有的微粒数量的多少来确定，即以单位体积空气中的最大允许尘粒微粒数（指大于某一粒径的总数），以颗粒浓度来划分空气洁净度的等级。

洁净度等级的命名方法各国有所不同，我国是以$n \times 35$表示每立方米空气中$\geqslant 0.5\mu\text{m}$的粒子数，其中n为等级。

我国洁净室级别的制订始于20世纪70年代，经过大量的实践，颁布了《洁净厂房设计规范》GB 50073—2013，规范除规定洁净等级外，对洁净厂房的总体设计、电气设计等有全面的规定。表 11-1 为我国空气洁净度等级。

表 11-1　我国洁净室（区）空气洁净度等级

等级	每立方米空气中≥0.5μm 尘粒数	每立方米空气中≥5μm 尘粒数
100 级	$\leqslant 35 \times 100$	
10000 级	$\leqslant 35 \times 10000$	$\leqslant 2000$
100000 级	$\leqslant 35 \times 100000$	$\leqslant 20000$
300000 级	$\leqslant 105 \times 100000$	$\leqslant 60000$

由多个国家的空气洁净技术学会联合组成的国际"洁净室及相关控制环境"标准制订委员会制定的 ISO/TC209 国际标准，不仅包括洁净室的级别、设备和装置的标准、试验方法等，还涉及可见与不可见粒子、室内温湿度、表面污染、气流流型、生物洁净技术、生物危害分析与控制、室内照度等方面，该标准极大地推进了洁净技术的发展。

11.2 空气调节用过滤器

11.2.1 过滤器的形式

空气调节用过滤器也称空气过滤器，用于空调系统进气的净化，其作用机理是粉尘颗粒依靠筛滤、惯性碰撞、接触阻留、扩散、静电等综合作用而从空气中分离。

目前常用的过滤器有以下几种形式：

1. 粗效过滤器

滤料大多采用金属丝网、铁屑、瓷环、玻璃丝（直径大约 $20\mu m$）、粗孔聚氨酯泡沫塑料和各种人造纤维。

粗效过滤器过滤尘粒主要是利用惯性碰撞效应，为了便于更换，一般做成 500mm×500mm×50mm 的块状过滤器。

金属丝网、铁屑等材料制成的过滤器常浸油使用，可提高过滤效率，易于清洗和防止锈蚀，如图 11-1 所示。

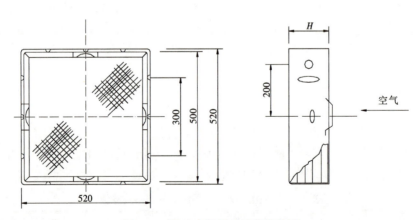

图 11-1 浸油金属网过滤器结构图

2. 中效过滤器

主要滤料是玻璃纤维（直径大约 $10\mu m$）、中细孔聚乙烯泡沫塑料和由涤纶、丙纶等原料制成的合成纤维。为了提高过滤效率并能处理较大的风量，一般做成抽屉式或袋式，如图 11-2 所示。

中效过滤器滤速不宜过大，一般为 0.25m/s 左右，否则会增大阻力，产生噪声。

3. 高效过滤器

高效过滤器必须在粗、中效过滤器的保护下使用。滤料多采用超细玻璃纤维、超细石棉纤维（直径大约 1μm）和微孔薄膜复合滤料等。滤料多做成薄膜状，为减少阻力，必须采用低滤速（每秒几厘米）。所以为了提高效率，将薄膜多次折叠，使其过滤面积为迎风面积的 50～60 倍，薄膜折叠后，中间的通道靠波纹分隔片分隔，如图 11-3 所示。

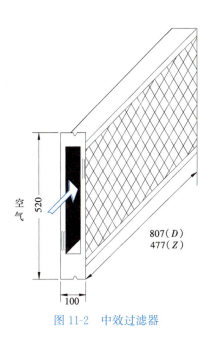

图 11-2　中效过滤器

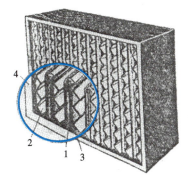

图 11-3　高效过滤器外形

1—滤纸；2—分隔片；

3—密封胶；4—木外框

高效过滤器中还有一种静电过滤器，其过滤原理是使颗粒尘埃在电场中带电，然后被极性相反的电极捕获，静电过滤器阻力小，由于使用的是高压电，在工作过程中会产生臭氧。

各种过滤器的分类及效率，见表 11-2。

表 11-2　空气过滤器的分类

过滤器类型	有效捕集粒径（μm）	适应含尘浓度	压力损失（Pa）	过滤效率(%)质量法	容尘量（g/m³）	备注
粗效过滤器	>5	中～大	30～200	70～90	500～2000	作高效、亚高效、中效过滤器前的预过滤器用（滤速以 m/s 计）
中效过滤器	>1	中	80～250	90～96	300～800	滤速以 dm/s 计
亚高效过滤器	<1	小	150～350	>90	70～250	滤速以 cm/s 计
高效过滤器	≥0.5	小	250～400	无法鉴别	50～70	
超高效过滤器	≥0.1	小	150～350	无法鉴别	30～50	过滤器迎面风速不大于 1m/s

续表

过滤器类型	有效捕集粒径（μm）	适应含尘浓度	压力损失（Pa）	过滤效率(%) 质量法	容尘量（g/m³）	备注
静电过滤器	<1	小	80～100	>99	60～75	

在公共建筑中，空气中会带有很多细菌且细菌是附着在尘埃上的，带菌的尘埃一般都较大，例如细菌（0.5～5μm）、病毒（0.003～0.5μm）等微生物，以群体存在，可视为 1～5μm 的微粒，附着在固体或液体颗粒上，悬浮于空气中，在有效地过滤掉空气中的大部分尘粒的同时，会相应地过滤掉大部分浮游细菌。从表 11-2 可看出，中效过滤器可以保证对人体可吸入颗粒物的过滤，亚高效以上的空气过滤器，可以有效地捕集空气中微生物，过滤后的空气基本无菌。但是，过滤器的效率越高，清洗与更换就越困难。

11.2.2 过滤器的主要性能指标

空气过滤器的性能可以用过滤效率、穿透率、气流阻力以及容尘量来评价。

1. 过滤效率

过滤效率是衡量过滤器捕获尘粒能力的一个特性指标，它是指在额定风量下，过滤器捕获的灰尘量与进入过滤器的灰尘量之比的百分数。也即过滤器前后空气含尘浓度之差与过滤器前空气含尘浓度之比的百分数，用 η 表示。

这里所说的过滤效率与袋式除尘器的过滤效率是一致的，不再赘述。

2. 穿透率

穿透率是指过滤后空气含尘浓度与过滤前空气含尘浓度之比的百分数，用 K 表示。

$$K = \frac{c_2}{c_1} \times 100\% \qquad (11-1)$$

穿透率和过滤效率的关系是：

$$K = 1 - \eta \qquad (11-2)$$

过滤器的穿透率能明确地表明过滤后空气含尘量。

3. 过滤器阻力

对于未沾尘的新纤维过滤器的阻力值，可由实验值近似整理为：

$$\Delta H = Av + Bv^2 \qquad (11-3)$$

式中　ΔH——阻力，Pa；

　　　v——过滤器迎风断面通过气流的速度，m/s。

A、B 均为实验系数。

公式中第一部分表示滤料阻力，第二部分表示过滤器结构阻力。

空气过滤器阻力是整个空调系统总阻力的主要组成部分，它随过滤器通过风量的增大而增大，所以，评价过滤器的阻力时，均以在额定风量时的阻力为依据。另外，当过滤器沾尘后，随沾尘量的增大阻力会逐步增加，其数值由生产厂家经试验决定。

4. 容尘量

在额定风量下，当过滤器上允许沾尘量达到最大值时，若沾尘量超过此值会使过滤器阻力过大，效率下降，此时过滤器所容纳的尘粒质量即为容尘量。

11.3 净化空调系统

净化空调系统是以保证空间空气的洁净度为主要目标，与一般的空调系统有所不同。

11.3.1 净化空调的基本形式

1. 全空间净化

以集中式净化空调系统对整个房间送风，造成全面的洁净环境。适合于室内要求相同的洁净度的场所，如图 11-4 所示。

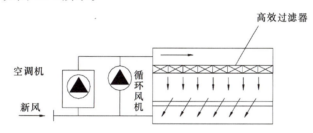

图 11-4 全空间净化空调系统示意图

2. 局部净化

以净化空调器或局部净化设备（如净化工作台、层流罩等），在空调房间的局部区域造成一定的洁净环境，适用于不需要全空间净化的场所，如图 11-5 所示。

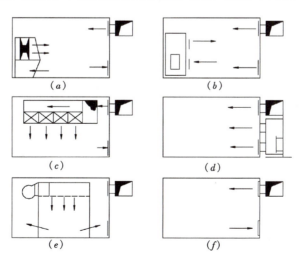

图 11-5 局部净化的几种方式

（a）室内设置洁净工作台；（b）室内设置空气自净器；（c）室内设置层流罩式装配式洁净小室；（d）走廊或套间设置空气自净器；（e）现场加工洁净小室；（f）送风口装设高效过滤器风机机组

3. 隧道形净化

如图 11-6 所示，以两条层流工作区和中间的紊流操作活动区组成隧道形洁净环境，是目前较为推广的净化方式。

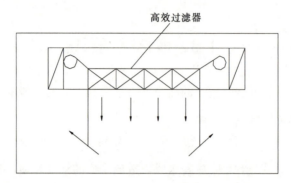

图 11-6　洁净隧道——棚式洁净隧道

11.3.2　净化空调实例

近年来，高大空间建筑物在工业和国防工程中的应用逐步增多。在以往的洁净空调工程中，对于洁净厂房多采用全空间净化的设计思路，能耗很大。但高大空间类型的洁净厂房，往往使用上并不要求全空间净化，只是对某一高度以下区域（工作区）有洁净度等级和温湿度控制要求。这里介绍一种洁净分层空调，它不仅较好地解决了非全空间净化的问题，而且在满足工艺条件的同时，缩短了工程的施工周期，大大减少了系统的循环处理风量和冷量，节约了初投资和运行费用。

工程实例：某高大洁净厂房（长 72m、宽 24m、高 22m），要求 14m 以下为洁净区，净化等级 10 万级，温度 $t_N=23℃\pm5℃$，相对湿度 $\varphi_N=35\%\sim55\%$。其剖面图如图 11-7 所示。

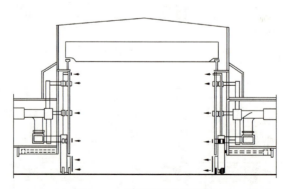

图 11-7　某洁净厂房剖面图

针对该高大洁净厂房的使用特点，采用洁净分层空调的方式来保证洁净工作区的温湿度和洁净度。在侧墙上均匀布置对吹的带高效过滤器的组合送风口装置，在厂房侧墙下部距地面 0.25m 高度附近均匀布置了带阻尼的回风口装置，构成了工作区分层侧送、集中侧下回的气流组织形式。同时，为了使 14m 以上非洁净工作区的空气从洁净度和温湿度上不形成死区，减少顶棚室外冷、热辐射对工作区的影响，又能把上部吊车工作中产生的尘埃粒子及时排走，并充分利用扩散到 14m 以上的洁净空气；在非洁净空调区布置了一排小型的带状回风口，形成了一个小的循环回风系统，可以大大减轻上部非洁净区域对下部洁净工作区的污染。

11.4　室内空气品质

统计资料显示，人们有 80% 以上的时间是在室内度过的，由于室内空气品质（Indoor air quality，简称 IAQ）不好所导致的病态建筑综合征（sick building syndrome）极大地影响了人们的身心健康和工作效率，由此而引起的工作效率降低和医疗费用增高等社会问题也已受到了广泛关注。

11.4.1　室内空气品质的定义

近十年来，发达国家的有关大学和研究机构投入了大量研究经费，进行了几百项 IAQ 方面的试验，召开了许多国际会议，创办了多种相关国际学术刊物，究其原因，主要有以下三个：

（1）因为室内是人们主要的生活和工作环境，现代人类在室内停留的时间越来越长，IAQ 质量的好坏，对人们的影响甚大；

（2）现代建筑大量采用墙漆、地毯等装饰性材料，这些材料散发大量的有毒有害物质，对室内空气的污染相当严重；

（3）现代建筑大部分装有空调系统，从节能角度考虑，通过空调系统进入室内的新风量减少。同时，空调系统也有可能由于运行管理不善而成为某些病菌病毒滋生的温床和交叉感染的有效途径。

最早对室内空气品质进行较为系统研究的是丹麦技术大学的 P. O. Fanger 教授，他在 1989 年 IAQ 品质会议上提出：品质反映了满足人们需要的程度，如果人们对空气满意，就是高质量；反之，就是低质量。英国的 CIBSE（Chartered Institution of Building Services Engineers）认为：少于 50% 的人能察觉到任何气味，少于 20% 的人感觉不舒服，少于 10% 的人感觉到黏膜刺激，并且少于 5% 的人在不足 2% 的时间内感到烦躁，则可认为此时的 IAQ 是可接受的。这两种定义的共同点是将 IAQ 完全变成了人们的主观感受。但是，房间内的有一些有害气体，如氡等，对人体是没有刺激作用的，但它们对人体的危害却很大，所以，仅凭主观感受是不能完全反映室内空气品质的。1996 年，美国供暖、制冷和空调工程师协会（ASHRAE）在 62—1989R 标准中，提出了"可接受的 IAQ"和"感受到的可接受 IAQ"的概念。"可接受的 IAQ"定义为：空调房间中绝大多数人没有对室内空气表示不满意，并且空气中已知污染物没有达到可能对人体健康产生严重威胁的浓度。"感受到的可接受 IAQ"定义为：空调空间中绝大多数人没有因为气味或刺激性表示不满，它是达到可接受的 IAQ 的必要而非充分条件。在这一标准中，室内空气品质包括了客观指标和人的主观感受两个方面的内容，比较科学和全面。

11.4.2 室内空气污染的特征

室内空气污染与室外大气污染不同，有着以下显著的特征。

1. 累积性

室内环境是相对封闭的空间，从污染物进入室内导致浓度升高，到排出室外至浓度趋于零，需要较长的时间。室内的建筑装饰材料、家具、地毯、复印机、打印机等都可能释放出一定的化学物质。如不采取措施，它们将在室内逐渐累积，构成对人体的危害。

2. 长期性

由于人们大部分的时间是处于室内环境中，即使浓度很低的污染物，在长期作用于人体后，也影响人体健康。

3. 多样性

室内空气污染既有生物性污染物，如细菌、病毒；又有化学性污染物，如甲醛、苯、氨、甲苯、一氧化碳、二氧化硫等；另外还有放射性污染物，如氡等。

室内空气污染物的来源既有室内污染源，如家庭装修用的人造板材、油漆等会释放出大量的有机污染物；也有来自室外污染源的污染物，如室外污染空气向室内的扩散。

因此，室内空气污染无论从污染物的种类上，还是污染物的来源上都具有多样性。室内污染物的种类及危害详见教学单元2。

对各类污染物在室内的浓度，目前都有专门的检测方法和检测仪器，一般来讲，室内污染物的检测分为样品处理及进样、样品分离、检测、数据处理四个步骤，现阶段的检测仪器如检测挥发性有机化合物（VOC）浓度的便携式气相色谱仪、检测甲醛浓度的甲醛测试仪等使用起来都很简单方便。

11.4.3 室内空气品质的评价标准

室内空气品质评价是认识室内环境的一种科学方法，是随着人们对室内环境重要性认识的不断加深所提出的新概念。室内空气品质评价分为主观评价和客观评价。

客观评价是直接用室内污染物指标来评价室内空气品质，由于涉及室内空气品质低浓度污染物太多，不可能每样都监测，需要选择具有代表性的污染物作为评价指标来全面、公正地反映室内空气品质的状况，例如，甲醛浓度是评价建筑材料有机性释放物（VOC）对室内空气污染的指标。大量的测试数据表明，即使在 IAQ 状况恶化，室内人员频繁抱怨时，室内低浓度的污染也很少有超标的；此外，由于人们对污染的反应有一定的个体差异，在相同的室内，人们会由于所处的精神状态、工作压力、性别等因素不同而产生不同的反应。因此，客观评价有一定的局限性，在对室内空气品质进行评价时还必须将各种主观因素考虑在内，建筑中人员主要停留房间室内空气污染物浓度要求执行国家现行标准《室内空气质量标准》GB/T 18883—2022 对室内空气质量的客观规定，表 11-3、表 11-4 分别为室内环境质量分级基准和室内空气品质等级。

表 11-3 环境质量分级基准

分级	特点
清洁	适宜人类生活

分级	特点
未污染	各环境要素的污染物均不超标,人类生活正常
轻污染	至少有一个环境要素的污染物超标,除了敏感者外,一般不会发生急慢性中毒
中污染	一般有 2～3 个环境要素的污染物超标,人群健康明显受害,敏感者受害严重
重污染	一般有 3～4 个环境要素的污染物超标,人群健康受害严重,敏感者可能死亡

表 11-4　室内空气品质等级

综合指数	室内空气品质等级	等级评语	综合指数	室内空气品质等级	等级评语
≤0.49	Ⅰ	清洁	1.50～1.99	Ⅳ	中污染
0.50～0.99	Ⅱ	未污染	≥2.00	Ⅴ	重污染
1.00～1.49	Ⅲ	轻污染			

主观评价是利用人自身的感觉器官进行描述和评判。主观评价主要有两个,一是表达对环境因素的感觉;二是表述环境对健康的影响。室内人员对室内环境接受与否是属于评判性评价;对空气品质感受程度则属于描述性评价。常用方法有培养专人进行感官分析,也有采用对大量人群进行调查的方法。调查表采用选择法对各种感觉程度进行量化,为提高可信度有时还对被调查人员背景资料进行调查以排除影响因素,最后统计归纳得出规律性。

11.5　室内空气净化的其他装置

长期以来,空调系统中新风过滤都只采用粗效过滤器,而净化系统则普遍采用三级过滤:新风粗效、回风中效、送风高效。净化空调的这种设计极大降低了由新风带入室内的尘菌浓度,同时在一定程度上延长系统部件的寿命。但是这种新风过滤主要考虑室外颗粒污染物(及附着其上的微生物)的除去,而室内空气品质涉及的除室外污染外,更多是室内微生物污染和气态污染物的影响。因此,新风三级过滤不能有效防止室内有害气体,而需采用其他的处理装置。

1. 活性炭过滤器

活性炭过滤器是采用活性炭吸附剂吸附空气中有毒或有臭味的气体、蒸气或其他有机物质。活性炭为纤维状或颗粒状,内部有极多极细小的孔隙,1 克(约 $2cm^3$)活性炭与空气的有效接触面积达 $1000m^2$,在正常条件下,吸附保持量(即吸附的物质量与活性炭质量之比)可达 15％～25％。活性炭吸附性能见表 11-5。

表 11-5　活性炭吸附性能

物质名称	吸附保持量(%)	物质名称	吸附保持量(%)
二氧化硫	10	吡啶 （烟草燃烧产物）	25
氯	15		
二硫化碳	15	丁基酸 （汗、体臭）	35
苯	24		
臭氧	能还原为 O_2	浴、厕气味	约 30

一般来说，对于居住建筑，每 $1000m^3/h$ 风量，约需 10kg 活性炭，使用寿命 2 年左右；对于商业建筑，每 $1000m^3/h$ 风量，约需 10～12kg 活性炭，使用寿命 1～1.5 年。

2. 纳米光催化空气净化器

纳米光催化空气净化器是利用纳米级的二氧化钛（TiO_2）吸收阳光中或人工制造的紫外线后，内部电子被激发，形成活性氧类的超氧化物和羟基原子团，其超强的氧化能力，可以破坏细胞的细胞膜，使细胞质流失至死亡，凝固病毒的蛋白质，抑制病毒的活性，并捕捉、杀除空气中的浮游细菌，杀菌能力达到 99.997%；同时，二氧化钛受光后生成的氢氧自由基能加快有机物质、气体的分解，提高空气清净效率，从而实现空气的净化。据实验检测，光催化剂可有效除去大肠杆菌、金黄葡萄球菌、化脓菌等多种类型的细菌，还能抑制一些病原体的传播。实验发现，光催化剂比臭氧、负氧离子有着更强的氧化能力，可强力分解臭源。利用光催化剂处理的布包装食品可明显抑制霉变，在 10 天以后仍能保持新鲜。而光催化剂的超亲水特性，能保证污垢不易附着，让使用了光催化剂的物体能长久保持洁净。

二氧化钛光催化材料目前已被广泛用于房间空气净化器，光催化空气净化器中光催化材料与吸附材料的混合配置正处于空调行业积极研究发展阶段。

拓展小课堂

1. 结合净化空调在医药行业和电子行业的应用，以新冠疫苗和芯片生产为例，疫苗和芯片的生产都要求高洁净度的空气环境，只有掌握核心技术，才能在国际竞争中占据优势。以此为切入点，培养同学们严谨的科学态度，遵守职业道德和职业规范，培养精益求精的工匠精神。

2. 培养同学们在平凡岗位上创新思维的同时，培养爱国主义精神与社会责任感、大局意识和核心意识。

单元小结

空气净化是指针对室内的各种环境问题提供杀菌消毒、降尘除霾、去除有害装修残留以及异味等整体解决方案，提高改善生活、办公条件，保证人体身心健康，满足生产工艺对室内空气质量的要求。其中，净化空调是空调的一种方式，它不仅对室内温度、湿度、气流速度有一定的要求，而且对空气中的含尘粒数、细菌浓度等都有较高要求，与此相应的技术称为空气洁净技术，多用于医院、制药厂、食品加工厂、电子产品生产厂、精密实验室等对空调洁净度有要求的场所。

思考题与习题

1. 净化空调的主要特征是什么？

2. 简述空气过滤器的过滤机理。常用的过滤器有哪几种形式？过滤器的主要性能指标有哪些？

3. 净化空调的基本形式有哪些？

4. 怎样定义室内空气品质？

5. 室内空气污染物对人类有什么危害？

6. 室内空气净化常用的装置有哪些？

教学单元12

空调风系统设计计算

Chapter 12

空调风系统
设计计算

教学单元概述

　　本教学单元主要介绍风管内的阻力；风管设计计算方法与步骤；风管的水力计算；风管设计中的有关问题；空调房间的气流组织；空调系统的消声与减振。

知识目标

1. 掌握风管内的沿程阻力和局部阻力的概念；
2. 熟悉风管水力计算的任务和方法；
3. 掌握送、回风口的形式和位置，掌握空调房间常见气流组织方式；
4. 熟悉空调系统噪声的物理量度以及噪声的衰减，掌握消声器及隔振材料的性能及适用场合。

能力要求

1. 能利用相关图表计算风管内的沿程阻力和局部阻力；
2. 能合理布置风管和风口，并正确进行风管设计计算和气流组织计算；
3. 能正确进行消声器及减振装置的选择。

空气的输送与分配是整个空调系统设计的重要组成部分。空调房间的送风量、回风量及排风量能否达到设计要求，完全取决于风管系统的设计质量及风机的配置是否合理。也就是说，风系统的设计直接影响空调系统的实际使用效果和技术经济性能。

12.1　风管内的阻力

风管内空气流动的阻力有两种，一种是由于空气本身的黏滞性及其与管壁间的摩擦而产生的沿程能量损失，称为摩擦阻力或沿程阻力；另一种是空气流经风管中的管件（如弯头、三通、变径等）及设备（如空气处理设备、消声器、各类阀门等）时，由于流速的大小和方向变化以及产生涡流造成比较集中的能量损失，称为局部阻力。

12-2

风管内的阻力

12.1.1　风管的沿程阻力

根据流体力学原理，空气在管道内流动时沿程阻力可按式（12-1）计算。

$$\Delta P_{\mathrm{m}} = \frac{\lambda}{D}\frac{\rho v^2}{2}l \tag{12-1}$$

式中　ΔP_{m} ——空气在管内流动的沿程阻力，Pa；

λ ——摩擦阻力系数；

ρ ——空气密度，$\mathrm{kg/m^3}$；

v ——管内空气平均流速，m/s；

l ——计算管段长度，m；

D ——风管直径，m。

圆形风管单位长度的沿程阻力（也称比摩阻）为：

$$R_{\mathrm{m}} = \frac{\lambda}{D}\frac{\rho v^2}{2} \tag{12-2}$$

摩擦阻力系数 λ 与空气在风管内的流动状态和风管管壁的粗糙度有关。在空调系统中，风管中空气的流动状态大多属于紊流光滑区到粗糙区之间的过渡区，因此摩擦阻力系数可按式（12-3）计算。

$$\frac{1}{\sqrt{\lambda}} = -2\lg\left(\frac{K}{3.7D} + \frac{2.51}{Re\sqrt{\lambda}}\right) \tag{12-3}$$

式中　Re ——雷诺数；

K ——风管内壁粗糙度，mm。

在进行风管的设计时，通常是利用式（12-2）和式（12-3）制成计算表格或线算图，供管道阻力计算时使用。这样在已知风量、管径、流速和比摩阻四个参数中的任意两个，即可求得其余两个参数。图 12-1 是在压力 $P = 101.3\mathrm{kPa}$、温度 $t = 20℃$、空气密度 $\rho = 1.2\mathrm{kg/m^3}$、运动黏度 $v = 15.06\times10^{-6}\mathrm{m^2/s}$、管壁粗糙度 $K \approx 0$ 的条件，绘制的圆形风管的线算图。

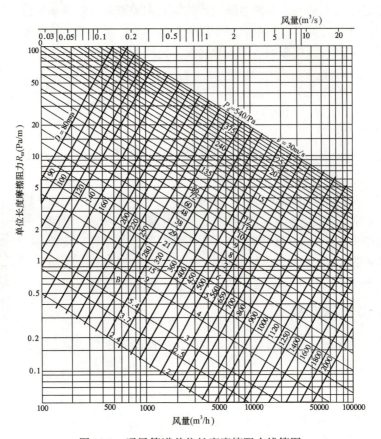

图 12-1　通风管道单位长度摩擦阻力线算图

矩形风管的单位长度摩擦阻力可直接查有关的计算表，也可将矩形风管折算成当量的圆风管，再用图 12-1 的线算图来计算。工程上一般用流速当量直径或流量当量直径来折算。流速当量直径是指矩形风管的空气流速如果与圆形风管的空气流速相等，且两风管中的比摩阻 R_m 值相等，此时圆形风管的直径就称为该矩形风管的流速当量直径，以 D_v 表示；流量当量直径是指矩形风管的空气流量如果与圆形风管的空气流量相等，且两风管中的比摩阻 R_m 值相等，此时圆形风管的直径就称为该矩形风管的流量当量直径，以 D_L 表示。两个当量直径的计算表达式分别如下：

流速当量直径：

$$D_v = \frac{2ab}{a+b} \tag{12-4}$$

流量当量直径：

$$D_L = 1.27 \sqrt[5]{\frac{a^3 b^3}{a+b}} \tag{12-5}$$

式中　D_v——流速当量直径，mm；

　　　D_L——流量当量直径，mm；

　　　a——矩形风管的长边，mm；

　　　b——矩形风管的短边，mm。

当实际条件与图 12-1 条件出入较大时应加以修正。

1. 粗糙度对摩擦阻力的影响

从式（12-3）可看出，摩擦阻力系数不仅与雷诺数有关，还与管壁粗糙度有关。粗糙度增大时，摩擦阻力也增大。在空调工程中使用各种材料制作风管，这些材料的粗糙度见表 12-1。

表 12-1　各种材料所作风管的粗糙度 *K*

风管材料	粗糙度（mm）	风管材料	粗糙度（mm）
薄钢板或镀锌钢板	0.15～0.18	胶合板	1.0
塑料板	0.01～0.05	砖砌体	3.00～6.00
矿渣石膏板	1.0	混凝土	1.00～3.00
矿渣混凝土板	1.5	木板	0.20～1.00

管壁的粗糙度不同时，用图 12-1 查得的 R_m 值必须进行修正，粗糙度修正系数 K_r 的表达式如下：

$$K_r = (Kv)^{0.25} \tag{12-6}$$

式中　K ——管壁实际粗糙度，mm，见表 12-1；

　　　v ——风管内空气的平均流速，mm。

2. 空气温度对摩擦阻力的影响

当风管内空气温度与作图时所用的空气温度不同时，空气密度、运动黏度及单位长度摩擦阻力都会发生变化。这时用温度修正系数 K_t 进行修正，表达式如下：

$$K_t = \left(\frac{293}{t+293}\right)^{0.825} \tag{12-7}$$

式中　t ——实际的空气温度，℃。

3. 大气压力对摩擦阻力的影响

用大气压力修正系数 K_B 进行修正，表达式如下：

$$K_B = \left(\frac{B'}{101.3}\right)^{0.9} \tag{12-8}$$

式中　B' ——实际的大气压力，kPa。

修正后的实际比摩阻 R'_m 应为：

$$R'_m = K_r \cdot K_t \cdot K_B \cdot R_m \tag{12-9}$$

式中　R_m ——通过线算图或计算表，可以查得的比摩阻，Pa/m。

【例 12-1】已知钢板制圆风道，风量为 10000m³/h，直径为 800mm，求其单位长度的摩擦阻力以及其他参数。

【解】查表 12-1，钢板风道的 $K=0.18$mm。

方法一：利用图 12-1，在横坐标上找到 $L=10000$ m³/h 的点，画平行于纵坐标的直线和风道直径 800mm 的斜线相交，从交点水平向左，在纵坐标上查到：$R_m=0.38$Pa/m，从交点处也可得出风速 $v=5.55$m/s，动压头 $P_d=18.48$Pa。

由于钢板风道的 $K=0.18$mm，故粗糙度修正系数 K_r 计算如下：

$$K_r = (Kv)^{0.25} = (0.18 \times 5.55)^{0.25} = 1.0$$

修正后的实际比摩阻 R'_m 应为：

$$R'_m = K_r \cdot R_m = 1.0 \times 0.38 = 0.38\text{Pa/m}$$

方法二：利用附录 12-1，查得钢板圆形风管，管径为 800mm。

当 $L = 9903\text{m}^3/\text{h}$ 时，$R_m = 0.37\text{Pa/m}$，风速 $v = 5.50\text{m/s}$，动压头 $P_d = 18.15\text{Pa}$

当 $L = 10803\text{m}^3/\text{h}$ 时，$R_m = 0.43\text{Pa/m}$，风速 $v = 6.0\text{m/s}$，动压头 $P_d = 21.60\text{Pa}$

由内插法求得：

当 $L = 10000\text{m}^3/\text{h}$ 时，$R_m = 0.38\text{Pa/m}$，风速 $v = 5.55\text{m/s}$，动压头 $P_d = 18.48\text{Pa}$。

【例 12-2】 有一表面光滑的砖砌风道，其粗糙度 $K = 3\text{mm}$，断面尺寸 $a \times b$ 为 500mm×400mm，流量为 3600m^3/h，空气温度为 50℃，标准大气压，求单位长度摩擦阻力。

【解】 求风管内空气流速：

$$v = \frac{L}{3600F} = \frac{3600}{3600 \times 0.50 \times 0.40} = 5\text{m/s}$$

流速当量直径 D_v：

$$D_v = \frac{2ab}{a+b} = \frac{2 \times 0.50 \times 0.40}{0.50 + 0.40} = 0.44\text{m}$$

用 $v = 5\text{m/s}$，$D_v = 0.44\text{m}$，查图 12-1 得 $R_m = 0.53\text{Pa/m}$

管壁粗糙度修正：

$$K_r = (Kv)^{0.25} = (3 \times 5)^{0.25} = 1.97$$

温度修正：

$$K_t = \left(\frac{293}{t+293}\right)^{0.825} = \left(\frac{293}{50+293}\right)^{0.825} = 0.878$$

所以：

$$R'_m = K_r \cdot K_t \cdot R_m = 1.97 \times 0.878 \times 0.53 = 0.92\text{Pa/m}$$

12.1.2 风管的局部阻力

当空气流经局部构件或设备（主要是存在流速、流量和流向变化的局部构件）时，由于流速的大小和方向变化造成气流质点的紊乱和碰撞，由此产生涡流而造成比较集中的能量损失，称为局部阻力。局部阻力可按下式进行计算：

$$Z = \zeta \frac{\rho v^2}{2} \tag{12-10}$$

式中　Z——局部阻力，Pa；

　　　ζ——局部阻力系数，各种配件和部件的 ζ 值可查本专业的相关设计资料。

风管内空气流动总阻力等于摩擦阻力和局部阻力之和，即：

$$\Delta P = \sum(\Delta P_m + Z) = \sum(\Delta R_m L + Z) \tag{12-11}$$

12.2　风管的水力计算

12.2.1　风管水力计算的任务

风管水力计算的根本任务是解决下面两类问题：

（1）设计计算。在系统设备布置、风量、风管走向、风管材料及各送、回或排风点位置均已确定的基础上，经济合理地确定风管的断面尺寸，以保证实际风量符合设计要求并计算系统总阻力，最终确定合适的风机型号及选配相应的电机。

12-3

风管的水力计算

（2）校核计算。有些改造工程经常遇到下面情况，即在主要设备布置、风量、风管断面尺寸、风管走向、风管材料及各送、回风或排风点位置均为已知条件基础上，核算已有风机及其配用电机是否满足要求，如不合理则重新选配。

12.2.2　风管水力计算的方法

1. 水力计算方法概述

风管水力计算的方法常用的有假定流速法、压损平均法和静压复得法等。

（1）假定流速法

假定流速法的特点是先按技术经济要求选定风管流速，然后再根据风道内的风量确定风管断面尺寸和系统阻力。

（2）压损平均法

这种方法是在已知作用压头的情况下，将总压头按干管长度平均分配给各部分，即求出平均比摩阻，再根据各部分的风量和分配到的作用压头，计算管道断面尺寸。该方法适用于风机压头已定，以及进行分支管路压损平衡等场合。

（3）静压复得法

该方法是利用风管分支处复得的静压来克服该管段的阻力，根据这一原则确定风管的断面尺寸。此方法适用于高速空调系统的水力计算。

2. 假定流速法的计算方法和步骤

（1）绘制空调系统轴测图，并对各段风道进行编号、标注长度和风量。管段长度一般按两个管件的中心线长度计算，不扣除管件本身的长度。

（2）确定风道内的合理流速。在输送空气量一定的情况下，增大流速可使风管断面积减小，制作风管所消耗的材料、建设费用等降低，但同时也会增加空气流经风管的流动阻力和气流噪声，增大空调系统的运行费用；减小风速则可降低输送空气的动力消耗，节省空调系统的运行费用，降低气流噪声，但却增加风管制作消耗的材料及建设费用。因此，必须根据风管系统的建设费用、运行费用和气流噪声等因素进行技术经济比较，确定合理的经济流速。

表 12-2 给出了通风、空调系统风管风速的推荐风速和最大风速，其推荐风速是基于经济流速和防止气流在风管中产生噪声等因素，考虑到建筑通风、空调所服务房间的允许噪声级，参照国内外有关资料制定的；最大风速是基于气流噪声和风管强度等因素，参照国内外有关资料制定的。有消声要求的通风与空调系统，其风管内的空气流速，宜按表

12-3 选用。对于如地下车库这种对噪声要求低、层高有限的场所，干管风速可提高至 10m/s。另外，对于厨房排油烟系统的风管，则宜控制在 8～10m/s。

表 12-2　风管内的空气流速（低速风管）

风管分类	住宅（m/s）		公共建筑（m/s）	
	推荐风速	最大风速	推荐风速	最大风速
干管	3.5～4.5	6.0	5.0～6.5	8.0
支管	3.0	5.0	3.0～4.5	6.5
从支管上接出的风管	2.5	4.0	3.0～3.5	6.0
通风机入口	3.5	4.5	4.0	5.0
通风机出口	5.0～8.0	8.5	6.5～10	11.0

表 12-3　风管内的空气流速（m/s）

室内允许噪声级 dB(A)	主管风速	支管风速
25～35	3～4	≤2
35～50	4～7	2～3
50～65	6～9	3～5
65～85	8～12	5～8

注：通风机与消声装置之间的风管，其风速可采用 8～10m/s。

（3）根据各风道的风量和选择的流速确定各管段的断面尺寸，计算沿程阻力和局部阻力。

1）根据初选的流速确定断面尺寸时，应按通风管道统一规格选取。

通风、空调系统的风管，宜采用圆形、扁圆形或长、短边之比不宜大于 4 的矩形截面。

为了使设计中选用的风管截面尺寸标准化，为施工、安装和维护管理提供方便，为风管及零部件加工工厂化创造条件，圆形风管的规格宜按照表 12-4 的规定执行，并应优先采用基本系列；矩形风管的规格宜按照表 12-5 的规定执行。非规则椭圆形风管参照矩形风管，并以长径平面边长及短径尺寸为准。设计者应尽可能采用表 12-4 和表 12-5 中的规格，有时由于现场实际情况的限制，也可以适当调整。金属风管的尺寸应按外径或外边长计；非金属风管应按内径或内边长计。

2）然后按照实际流速计算沿程阻力和局部阻力。注意阻力计算应选择最不利环路（即阻力最大的环路）进行。

（4）与最不利环路并联的管路的阻力平衡计算。为保证各送、排风点达到预期的风量，必须进行阻力平衡计算。一般的空调系统要求并联管路之间的不平衡率应不超过 15%。若超出上述规定，则应采取下面几种方法使其阻力平衡。

表 12-4　圆形风管规格（mm）

风管直径 D			
基本系列	辅助系列	基本系列	辅助系列
100	80	500	480
	90	560	530
120	110	630	600
140	130	700	670
160	150	800	750
180	170	900	850
200	190	1000	950
220	210	1120	1060
250	240	1250	1180
280	260	1400	1300
320	300	1600	1500
360	340	1800	1700
400	380	2000	1900
450	420		

表 12-5　矩形风管规格（mm）

风管边长				
120	320	800	2000	4000
160	400	1000	2500	
200	500	1250	3000	
250	630	1600	3500	

方法 1 在风量不变的情况下，调整支管管径。

由于 $\Delta P_{\mathrm{m}} \propto (1/D)^5$，$Z \propto (1/D)^4$，则总阻力 $\Delta P \propto (1/D)^n (n=4 \sim 5)$。于是有：

$$D' = D\left(\frac{\Delta P}{\Delta P'}\right)^{0.225}$$

(12-12)

式中　D'——调整后的管径，mm；

　　　D——原设计管径，mm；

　　　$\Delta P'$——要求达到的支管阻力，Pa；

　　　ΔP——原设计支管阻力，Pa。

由于受风管的经济流速范围的限制，该法只能在一定范围内进行调整，若仍不满足平衡要求，则应辅以阀门调节。

方法 2 在支管断面尺寸不变的情况下，适当调整支管风量。

$$L' = L\left(\frac{\Delta P}{\Delta P'}\right)^{1/2}$$

(12-13)

式中　L'——调整后的支管风量，m³/h；

　　　L——原设计支管风量，m³/h。

风量的增加不是无条件的，受多种因素制约，因此该法也只能在一定范围内进行调整。此外，应注意到调整支管风量后，会引起干管风量、阻力发生变化，同时风机的风量、风压也会相应增加。

方法 3 阀门调节。

通过改变阀门开度，调整管道阻力，理论上最为简单易行。实际运行时，应进行调试，但调试工作复杂，如处理不好则难以达到预期的流量分配。

总之，两种方法（方法 1 和方法 2）在设计阶段即可完成并联管段阻力平衡，但只能在一定范围内调整管路阻力，如不满足平衡要求，则需辅以阀门调节。方法 3 具有设计过程简单，调整范围大的优点，但实际运行调试工作量较大。

（5）计算系统总阻力。系统总阻力为最不利环路阻力加上空气处理设备的阻力。

（6）选择风机及其配用电机。

通风机应根据管路特性曲线和风机性能曲线进行选择，并应符合下列规定：

1）通风机风量应附加风管和设备的漏风量。送、排风系统可附加 5%～10%，排烟兼排风系统宜附加 10%～20%。

2）通风机采用定速时，通风机的压力在计算系统压力损失上宜附加 10%～15%。

3）通风机采用变速时，通风机的压力应以计算系统总压力损失作为额定压力。

4）设计工况下，通风机效率不应低于其最高效率的 90%。

5）兼用排烟的风机应符合国家现行建筑设计防火规范的规定。

【例 12-3】如图 12-2 所示的机械排风系统，风管材料为薄钢板，风机前风管为矩形，风机出口后采用圆形，输送气体的温度为 20℃，伞形罩的扩张角为 40°，风管 90°弯头的曲率半径为 $R=2D$，合流三通分支管的夹角为 30°，带扩压管的伞形风帽 $\dfrac{h}{D_0}=$ 0.6，当地的大气压力为 92kPa。对该系统进行水力计算。

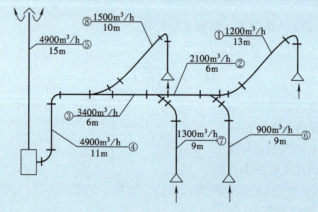

图 12-2　机械排风系统轴测图

【解】（1）对风管进行编号，标注风管长度和风量，如图 12-2 所示。

（2）确定各段风管的气体流速，查表 12-3，对于工业建筑通风干管 $v=6～14\text{m/s}$，支管 $v=2～8\text{m/s}$。

（3）确定最不利管路，本系统①②③④⑤为最不利管路。

（4）确定最不利管路的流速，根据各个管段的风量和流速确定各个管段的截面尺寸和比摩阻，计算沿程阻力，先计算最不利管路，然后计算其余的分支管路，并进行平衡计算。

最不利管路的计算：

管段①，$L=1200\text{m}^3/\text{h}$，$v=6\sim14\text{m/s}$，查附录 12-2 得 $a\times b=250\text{mm}\times160\text{mm}$，$v=8.5\text{m/s}$，动压 $P_\text{d}=43.35\text{Pa}$，$R_\text{m}=4.78\text{Pa/m}$。

1）计算沿程阻力

采用薄钢板，查表 12-1，$K=0.15\text{mm}$，与制表条件相同，不需要修正，$\varepsilon_\text{K}=1$。

输送气体的温度为 $20℃$，与制表条件相同，不需要修正，$\varepsilon_\text{t}=1$。

大气压力为 92kPa，与制表条件不相同，故需要修正：

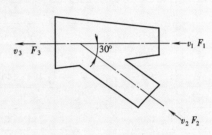

图 12-3　合流三通

$$\varepsilon_\text{B}=\left(\frac{B}{101.3}\right)^{0.9}=\left(\frac{92}{101.3}\right)^{0.9}=0.91$$

$$\therefore R'_\text{m}=\varepsilon_\text{B}R_\text{m}=0.91\times4.78=4.35\text{Pa/m}$$

$$\therefore \Delta P_\text{m}=R'_\text{m}l=4.35\times13=56.55\text{Pa}$$

2）计算局部阻力

查附录 12-4 可知，局部构件当伞形罩的扩张角为 40° 时，$\xi=0.13$；管道 90° 弯头 2 个（曲率半径为 $R=2D$），$\xi=2\times0.14=0.28$；合流三通直通段（分支管的夹角为 30°）1 个，如图 12-3 所示。

$$\frac{L_2}{L_3}=\frac{900}{2100}=0.43$$

$$\frac{F_2}{F_3}=\frac{160\times160}{320\times200}=0.4$$

$$F_1=0.25\times0.16=0.04$$

$$F_2=0.16\times0.16=0.0256$$

$$F_3=0.32\times0.20=0.064$$

$$\therefore F_1+F_2\approx F_3$$

查得　$\xi=0.47$

$$\sum\xi=0.13+0.28+0.47=0.88$$

$$\therefore \Delta P_\text{j}=\sum\xi\frac{v^2}{2}\rho=0.88\times\frac{8.5^2}{2}\times1.2=38.15\text{Pa}$$

3）总阻力

$$\Delta P=\Delta P_\text{m}+\Delta P_\text{j}=56.55+38.15=94.7\text{Pa}$$

其他的管路计算结果见表 12-6。

4）计算系统总阻力

$$\sum P=\sum(P_\text{m}+P_\text{j})_{1\sim5}=375.87\text{Pa}$$

5）选择风机

风机风量 $L_f = K_L L = 1.1 \times 4900 = 5390 \text{m}^3/\text{h}$

风机风压 $P_f = K_f \sum P = 1.15 \times 375.87 = 432.25 \text{Pa}$

根据上面的计算结果选择风机。

表 12-6　水力计算表

管段编号	流量 $L(\text{m}^3/\text{h})$	管段长度 $l(\text{m})$	矩形管尺寸 $a \times b(\text{mm}^2)$	假定流速 （m/s）	比摩阻 R_m(Pa/m)	实际流速 v(m/s)	动压头 P_d(Pa)
①	1200	13	250×160		4.78	8.5	43.35
②	2100	6	320×200		4.41	9.5	54.15
③	3400	6	500×200		3.70	9.6	54.72
④	4900	11	500×250		4.02	11.1	73.90
⑤	4900	15	D360	6~14	5.38	13.5	109.35
⑥	900	9	160×160		8.31	10.00	60.00
⑦	1300	9	200×160		9.52	10.52	79.35
⑦	1300	9	250×120		13.00	12.50	93.75
⑧	1500	10	250×120		16.76	14.5	126.15

管段编号	比摩阻修正系数 ε	实际比摩阻 R_m(Pa/m)	局部阻力系数 $\sum \xi$	摩擦阻力 ΔP_m(Pa)	局部阻力 ΔP_j(Pa)	管段总阻力 ΔP(Pa)	备注
①		4.35	0.88	56.55	38.15	94.70	
②		4.00	0.37	24.00	20.04	44.04	
③		3.36	0.34	20.16	18.39	38.55	
④		3.66	0.26	40.26	19.21	59.47	
⑤	0.91	4.90	0.6	73.5	65.61	139.11	
⑥		7.56	0.38	68.04	22.8	90.84	①与⑥平衡
⑦		8.66	0.38	77.94	30.15	108.09	⑦与①+②不平衡重算
⑦		11.47	0.14	117.00	13.13	130.13	⑦与①+②平衡
⑧		15.25	0.08	152.50	10.09	162.59	⑧与①+②+③平衡

12.2.3　减少风系统总阻力的方法

1. 尽量减少风管系统的摩擦阻力

主要措施包括：

（1）尽量采用表面光滑的材料制作风管；

（2）在允许范围内尽量降低风管内的风速；

（3）应及时做好风管内的清扫，以减小壁面粗糙度。

2. 尽量减少风管系统的局部阻力

主要措施包括：

（1）尽量减少或避免风管转弯和风管断面突然变化，如渐扩（或渐缩）管的局部阻力就比突扩（或突缩）管小得多，设计中应尽可能采用前者。

（2）弯头的曲率半径不要太小，一般应取风管当量直径的 1～4 倍。民用建筑中常采用矩形直角弯头，此时弯头内侧应有导角且弯头中应设导流叶片。

（3）支风管与主风管相连接时，应避免 90°垂直连接，通常支管应在顺气流方向上制作一定的导流曲线或三角形切割角。

（4）避免合流三通内出现气流引射现象，虽然流速小的直管或支管得到了能量，但流速大的支管或直管会失去较多能量，导致总损失增加。解决的办法是尽量使支管和干管流速相等。

（5）风管上各管件布置时尽量相隔一定距离，因为两个连在一起的管件总阻力要比同样两个管件单独放置时的阻力之和大得多。一般宜使弯头、三通、调节阀、变径管等管件之间保持 5～10 倍管径长度的直管段。

（6）注意风管与风机入口及出口的连接。

3. 减少空调系统中设备的空气阻力

主要措施包括：

（1）尽量采用空气阻力小的空气处理设备，例如能用初效过滤器就不必用中效过滤器。

（2）做好空气处理设备的维护，如定期清洗或更换空气过滤器、表面式换热器外表面积灰的清除等。

12.3　风系统设计中的有关问题

12.3.1　风管系统的布置

1. 科学合理、安全可靠地划分系统。考虑哪些房间可以合为一个系统，哪些房间宜设单独的系统。

属下列情况之一者，宜分别设置空调系统：

（1）使用时间不同的空调区。

（2）温湿度基数和允许波动范围不同的空调区。

（3）对空气的洁净要求不同的空调区；当必须为同一个系统时，洁净度要求高的区域应作局部处理。

（4）噪声标准要求不同的空调区，以及有消声要求和产生噪声的空调区；当必须划分为同一系统时，应作局部处理。

（5）在同一时段需分别供热和供冷的空调区。

（6）空气中含有易燃易爆物质的区域，空调风系统应独立设置。

2. 风管断面形状应与建筑结构配合，并争取做到与建筑空间完美统一；风管规格要符合国家标准。

3. 风管布置要尽可能短，避免复杂的局部管件。弯头、三通等管件要安排得当，与风管的

12-4

风管的制作
与安装

连接要合理，以减少阻力和噪声。同时还要考虑便于风系统的安装、调节、控制与维修。

4. 风管与通风机及空气处理机组等振动设备的连接处，应装设柔性接头，其长度宜为 150～300mm。

5. 空调风系统应设置下列调节装置：

（1）多台通风机并联运行的系统应在各自的管路上设置止回或自动关断装置。

（2）通风、空调系统通风机及空气处理机组等设备的进风或出风口处宜设调节阀，调节阀宜选用多叶式或花瓣式。

（3）风系统各支路应设置调节风量的手动调节阀，可采用多叶调节阀等。

（4）送风口宜设调节装置，要求不高时可采用双层百叶风口。

（5）空气处理机组的新风入口、回风入口和排风口处，应设置具有开闭和调节功能的密闭对开式多叶调节阀，当需频繁改变阀门开度时，应采用电动对开式多叶调节阀。

6. 风管系统的主干支管应设置风管测定孔、风管检查孔和清洗孔。

（1）风管测定孔

通风与空调系统安装完毕，必须进行系统的调试，这是施工验收的前提条件。风管测定孔主要用于系统的调试，测定孔应设置在气流较均匀和稳定的管段上，与前、后局部配件间距离宜分别保持等于或大于 $4D$ 和 $1.5D$（D 为圆风管的直径或矩形风管的当量直径）的距离；与通风机进口和出口间距离宜分别保持 1.5 倍通风机进口和 2 倍通风机出口当量直径的距离。

（2）风管检查孔

风管检查孔用于通风与空调系统中需要经常检修的地方，如风管内的电加热器、过滤器、加湿器等。

（3）清洗孔

对于较复杂的系统，考虑到一些区域直接清洗有困难，应开设清洗孔。

检查孔和清洗孔的设置在保证满足检查和清洗的前提下数量尽量要少，在需要同处设置检查孔和清洗孔时尽量合二为一，以免增加风管的漏风量和减少风管保温工程的施工麻烦。

7. 通风、空气调节系统，横向应按每个防火分区设置，竖向不宜超过五层，当排风管道设有防止回流设施且各层设有自动喷水灭火系统时，其进风和排风管道可不受此限制。垂直风管应设在管井内。

排风管道防止回流的方法如图 12-4 所示，排风管防止回流的方法主要有四种做法：

（1）增加各层垂直排风支管的高度，使各层排风支管穿越 2 层楼板。

（2）把排风竖管分成大小两个管道，总竖管直通屋面，小的排风支管分层与总竖管连通。

（3）将排风支管顺气流方向插入竖风道，且支管到支管出口的高度不小于 600mm。

（4）在支管上安装止回阀。

8. 下列情况之一的通风、空气调节系统的风管道应设防火阀，防火阀的动作温度宜为 70℃。

（1）管道穿越防火分区处；

（2）穿越通风、空气调节机房及重要的或火灾危险性大的房间隔墙和楼板处，分别如图 12-5 和图 12-6 所示；

（3）穿越变形缝处的两侧，如图 12-7 所示；

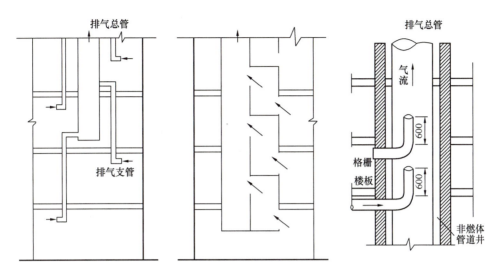

图 12-4　排风管防止回流示意图

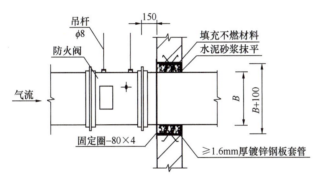

图 12-5　水平风管穿防火墙做法图

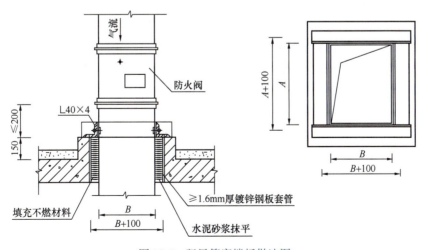

图 12-6　竖风管穿楼板做法图

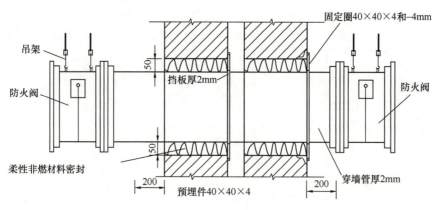

图 12-7　变形缝处的防火阀

（4）垂直风管与每层水平风管交接处的水平管段上。

在风管穿过需要封闭的防火、防爆的墙体或楼板时，应设预埋管或防护套管，其钢板厚度不应小于 1.6mm。风管与防护套管之间，应用不燃且对人体无危害的柔性材料封堵。

防火阀的设置要求：

（1）除本规范另有规定者外，动作温度应为 70℃；

（2）防火阀宜靠近防火分隔处设置；

（3）防火阀暗装时，应在安装部位设置方便检修的检修口，如图 12-8 所示；

（4）在防火阀两侧各 2.0m 范围内的风管及其绝热材料应采用不燃材料；

（5）防火阀应符合现行国家标准《建筑通风和排烟系统用防火阀门》GB 15930—2007 的有关规定。

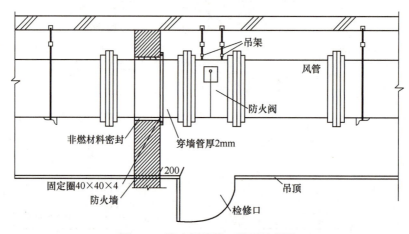

图 12-8　防火阀检修口设置示意图

9. 公共建筑的浴室、卫生间和厨房的垂直排风管，应采取防回流措施或在支管上设置防火阀。公共建筑的厨房的排油烟管道宜按防火分区设置，且在与垂直排风管连接的支管处应设置动作温度为 150℃的防火阀。

10. 通风、空气调节系统的管道等，应采用不燃烧材料制作，但接触腐蚀性介质的风管和柔性接头，可采用难燃烧材料制作。

11. 风管内设有电加热器时，风机应与电加热器联锁。电加热器前后各 800mm 范围内的风管和穿过设有火源等容易起火部位的管道，均必须采用不燃保温材料。

12. 管道和设备的保温材料、消声材料和粘结剂应为不燃烧材料或难燃烧材料。穿过防火墙和变形缝的风管两侧各 2.00m 范围内应采用不燃烧材料及其粘结剂。

12.3.2　新风、回风和排风的设计原则

1. 一般采用最小新风量

除冬季利用新风作为全年供冷区域的冷源，以及直流式（全新风）空调系统的情况外，冬夏季应采用最小新风量。

2. 全空气空调系统新风、回风和排风的设计要求

全空气空调系统应符合下列要求：

（1）除了温湿度波动范围或洁净度要求严格的房间外，应充分利用室外新风做冷源，根据室外焓值（或温度）变化改变新回风比，直至全新风直流运行。

（2）人员密度较大且变化较大的房间，在采用最小设计新风量时，宜采用新风需求控制，根据室内 CO_2 浓度检测值增加或减少新风量，在 CO_2 浓度符合卫生标准的前提下减少新风冷热负荷；当人员密度随时段有规律变化时，可采用按时段对新风量进行控制。

（3）人员密集、送风量较大且最小新风比≥50％时，可设置空气—空气能量回收装置的直流式空调系统。

3. 风机盘管加新风系统新风和排风的设计要求

各房间采用风机盘管等空气循环空调末端设备时，集中送新风的直流系统应符合下列要求：

（1）新风宜直接送入室内。

（2）新风机组和新风管应满足在各季节需采用不同新风量的要求。

（3）设有机械排风时，宜设置新风排风热回收装置。

（4）新风量较大且密闭性较好，或过渡季节使用大量新风的空调区，应有排风出路；采用机械排风时应使排风量适应新风量的变化。

> **🔍 拓展小课堂**
>
> 通风空调风管布置与设计计算需要具有严密的逻辑思维能力，要求查询相关手册，合理确定计算参数，有助于磨炼同学们"严态度、严细节、严责任"的意识，帮助同学们形成解决工程问题的思维方法和习惯。通过例题的学习，掌握相关手册的使用方法，培养认真负责的工作态度及爱岗敬业的职业道德。

12.4　空调房间的气流组织

空调房间的气流组织也称空气分布。气流组织直接影响空调效果，关系着房间工作区的温湿度基数、精度及区域温差、工作区气流速度，是空调设计的一个重要环节。

对气流组织的要求主要是针对"工作区"。所谓工作区是指房间内人群的活动区域，一般指距地面高度 2m 以下，工艺性空调房间视具体情况而定。一般的空调房间，主要是要求在工作区内保持比较均匀而稳定的温湿度；而对工作区风速要求严格的空调，主要是保证工作区内风速不超过规定的数值。室内温湿度有允许波动要求的空调房间，主要是在工作区域内满足气流的区域温差、室内温湿度基数及其波动范围的要求。有洁净要求的空调房间的气流组织和风量计算，主要是在工作区内保持应有洁净度和室内正压。高大空间的空调气流组织和风量计算，除保证达到工作区的温湿度、风速要求外，还应合理地组织气流以满足节能的要求。

12–5

空调房间气流组织

影响气流组织因素很多，如房间的几何形状、送回风口的位置、送风口的形式、送风参数和送风量等。为了使送入房间的空气合理分布，就要了解并掌握气流在空间内运动的规律和不同的气流组织方式及其设计方法。

12.4.1　送回风口的气流流动规律

1. 送风口的气流流动规律

在空气射流流动过程中，根据射流是否受周界表面的限制可分为自由射流和受限射流。空调工程中常见的情况多属非等温受限射流。下面介绍工程中常见的射流及其流动规律。

（1）自由射流

自由射流分为等温射流和非等温射流。

1）等温射流

当空气自风口喷射到比射流体积大得多的同温介质房间中，射流可不受限制地扩大，呈等温自由射流，如图 12-9 所示。

由于射流与周围介质的紊流动量交换，周围空气不断地被卷入，射流不断扩大。因而射流断面速度场从射流中心开始逐渐向边界衰减并沿射程不断变化，结果流量沿程增加，射流直径加

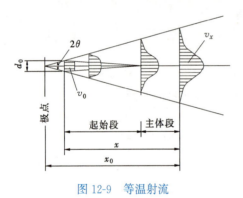

图 12-9　等温射流

大。但在各断面上的总动量保持不变。将射流轴心速度保持不变的一段长度称为起始段，其后称为主体段。空调工程中常用的射流段为主体段，其射流轴心速度衰减式为：

$$\frac{v_x}{v_0} = \frac{0.48}{\dfrac{ax}{d_0} + 0.145}$$

（12-14）

$$\frac{d_x}{d_0} = 0.68\left(\frac{ax}{d_0} + 0.145\right)$$

（12-15）

式中　v_x ——以风口为起点在射程 x 处的射流轴心速度，m/s；

v_0 ——风口出流的平均速度，m/s；

x ——风口出口到计算断面的距离，m；

d_0 ——风口直径，m；

d_x ——射程 x 处射流的直径，m；

a ——风口紊流系数。

上式中，a 值取决于风口结构形式并决定了射流扩散角的大小，即 $\tan\theta = 3.4a$。表 12-7 给出了不同 a 值。

表 12-7　不同风口的 a 值

风口形式		紊流系数 a
圆射流	收缩极好的喷口	0.066
	圆管	0.076
	扩散角为 8°~12°的扩散管	0.090
	矩形短管	0.100
	带可动导叶的喷口	0.200
	活动百叶风口	0.160
平面射流	收缩极好的扁平喷口	0.108
	平壁上带锐缘的条缝	0.115
	圆边口带导叶的风管纵向缝	0.155

由上面可知，要想增大射程，可以提高送风口速度 v_0 或者减小风口紊流系数 a；要想增大射流扩散角，可以选用 a 值较大的送风口。

2）非等温射流

当射流出口温度与周围空气温度不相同时，这种射流称为非等温射流。对于非等温射流，射流与室内空气的混掺不仅引起动量的变化，而且还带来热量的交换。而热量的交换较之动量快，即射流的温度扩散角大于速度扩散角，因而温度衰减较速度衰减快，定量的研究结果得出：

$$\frac{\Delta T_x}{\Delta T_0} = \frac{0.35}{\dfrac{ax}{d_0} + 0.145} \qquad (12\text{-}16)$$

$$\Delta T_x = T_x - T_0, \quad \Delta T_0 = T_0 - T_n$$

式中　T_0 ——射流出口温度，K；

　　　T_x ——距风口 x 处射流轴心温度，K；

　　　T_n ——周围空气温度，K。

比较式（12-16）和式（12-14），表明热量扩散比动量扩散要快，且有：

$$\frac{\Delta T_x}{\Delta T_0} = 0.73\frac{v_x}{v_0} \qquad (12\text{-}17)$$

对于非等温射流，由于射流与周围介质的密度不同，在重力和浮力不平衡条件下，射流将发生变形，即水平射出的射流轴将发生弯曲。其判据为阿基米德数 Ar，即：

$$Ar = \frac{gd_0(T_0 - T_n)}{u_0^2 T_n} \qquad (12\text{-}18)$$

式中　g ——重力加速度，m/s^2。

当 $|Ar| < 0.001$ 时，可忽略射流轴的弯曲而按等温射流计算。射流轴弯曲的轴心轨迹可用式（12-19）计算。

$$\frac{y_i}{d_0} = \frac{x_i}{d_0}\tan\beta + Ar\left(\frac{x_i}{d_0\cos\beta}\right)^2\left(0.51\frac{ax_i}{d_0\cos\beta} + 0.35\right) \tag{12-19}$$

式中各符号的意义，如图 12-10 所示。Ar 的正负和大小，决定射流弯曲的方向和程度。

（2）受限射流

在射流运动过程中，由于受壁面、顶棚及空间的限制，射流的运动规律有所变化。

受限射流分为贴附射流和非贴附射流两种情况。如图 12-11 所示，说明当送风口位于房间中部时（$h = 0.5H$），射流为非贴附情况，射流区呈橄榄形，在其上下形成与射流流动方向相反的回流区。当送风口位于房间上部（$h \geqslant 0.7H$）时，射流贴附于顶棚，房间上部为射流区，下部为回流区。

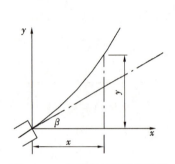

图 12-10　非等温射流轨迹计算

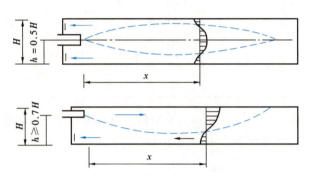

图 12-11　有限空间射流流动

由于有限空间射流的回流区一般是工作区，控制回流区的最大平均风速计算式为：

$$\frac{v_h}{v_0}\frac{\sqrt{F_n}}{d_0} = 0.69 \tag{12-20}$$

式中　v_h——回流区的最大平均风速，m/s；

$\quad\quad F_n$——每个风口所管辖的房间的横截面面积，m^2；

$\sqrt{F_n}/d_0$——射流自由度，表示受限的程度。

2. 回风口的气流流动规律

回风口与送风口的空气流动规律是完全不同的。送风射流以一定的角度向外扩散，而回风气流则从四面八方流向回风口。回风口的气流流动规律近似于流体力学中所述的汇流。

回风口的气流速度衰减很快，对室内气流的影响比较小。因此在研究空间的气流分布时，主要考虑送风口射流的作用，同时考虑排风口的合理位置，以便实现预定的气流分布模式。忽略排风口在空间气流分布中的作用，将导致降低送风作用的有效性。

12.4.2　常见送回风口的形式

1. 送风口的形式

送风口也称空气分布器。送风口按送出气流流动状况分为：

① 扩散型风口

具有较大的诱导室内空气作用，送风温差衰减快，射程短，如盘式散流器、片式散流器等。

② 轴向型风口

诱导室内空气的作用小，空气的温度、速度衰减慢，射程远，如格栅送风口、百叶送风口、喷口等。

③ 孔板送风口

是在平板上满布小孔的送风口，速度分布均匀、衰减快，用于洁净室或恒温室等空调精度要求较高的空调系统中。

按送风口的安装位置可分为侧送风口、顶送风口（向下送）、地面送风口及地面送风口（向上送）等。

下面介绍几种常见的送风口。

（1）侧送风口

表 12-8 是常用的侧送风口形式。通常装于管道或侧墙上用作侧送风口。在百叶送风口内一般需要设置一至三层可转动的叶片。外层水平叶片用以改变射流的出口倾角。垂直叶片能调节气流的扩散角，叶片平行时扩散角只有 19°，而叶片与射流轴线成一夹角时，扩散角可增大至 60°。送风口内层对开式叶片则是为了调节送风量而设置的。格栅送风口除可装横竖薄片组成的格栅外，还可以用薄板制成带有各种图案的空花格栅。

表 12-8　常用侧送风口形式

风口名称	风口形式	射流特点及应用范围
格栅送风口(叶片或空花图案的格栅)		用于一般空调工程
单层百叶送风口		叶片可活动，根据冷热射流调节送风的上下部倾角，用于一般空调工程
双层百叶送风口		叶片可活动，内层对开叶片用以调节风量，用于较高精度空调工程
三层百叶送风口		叶片可活动，有对开叶片可调风量，有垂直叶片可调上下倾角和射流扩散角，用于高精度空调工程
带调节板活动百叶送风口		通过调节板调整风量，用于较高精度空调工程
带出口隔板的条缝型送风口		常用于工业车间的截面变化均匀送风管道上，用于一般精度的空调工程
条缝型送风口		常配合静压箱(兼作吸音箱)使用，可作风机盘管、诱导器的出风口，用于一般精度的民用建筑空调工程

（2）散流器

散流器一般安装于顶棚上。根据它的形状可分为圆形、方形或矩形。根据其结构可分为盘式、直片式和流线型。表 12-9 是常用散流器的形式。盘式散流器的送风气流呈辐射状，比较适合于层高较低的房间，但冬季送热风易产生温度分层现象。直片式散流器中，片的间距有固定的，也有可调的。采用可调叶片的散流器，它的送出气流可形成锥形或辐射形扩散，可满足冬、夏季不同的需要。

表 12-9　常用散流器形式

风口名称	风口形式	气流流型及应用范围
盘式散流器		属平送流型,用于层高较低的房间,挡板上可贴吸声材料,能起消声作用
直片式散流器	调节板　扩散圈　均流器	平送流型或下送流型(降低扩散圈在散流器中的相对位置时可得到平送流型,反之则可得到下送流型)
流线型散流器		属下送流型,适用于净化空调

（3）喷射式送风口

如图 12-12 所示，为用于远程送风的喷口，它属于轴向型风口，送风气流诱导的室内风量少，可以送较远的距离，射程一般可达到 10～30m，甚至更远。通常在大空间如体育馆、候机大厅中用作侧送风口。如风口既送冷风又送热风应选用可调角度喷口，角度调节范围为 30°。送冷风时，风口水平或上倾；送热风时，风口下倾。

（4）旋流送风口

如图 12-13 所示，为旋流式风口，其中图 12-13（a）是顶送式风口。风口中有起旋器，空气通过风口后成为旋转气流，并贴附于顶棚上流动。这种风口具有诱导室内空气能力大，温度和风速衰减快的特点，适宜在送风温差大、层高低的空间中应用。旋流式风口的起旋器位置可以上下调节，当起旋器下移时，可使气流变为吹出型。图 12-13（b）是用于地板送风的旋流式风口，它的工作原理与顶送形式一样。

2. 回风口的形式

由于回风口的气流流动对室内气流组织影响不大，因而回风口的构造比较简单。常用的回风口有单层百叶风口、格栅式风口、网式风口及活动箅板式回风口。回风口的形状和位置根据气流组织要求而定。若设在房间下部时，为避免灰尘和杂物吸入，风口下缘离地面至少 0.15m。

在空调工程中，风口均应能进行风量调节，若风口上无调节装置时，则应在支风管上加以考虑。

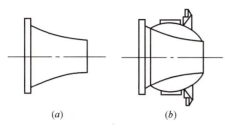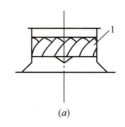

图 12-12　喷口

（a）固定式喷口；（b）可调角度喷口

图 12-13　旋流式风口

（a）顶送式旋流风口；（b）地板送风旋流风口

1—起旋器；2—旋流叶片；

3—集尘箱；4—出风格栅

12.4.3　气流组织的形式

气流组织的流动模式取决于送风口和回风口位置、送风口形式、送风量等因素。其中送风口的位置、形式、规格和出口风速等是影响气流组织的主要因素。常见的气流组织形式有以下四种。

1. 上送下回方式

这是最基本的气流组织形式。送风口安装在房间的侧上部或顶棚上，而回风口则设在房间的下部，如图 12-14 所示，它的主要特点是送风气流在进入工作区之前就已经与室内空气充分混合，易形成均匀的温度场和速度场，适用于一般空调及温湿度和洁净度要求较高的工艺性空调。

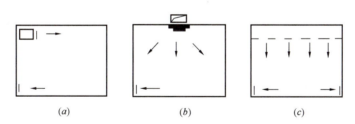

图 12-14　上送下回方式

（a）侧送侧回；（b）散流器送风；（c）孔板送风

2. 上送上回方式

在工程中，有时采用下回风时布置管路有一定的困难，常采用上送风上回风方式，如图 12-15 所示，这种方式的主要特点是施工方便，但影响房间的净空使用，且如设计计算不准确，会造成气流短路，影响空调效果。这种布置比较适用于有一定美观要求的民用建筑。

3. 中送风

某些高大空间的空调房间，采用前述方式需要大量送风，空调耗热量也大。因而采用在房间高度的中部位置上用侧送风口或喷口的送风方式，如图 12-16 所示。中送风是将房间下部作为空调区，上部作为非空调区。在满足工作区要求的前提下，有显著的节能效果。

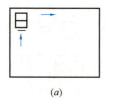 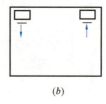 

图 12-15　上送上回方式　　　　　　图 12-16　中送风方式

（a）单侧上送上回；（b）异侧上送上回

4. 下送风

如图 12-17 所示，其中图 12-17（a）为地面均匀送风、上部集中排风。这种送风方式使新鲜空气首先通过工作区，有利于改善工作区的空气品质。为了满足人体舒适感要求，送风温差不可过大，一般以 2～3℃为宜，送风速度也不能过大，一般不超过 0.5～0.7m/s，这就必须增大送风口的面积或数量，给风口布置带来困难。但是由于是顶部排风，因而房间上部余热（照明散热、上部围护结构传热等）可以不进入工作区而被直接排走，故有一定的节能效果，所以近年来在国内外受到相当的重视。

图 12-17（b）为送风口设于窗台下面垂直向上送风的形式，这样可在工作区造成均匀的气流流动，同时能阻挡通过窗户进入室内的冷热气流直接进入工作区。工程中风机盘管系统常采用这种布置方式。

图 12-17（c）是下部低速侧送风（置换式送风）的室内气流的组织形式。

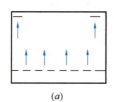 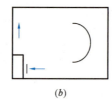 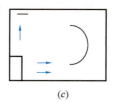

（a）　　　　　　　　　（b）　　　　　　　　　（c）

图 12-17　下送风方式

（a）地面均匀送风；（b）盘管下送；（c）置换式送风

12.4.4　气流组织的设计计算

气流组织设计的目的是布置风口、选择风口规格、校核室内气流速度、温度等。

以下介绍几种气流组织的设计方法。

气流组织设计一般需要的已知条件如下：房间总送风量 L_0（m^3/s）；房间长度 L（m）；房间宽度 W（m）；房间净高 H（m）；送风温度 t_0（℃）；房间工作区温度 t_n（℃）；送风温差 Δt_0（℃）。

气流组织设计计算中常用的符号说明如下：

ρ——空气密度，取 $1.2kg/m^3$；

c_p——空气比定压热容，取 $1.01kJ/(kg \cdot ℃)$；

x——要求的气流贴附长度，m，x 等于沿送风方向的房间长度减去 1m；

d_0——风口直径，当为矩形风口时，按面积折算成圆的直径，m。

1. 侧送风的设计计算

（1）气流流型

除了高大空间中侧送风气流可以看作自由射流外，大部分房间的侧送风气流都是受限射流。

侧送方式的气流流型宜设计为贴附射流，在整个房间截面内形成一个大的回旋气流，也就是使射流有足够的射程能够送到对面墙（对双侧送风方式，要求能送到房间的一半），整个工作区为回流区，避免射流中途进入工作区。侧送贴附射流流型，如图 12-18 所示。

这样设计流型可使射流有足够的射程，在进入工作区前其风速和温差可以充分衰减，工作区达到较均匀的温度和速度；使整个工作区为回流区，可以减小区域温差。因此，在空调房间中通常设计这种贴附射流流型。

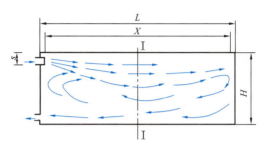

图 12-18　侧送贴附射流流型

（2）风口的选择与布置

设计中，根据不同的室温允许波动范围的要求，选择不同结构的侧送风口，以满足现场运行调节的要求。侧送风口形式较多，可参照相关国家标准图集和产品样本选用。

在布置送风口时，风口应尽量靠近顶棚，使射流贴附顶棚。另外，为了不使射流直接进入工作区，需要一定的射流混合高度，因此侧送风的房间不得低于如下高度：

$$H' = h + 0.07x + s + 0.3 \tag{12-21}$$

式中　　h ——工作区高度，m，一般取 1.8m～2.0m；

　　　　s ——送风口下缘到顶棚的距离，m；

　　0.3 ——安全系数。

（3）设计步骤

1）根据允许的射流温度衰减值，求出最小相对射程

在空调房间内，送风温度与室内温度有一定温差，射流在流动过程中，不断掺混室内空气，其温度逐渐接近室内温度。因此，要求射流的末端温度与室内温度之差 Δt_x 小于要求的室温允许波动范围。射流温度衰减与射流自由度、紊流系数、射程有关，对于室内温度波动允许大于1℃的空调房间，射流末端的 Δt_x 可为1℃左右，此时可认为射流温度衰减只与射程有关。中国建筑科学研究院通过对受限空间非等温射流的实验研究，提出温度衰减的变化规律，见表 12-10。

表 12-10　受限射流温度衰减规律

x/d_x	2	4	6	8	10	15	20	25	30	40
$\Delta t_x/\Delta t_0$	0.54	0.38	0.31	0.27	0.24	0.18	0.14	0.12	0.09	0.04

注：1. Δt_x 为射流处的温度 t_x 与工作区温度 t_n 之差；Δt_0 为送风温差。

　　2. 试验条件：$\sqrt{F_n}/d_0 = 21.2 \sim 27.8$。

2）计算风口的最大允许直径 $d_{0,\max}$

根据射流的实际所需贴附长度和最小相对射程，计算风口允许的最大直径 $d_{0,\max}$，

从风口样本中预选风口的规格尺寸。对于非圆形的风口，按面积折算为风口直径，即：

$$d_0 = 1.128\sqrt{F_0} \tag{12-22}$$

式中 F_0——风口的面积，m^2。

从风口样本中预选风口的规格尺寸，$d_0 \leqslant d_{0,\,max}$。

3）选取送风口速度 v_0，计算各风口送风量

送风速度 v_0 如果取较大值，对射流温差衰减有利，但会造成回流平均风速即要求的工作区风速 v_h 太大。

为了防止送风口产生噪声，建议送风速度采用 $v_0 = 2 \sim 5 m/s$；当 $v_h = 0.25 m/s$ 时，其最大允许送风速度，见表 12-11。

表 12-11   最大允许送风速度

射流自由度 $\sqrt{F}/d_0$	5	6	7	8	9	10	11	12	13	15	20	25	30
最大允许送风速度 v_0（m/s）	1.81	2.17	2.54	2.88	3.26	3.62	4.0	4.35	4.71	5.4	7.2	9.8	10.8
建议采用 v_0（m/s）	2.0				3.5				5.0				

确定送风速度后，即可得送风口的送风量为：

$$L_0 = \Psi v_0 \frac{\pi}{4} d_0^2 \tag{12-23}$$

式中 Ψ——为风口有效断面的系数，可根据实际情况计算确定，或从风口样本上查找，一般送风口 Ψ 为 0.95，对于双层百叶风口 Ψ 约为 $0.70 \sim 0.82$。

4）计算送风口数量 n 与实际送风速度

送风口数量：

$$n = \frac{L_0}{l_0} \tag{12-24}$$

实际送风速度：

$$v_0 = \frac{L_0/n}{\frac{\pi}{4} \times d_0^{\,2}} \tag{12-25}$$

5）校核送风速度

根据房间的宽度 W 和风口数量，计算出射流服务区断面为：

$$F_n = WH/n \tag{12-26}$$

由此可计算出射流自由度 $\sqrt{F_n}/d_0$，当工作区允许风速为 $0.2 \sim 0.3 m/s$ 时，允许的风口最大出风风速为：

$$v_{0,\,max} = (0.29 \sim 0.43)\frac{\sqrt{F_n}}{d_0} \tag{12-27}$$

如果实际出口风速 $v_0 \leqslant v_{0,\,max}$，则认为合适；如果 $v_0 > v_{0,\,max}$，则表明回流区平均风速超过规定值，超过太多时，应重新设置风口数量和尺寸，重新计算。

6）校核射流贴附长度

贴附射流的贴附长度主要取决于阿基米德数 Ar，Ar 数越小，射流贴附的长度越长；

Ar 数越大，贴附射程越短。中国建筑科学研究院空气调节研究所通过实验，给出阿基米德数与相对射程之间的关系，见表 12-12。

表 12-12 射流贴附长度

$Ar(\times10^{-3})$	0.2	1.0	2.0	3.00	4.0	5.0	6.0	7.0	9.0	11	13
x/d_0	80	51	40	35	32	30	28	26	23	21	19

从表 12-12 中查出与阿基米德数对应的相对射程，便可求出实际的贴附长度。若实际贴附长度大于或等于要求的贴附长度，则设计满足要求；若实际的贴附长度小于要求的贴附长度，则需重新设置风口数量和尺寸，重新计算。

2. 散流器送风的设计计算

（1）气流流型

散流器送风有平送和下送两种典型的送风方式。在此仅讨论平送风方式。

（2）风口的选择与布置

散流器应根据相关国家标准图集和产品样本选取。气流流型为平送贴附射流，有盘式散流器、圆形直片式散流器和方形片式散流器。设计顶棚密集布置散流器下送时，散流器形式应为流线型。在此仅讨论平送方式。

根据空调房间的大小和室内所要求的参数，选取散流器个数。一般按对称位置或梅花形布置，如图 12-19 所示，梅花形布置时每个散流器送出气流有互补性，气流组织更为均匀。圆形或方形散流器相应送风面积的长宽比不宜大于 1：1.5。散流器中心线和侧墙的距离，一般不应小于 1m。

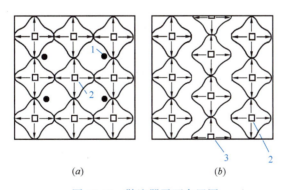

(a)   (b)

图 12-19 散流器平面布置图
（a）对称布置；（b）梅花形布置
1—柱；2—方形散流器；3—三面送风散流器

布置散流器时，散流器之间的间距及离墙的距离，一方面应使射流有足够射程，另一方面又应使射流扩散效果好。布置时充分考虑建筑结构的特点，散流器平送方向不得有障碍物（如柱）。每个圆形或方形散流器所服务的区域最好为正方形或接近正方形。如果散流器服务区的长宽比大于 1.25 时，宜选用矩形散流器。如果采用顶棚回风，则回风口应布置在距散流器最远处。

（3）设计步骤

散流器送风气流组织的计算主要是选用合适的散流器，使房间内风速满足设计要求。

根据圆形多层锥面和盘式散流器实验结果综合的公式，散流器射流的速度衰减方程为：

$$\frac{v_x}{v_0} = \frac{KF_0^{1/2}}{x + x_0}$$

(12-28)

式中　x ——射程，m，为散流器中心到风速为 0.5m/s 处的水平距离；

　　　v_x ——在 x 处的最大风速，m/s；

　　　v_0 ——散流器出口风速，m/s；

　　　x_0 ——平送射流原点与散流器中心的距离，m，多层锥面散流器取 0.07m；

　　　F_0 ——散流器的有效流通面积，m^2；

　　　K ——送风口常数，多层锥面散流器为 1.4，盘式散流器为 1.1。

工作区平均风速 v_m（m/s）与房间大小、射流的射程有关，可按式（12-29）计算。

$$v_m = \frac{0.381x}{(L^2/4 + H^2)^{1/2}}$$

(12-29)

式中　L ——散流器服务区边长，m，当两个方向长度不等时可取平均值；

　　　H ——房间净高，m。

式（12-29）是等温射流的计算公式。当送冷风时，应增加 20%，送热风时减少 20%。

散流器平送气流组织的设计步骤：

1）按照房间（或分区）的尺寸布置散流器，计算每个散流器的送风量。

2）初选散流器

按表 12-13 选择适当散流器颈部风速 v_0'，层高较低或要求噪声低时，应选低风速；层高较高或噪声控制要求不高时，可选用高风速；选定风速后，进一步选定散流器规格，可参见有关样本。

表 12-13　送风颈部最大允许风速

使用场合	颈部最大风速（m/s）
播音室	3.0～3.5
医院门诊室、病房、旅馆客房、接待室、居室、计算机房	4.0～5.0
剧场、剧场休息室、教室、音乐厅、食堂、图书馆、游艺厅、一般办公室	5.0～6.0
商店、旅馆、大剧场、饭店	6.0～7.5

选定散流器后可算出实际的颈部风速，散流器实际出口面积约为颈部面积的 90%，所以：

$$v_0 = \frac{v_0'}{0.9}$$

(12-30)

3）计算射程

由式（12-28）推得：

$$x = \frac{Kv_0 F_0^{1/2}}{v_x} - x_0$$

(12-31)

4）校核工作区的平均速度

若 v_m 满足工作区风速要求，则认为设计合理；若 v_m 不满足工作区风速要求，则重新布置散流器和计算。

12.5　空调系统的消声与减振

12.5.1　噪声的物理量度与评价标准

1. 噪声的物理量度

（1）声音和噪声的基本概念

声音是由声源、声波及听觉器官的感知三个环节组成。

由物理学可知，声源是物质的振动。如固体的机械运动、流体振动（水的波涛、空气的流动声）、电磁振动等。在声源的作用下，使周围的物质质点获得能量（如空气），产生了相应的振动，在其平衡位置附近产生了疏、密波。这样质点的振动能量就以疏、密波的形式向外传播，这种疏、密波称为声波。同理，声波的传播在气体、液体和固体中都可以进行。

声波在介质中的传播速度称为声速，用 c 表示，单位为 m/s。常温下，空气中的声速为 340m/s，橡胶中的声速为 40～50m/s，不同介质中的声速相差很大。声波在一个振动周期内传播的距离为波长，用 λ 表示，单位为 m。声波每秒振动的次数为频率，用 f 表示，单位为 Hz。波长 λ、声速 c 和频率 f 是声波的三个基本物理量，三者之间的关系是：

$$\lambda = \frac{c}{f} \tag{12-32}$$

人耳产生感觉的频率范围为 20～20000Hz。一般把低于 500Hz 的声音称为低频声；500～1000Hz 的声音称为中频声；1000Hz 以上的声音称为高频声。低频声低沉，高频声尖锐。人耳最敏感的频率为 1000Hz。

空调工程中主要的噪声源是通风机、制冷机和水泵、机械通风冷却塔等。通风机噪声主要是通风机运转时的空气动力噪声（包括气流涡流噪声、撞击噪声和叶片回转噪声）和机械性噪声，噪声的大小主要与通风机的构造、型号、转速以及加工质量等有关。除此之外，还有一些其他的气流噪声，例如风管内气流引起的管壁振动、气流遇到障碍物（阀门、弯头等）产生的涡流以及出风口风速过高等都会产生噪声。

如图 12-20 所示，是空调系统的噪声传递情况。从图中可以看出，除通风机噪声由风管传入室内外，还可通过建筑围护结构的不严密处传入室内；设备的振动和噪声也可以通过地基、围护结构和风管壁传入室内。因此，当空调房间内要求比较安静（噪声级比较低）时，空调装置除应满足室内温湿度要求外，还应满足噪声的有关要求。达到这一要求的重要手段之一，就是通风系统的消声和设备的隔振。

（2）声音（噪声）的物理量度

1）声压与声压级

声波传播时，由于空气受到振动而引起的疏密变化，使在原来的大气压强上叠加了一个变化的压强，这个叠加的压强被称为声压，用 P 表示，单位为 Pa，也就是单位面积上所承受的声音压力的大小。在空气中，当声频为 1000Hz 时，人耳可感觉的最小声压称为听阈声压 P_0，P_0 为 $2×10^{-5}$Pa，通常把 P_0 作为比较的标准声压，也称为基准声压；人耳可忍受的最大声压称为痛阈声压，为 20Pa。声压表示声音的强弱，可以用仪器直接测量。

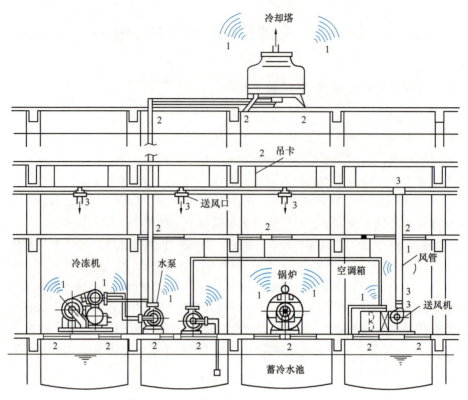

图 12-20　空调系统的噪声传递情况

从听阈声压到痛阈声压，绝对值相差一百万倍，说明人耳的可听范围是很宽的。由于这范围内的声压很大，在测量和计算时很不方便。而且人耳对声压变化的感觉具有相对性，例如声压从 0.01Pa 变化到 0.1Pa 与从 1Pa 变化到 10Pa 作比较，虽然两者声压增加的绝对值不同，但由于两者声压增加的倍数相同，人耳对这两种声音增强的感觉却是相同的。因此，为了便于表达起见，声音的量度采用对数标度，即以相对于基准量的比值的对数来表示，其单位为 B（贝尔），又为了更便于实际应用，采用 B 的十分之一，即 dB（分贝）作为声音量度的常用单位。也就是说，声音是以级来表示大小。

声压级是表示声场特性的，其大小与测点距声源的距离有关。声压对基准声压 P_0 之比，其常用对数的 20 倍称为声压级，用 L_P 表示，即：

$$L_P = 20\lg \frac{P}{P_0} \tag{12-33}$$

式中　L_P——声压级，dB；

　　　P_0——基准声压，$P_0 = 2 \times 10^{-5} \text{Pa}$；

　　　P——声压，Pa。

由上式可知，听阈声压级为：$L_P = 20\lg \frac{P}{P_0} = \left(20\lg \frac{2 \times 10^{-5}}{2 \times 10^{-5}}\right) \text{dB} = 0\text{dB}$

痛阈声压级为：$L_P = 20\lg \frac{P}{P_0} = \left(20\lg \frac{20}{2 \times 10^{-5}}\right) \text{dB} = 120\text{dB}$

由此可见，从听阈到痛阈，由一百万倍的声压变化范围缩成声压级 0 到 120dB 的变化范围，这就简化了声压的量度。

2）声强与声强级

声波在介质中的传播过程，实际上就是能量的传播过程。在垂直于声波传播方向的单位面积上，单位时间通过的声能，称为声强，用 I 表示，单位为 W/m^2。基准声压的声强称为基准声强 I_0，I_0 为 $10^{-12} W/m^2$；痛阈声压，是人耳可忍的最大声强，为 $1W/m^2$。

声强对基准声强 I_0 之比，其常用对数的 10 倍称声强级，即：

$$L_I = 10\lg\frac{I}{I_0} \tag{12-34}$$

式中　L_I——声强级，dB；

　　　I_0——基准声强，$I_0 = 10^{-12} W/m^2$；

　　　I——声强，W/m^2。

由于声强与声压有如下的关系：

$$I = \frac{P^2}{\rho c}（\rho \text{ 为空气密度}，c \text{ 为速度}）$$

所以：

$$L_I = 10\lg\frac{I}{I_0} = 10\lg\frac{P^2}{P_0^2} = L_P$$

由此可见，声音的声强级和声压级的分贝值相等。

3）声功率与声功率级

声功率是表示声源特性的物理量。单位时间内声源以声波形式辐射的总能量称为声功率，用 W 表示，单位为 W。基准声功率 W_0 为 $10^{-12} W$。

声功率级是表示声源性质的，它直接表示声源发射能量的大小。声功率对基准声功率 W_0 之比，其常用对数的 10 倍称声功率级，即：

$$L_W = 10\lg\frac{W}{W_0} \tag{12-35}$$

式中　L_W——声功率级，dB；

　　　W_0——基准声功率，$W_0 = 10^{-12} W$；

　　　W——声功率，W。

4）声波的叠加

由于量度声波的声压级、声强级或声功率级都是以对数为标度的，因此当有多个声源同时产生噪声时，其合成的噪声级应按对数法则进行运算。

当 n 个不同的声压级叠加时，总声压级为：

$$\sum L_P = 10\lg(10^{0.1L_{P1}} + 10^{0.1L_{P2}} + \cdots\cdots + 10^{0.1L_{Pn}}) \tag{12-36}$$

式中　　　$\sum L_P$——n 个声压级叠加的总和，dB；

L_{P1}、$L_{P2}\cdots\cdots L_{Pn}$——分别为声源 1、2$\cdots\cdots n$ 的声压级，dB。

2. 噪声的评价标准

为满足生产的需要和消除对人体的不利影响，需对各种不同的场所制定出允许的噪声级，称为噪声标准。制定噪声标准时，还应考虑技术上的合理性。

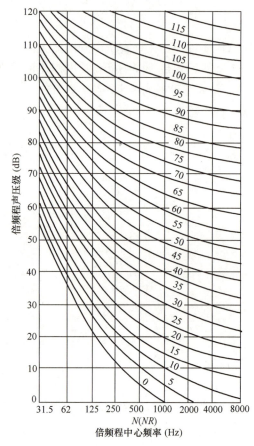

图 12-21　噪声评价 $N(NR)$ 曲线

（1）噪声评价曲线

由于人耳对不同频率的噪声敏感程度不同，以及对不同频率的噪声控制措施也不同，所以应该制定各倍频程的噪声允许标准。目前我国采用国际标准组织制定的噪声评价曲线，即 $N(NR)$ 曲线作标准，如图 12-21 所示。

图中 N 或（NR）值为噪声评价曲线号，即中心频率 1000Hz 所对应的声压分贝值。考虑到人耳对低频噪声不敏感，以及低频噪声消声处理较困难的特点，故图 12-21 中低频噪声的允许声压级分贝值较高；而高频噪声的允许声压级分贝值较低。

噪声评价曲线号 N 和声级计"A"档读数 L_A 的关系为 $N=L_A-5dB$。

（2）空调房间的允许噪声标准

空调房间对噪声的要求，大致可分为以下三类：生产或工作过程本身对噪声有严格的要求（如播音室、录音室等）；在生产或工作过程中要求为操作人员创造安静的环境（如仪表装配间、测试车间等）；为保证语言和通信质量以及听觉效果，对噪声有一定的要求（如剧院、会议室等）。

一般可根据建筑物的性质，由表 12-14 所列选用 N（或 NR）曲线号数，再由图 12-21 查出各频程允许的噪声声压级分贝值。

表 12-14　室内允许噪声标准（dB）

建筑物性质	噪声评价曲线 N 号	声级计 A 档读数（L_A）
电台、电视台的播音室	20～30	25～35
剧场、音乐厅、会议室	20～30	25～35
体育馆	40～50	45～55
车间（根据不同用途）	45～70	50～75

12.5.2　空调系统的噪声源与噪声衰减

1. 空调系统的主要噪声源

（1）风机噪声

空调系统中的主要噪声源是通风机。通风机噪声的大小和许多因素有关，如叶片形式、片数、风量、风压等参数。噪声主要是由叶片上的紊流而引起的宽频带的气流噪声，以及相应的旋转噪声。通风空调中用的风机噪声频率在 200～800Hz 之间，即主要处在低频范围。

各种风机的声学特性应由风机厂提供。如无这方面的资料，某些重要工程对选用的风机应进行声功率级和频带声功率级实测。

（2）气流噪声

空调系统除风机为主噪声源外，还由于风管内气流流速和压力的变化以及对管壁和局部构件的作用二次引起的气流噪声。在高速风管中这种噪声不能忽视，而在低速风管内（指风管速度＜8m/s），即使存在气流噪声但与较大的声源相叠加，可以忽略。因而从减少噪声考虑，应尽可能地采用较小的风速。

2. 空调系统的噪声自然衰减

通风机产生的噪声在经过风管传播的过程中，由于流动空气对管壁的摩擦，使部分声能转换成热能；以及由于在系统部件（风管变截面和支路、弯头等）处由部分声能被反射，因而噪声会有衰减，这种衰减称为自然衰减。

系统部件的噪声自然衰减值，一般是在没有气流的所谓静态情况下测得的。在有气流时，会由于气流撞击和形成涡流等原因而产生噪声，这种噪声称为再生噪声，它随气流速度的增高而加大。当气流速度高到一定程度时，系统部件有可能非但没有使噪声衰减，反而会成为系统中的一个新噪声源。

3. 消声器消声量的确定

当室内声压级 L_p 不能满足室内要求的 $N(NR)$ 曲线时，则相应的各倍频程声压级即为所选消声器应具有的消声量，如图 12-22 所示，这种关系可从图中看出。在实际工程中当属低速风管时，一般可不计算气流噪声源。又当管路简单并线路较短时，可不计算噪声的沿程自然衰减，相当于在相同的消声计算中考虑了安全因素。

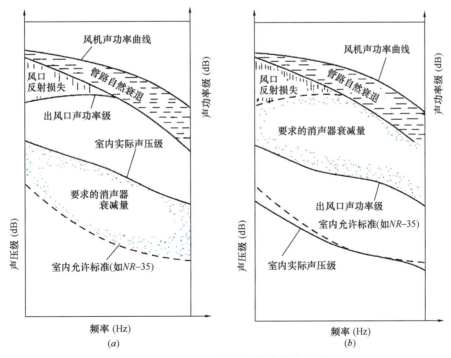

图 12-22　空调系统消声器计算关系图

（a）设置消声器前；（b）设置消声器后

221

12.5.3 消声器的类型

1. 阻性消声器

阻性消声器的消声原理主要是靠吸声材料的吸声作用。

应用于消声器的吸声材料，应具有良好的吸声性能（对低频噪声也应有一定的吸声作用），并且防火、防腐、防蛀、防潮以及表面摩擦力小、施工方便、价格低廉。常用的吸声材料有超细玻璃棉、开孔型聚氨酯泡沫塑料、微孔吸声砖以及木丝板等。

把吸声材料固定在管道内壁，和按一定方式排列在管道和壳体内，就构成了阻性消声器。显然它是依靠吸声材料的吸声作用来达到消声目的的。阻性消声器，对中、高频吸声效果显著，但对低频噪声消声效果较差。为了提高消声量，可以改变吸声材料的厚度、重度和结构形式。常用的阻性消声器有以下几种：

（1）管式消声器

管式消声器是一种最简单的阻性消声器，它仅在管壁内周贴上一层吸声材料，故又称"管衬"，如图 12-23 所示。

（2）片式、蜂窝式（格式）消声器

为了提高上限失效频率和改善对高频声的消声效果，可把大断面风管的断面划分成几个格子，成为片式或蜂窝式（格式）消声器，如图 12-24 所示。

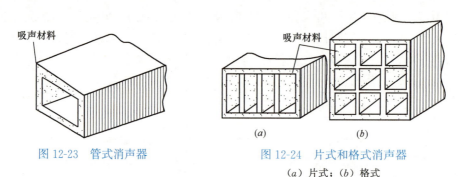

图 12-23　管式消声器

图 12-24　片式和格式消声器

（a）片式；（b）格式

片式消声器应用比较广泛，它构造简单，对中、高频声波的吸声性能较好，阻力也不大。格式消声器具有同样的特点，但因要保证有效断面不小于风管断面，故体积较大。这类消声器的空气流速不宜过高，以防气流产生湍流噪声而使消声无效，同时增加了空气阻力。

片式消声器的片距一般为 $100\sim200mm$，蜂窝式消声器的每个通道约为 $200mm\times200mm$，吸声材料厚度一般为 100mm 左右。如图 12-25 所示，是片式消声器的消声性能，其中隔片厚 100mm，内部填充 $64kg/m^3$ 的玻璃棉，或 $96kg/m^3$ 的矿棉。图中 s 为片距，可以看出 s 加大，消声效果就相应下降。

（3）折板式、声流式消声器

将片式消声器的吸声板改制成曲折式，就成为折板式消声器，如图 12-26 所示。声波在消声器内往复多次反射，增加了与吸声材料接触的机会，从而提高了中、高频声的消声量。但折板式消声器的阻力比片式消声器的阻力大。

为了使消声器既具有良好的吸声效果，又具有尽量小的空气阻力，可将消声器的吸声片横截面制成正弦波状或近似正弦波状。这种消声器称为声流式消声器，如图 12-27 所示。

（4）室式消声器（迷宫式消声器）

在大容积的箱（室）内表面粘贴吸声材料，并错开气流的进、出口位置，就构成室式消声器，多室式又称迷宫式消声器，如图 12-28 所示。它们的消声原理除了主要的阻性消声作用外，还因气流断面变化而具有一定的抗性消声作用。室式消声器的特点是吸声频程较宽，安装维修方便，但阻力大，占空间大。

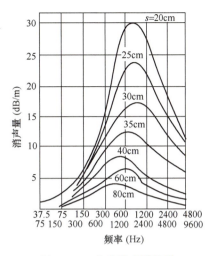

图 12-25 片式消声器性能

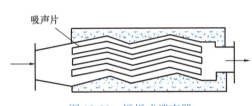

图 12-26 折板式消声器

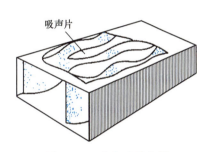

图 12-27 声流式消声器

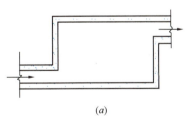

(a)   (b)

图 12-28 室式消声器

（a）单室式；（b）迷宫式

2. 抗性消声器（膨胀性消声器）

抗性消声器由管和小室相连而成，如图 12-29 所示。由于通道截面的突变，使沿通道传播的声波反射回声源方向，从而起到吸声作用。为保证一定的消声效果，消声器的膨胀比（大断面与小断面面积之比）应大于 5。

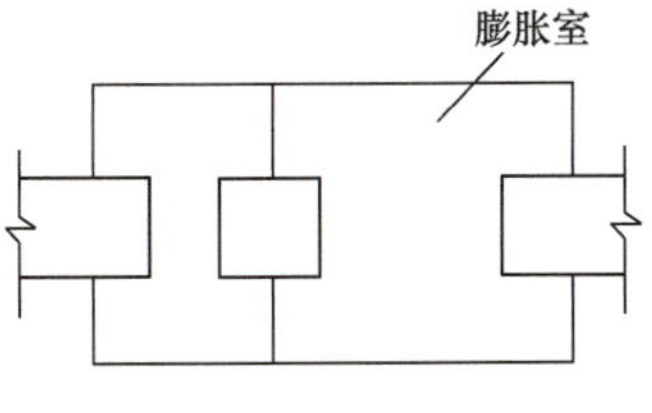

抗性消声器对中、低频噪声有较好的消声效果，且结构简单；又由于不使用吸声材料，因此不受高温和腐蚀性

图 12-29 膨胀性消声器示意图

气体的影响。但这种消声器消声频程较窄，空气阻力大且占用空间多，一般宜在小尺寸的风管上使用。

3. 共振式消声器

如图 12-30 所示，图 12-30（a）为共振式消声器的构造，在管道上开孔，并与共振腔相连；图 12-30（b）是在声波作用下，小孔孔颈中的空气像活塞似地往复运动，使共振腔内的空气也发生振动，这样穿孔板小孔孔径处的空气柱和共振腔内的空气构成了一个共振吸声结构。共振吸声结构具有由孔颈直径（d）、孔颈厚（t）和腔深（D）所决定的固有频率。当外界噪声的频率和共振吸声结构的固有频率相同时，会引起小孔孔颈处空气柱强烈共振，空气柱与颈壁剧烈摩擦，从而消耗了声能，起到消声的作用。这种消声器具有较强的频率选择性，消声效果显著的频率范围很窄，如图 12-30（c）所示，一般用以消除低频噪声。

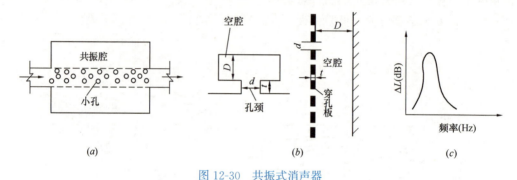

图 12-30　共振式消声器

（a）结构示意图；（b）共振吸声结构；（c）消声特性

4. 宽频程复合式消声器

为了在较宽的频程范围内获得良好的消声效果，可把阻性消声器对中、高频噪声消除显著的特点，与抗性或共振性消声器对消除低频噪声效果显著的特点进行组合，设计成一种复合型消声器。例如有阻抗复合式、阻抗共振复合式以及微穿孔板消声器等。

阻抗复合式消声器一般由用吸声材料制成的阻性吸声片和若干个抗性膨胀室组成，如图 12-31 所示。试验证明，它对低频消声性能有很大的改善。

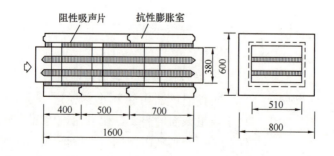

图 12-31　阻抗复合式消声器组成

如图 12-32 所示，金属微穿孔板消声器的微穿孔板和孔径，均小于 1mm，微孔有较大的声阻，吸声性能好，并且由于消声器边壁设置共振腔，微孔与共振腔组成一个共振系统。因此，消声频程宽，且空气阻力小，当风速在 15m/s 以下时，可以忽略阻力。又因消声器不使用消声材料，因此不起尘，一般多用于有特殊要求的场合，例如高温、高速管道以及净化空调系统中。

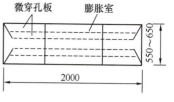

图 12-32　微穿孔板消声器

5. 其他形式的消声器

（1）消声弯头

当因机房面积窄小而难以设置消声器，或需对原有建筑物改善消声效果时，可采用消声弯头。如图 12-33 所示，图 12-33（a）为弯头内贴吸声材料的做法，要求内缘做成圆弧，外缘粘贴吸声材料的长度，不应小于弯头的 4 倍；图 12-33（b）为内贴 25mm 厚玻璃纤维的消声弯头的消声效果。如图 12-34 所示，是改良的消声弯头，图 12-34（a）为消声弯头外缘，由微穿孔板、吸声材料和空腔组成；图 12-34（b）为其消声量示意图。

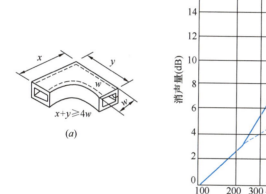

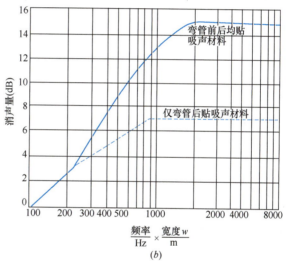

图 12-33　普通消声弯头

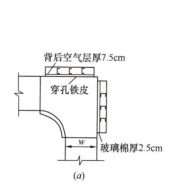

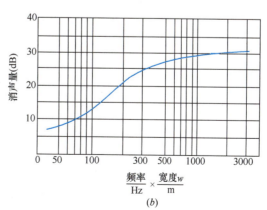

图 12-34　共振型消声弯头

（2）消声静压箱

在风机出口处或在空气分布器前设置静压箱并贴以吸声材料，既可起到稳定气流的作用，又可以起到消声器的作用，如图 12-35 所示。它的消声量与材料的吸声能力，箱内断面积和出口侧风管的断面积等因素有关。如图 12-36 所示，为计算消声量的线算图。此外，还有一些其他形式的消声器，例如装在室内回风口处的风口消声器和消声百叶窗等。

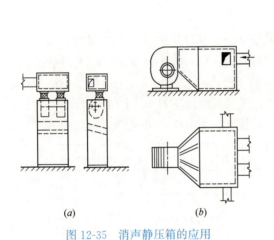

图 12-35　消声静压箱的应用

（*a*）消声箱装在空调机出口；（*b*）消声箱兼起分压风静压箱作用

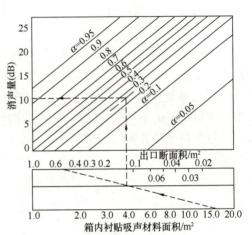

图 12-36　消声静压箱的消声量线算图

12.5.4　通风空调系统隔振装置的选择确定

1. 振动传递率

空调系统中的风机、水泵、制冷压缩机等设备运转时，会由于转动部件的质量中心偏

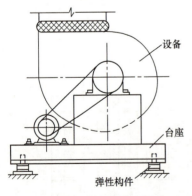

图 12-37　积极隔振示意图

离轴中心而产生振动。该振动传给支撑结构（基础或楼板），并以弹性波的形式，沿房屋结构传到其他房间，又以噪声的形式出现，这种噪声称为固体声。当振动影响某些工作的正常进行，或危及建筑物的安全时，需采取隔振措施。

为减弱振源（设备）传给支撑结构的振动，需消除它们之间的刚性连接，即在振源与支撑结构之间安装弹性构件，如弹簧、橡皮、软木等，如图 12-37 所示，这种方法称为积极隔振法；如果是对怕振的精密设备、仪表等采取隔振措施，以防止外界对它们的影响，这种方法称为消极隔振法。

在设计隔振系统时，隔振设计标准通常以振动传递率 T 来评价。在民用建筑中，有三种分类方式。各种分类方式所需的振动传递率见表 12-15。

表 12-15　各类建筑和设备所需的振动传递率 T 的建议值

A. 按建筑用途区分		
隔离固体声的要求	建筑类别	T
很高	音乐厅、歌剧院、录音演播室、会议室、声学实验室	0.01~0.05
较高	医院、影剧院、旅馆、学校、高层公寓、住宅、图书馆	0.05~0.20
一般	办公室、多功能体育室、餐厅、商店	0.20~0.40
要求不高或不考虑	工厂、地下室、车库、仓库	0.80~1.50

B. 按设备种类区分			
设备种类		T	
		地下室、工厂	楼层建筑(两层以上)
泵	≤3kW	0.30	0.10
	>3kW	0.20	0.05
往复式冷水机组	<10kW	0.30	0.15
	10~14kW	0.25	0.10
	40~110kW	0.20	0.05
密闭式冷冻设备			0.10
离心式冷水机组		0.15	0.05
空气调节设备		0.30	0.20
通风孔		0.30	0.10
管路系统		0.30	0.05~0.10
发电机		0.20	0.10
冷却塔		0.30	0.15~0.20
冷凝器		0.30	0.20
换气装置		0.30	0.20

C. 按设备功率分			
设备功率(kW)	T		
	地下层、一楼	两层以上(重型结构)	两层以上(轻型结构)
≤3	—	0.50	0.10
4~10	0.50	0.25	0.07
10~30	0.20	0.10	0.05
30~75	0.10	0.05	0.025
75~225	0.05	0.03	0.015

2. 隔振装置的选择

（1）隔振材料及隔振器

1）隔振材料

隔振材料的品种很多，有软木、橡胶、玻璃纤维板、毛毡板、金属弹簧和空气弹簧等。

软木刚度较大，固有振动频率高，适用于高转速设备的隔振；软木种类复杂，性能很不稳定，其固有频率与软木厚度有关，厚度薄频率高，一般厚度为 50mm、100mm 和 150mm。

橡胶弹性好、阻尼比大、造型和压制方便、可多层叠合使用，降低固有频率，且价格低廉，是一种常用的较理想的隔振材料；但橡胶易受温度、油质、臭氧、日光、化学溶剂的浸蚀，易老化。橡胶类隔振装置主要是采用经硫化处理的耐油丁腈橡胶制成。橡胶材料的隔振装置种类很多，主要有橡胶隔振垫和橡胶隔振器两大类型，如图 12-38 所示。橡胶隔振垫是用橡胶材料切成所需的面积和厚度的块状隔振垫，直接垫在设备的下面。可根据需要切割成任意大小，还可多层串联使用。

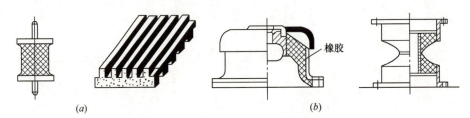

图 12-38　几种不同形式的隔振器结构示意图

(a) 隔振垫；(b) 隔振器

2）隔振器

橡胶剪切隔振器，它是由丁腈橡胶制成的圆锥形状的弹性体，并粘结在内外金属环上受剪切力的作用。它有较低的固有频率和足够的阻尼，隔振效果良好，安装和更换方便。如图 12-38（b）所示，为国产 JG 型橡胶剪切隔振器构造示意图。

弹簧隔振器，它是由单个或数个相同尺寸的弹簧和铸铁（或塑料）护罩所组成。如图 12-39 所示，为国产 TJ_1 型隔振器的构造图。由于弹簧隔振器的固有频率低，静态压缩量大，承载能力大，隔振效果好，且性能稳定，因此应用广泛，但价格较贵。

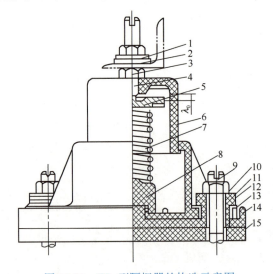

图 12-39　TJ_1 型隔振器的构造示意图

1—弹簧垫圈；2—斜垫圈；3—螺母；4—螺栓；5—定位板；6—上外罩；7—弹簧；8—垫块；
9—地脚螺栓；10—垫圈；11—橡胶垫板；12—胶木螺栓；13—下外罩；14—底盘；15—橡胶垫板

空气弹簧隔振器，它是一种内部充气的柔性密闭容器，利用空气内能变化达到隔振目的。它的性能取决于绝对温度，并随工作气压和胶囊形状的改变而变化。空气弹簧刚度低，阻尼可调，具有较低的固有频率和较好的阻尼性能，隔振效果良好。空气弹簧隔振器对保养和环境有一定的要求，且价格较高，如图 12-40 所示，为空气弹簧隔振器示意图。

金属弹簧与橡胶组合隔振器，当采用橡胶剪切隔振器满足不了隔振要求时，而采用金属弹簧又阻尼不足时，可采用钢弹簧与橡胶组合隔振器。该类隔振器，有并联和串联两种形式，如图 12-41 所示。

（2）隔振装置的选择

隔振器的类型宜按下列原则确定：当 $f_0 < 5\mathrm{Hz}$ 时，应采用金属弹簧隔振器（预应力阻尼型）或空气弹簧隔振器；当 $5\mathrm{Hz} \leqslant f_0 < 12\mathrm{Hz}$ 时，宜采用金属弹簧隔振器（预应力阻尼型）、空气弹簧隔振器或橡胶剪切型隔振器；当 $f_0 \geqslant 12\mathrm{Hz}$ 时，可采用金属弹簧隔振器（预应力阻尼型）、空气弹簧隔振器、橡胶剪切型隔振器或橡胶隔振垫。

3. 通风空调系统的隔振设计要点

在设计工程中，有些常用的风机、水泵和制冷机组等设备，已设计有定型配套的隔振垫和隔振器，可在有关的安装图中直接选用。

（1）通风空调系统的隔振设计应包括设备隔振和管道隔振。设备隔振包括冷水机组、空调机组、水泵、风机（包括落地式和吊装风机）以及其他可能产生较大振动的设备。管道隔振主要是防止设备的振动通过风管进行传递。

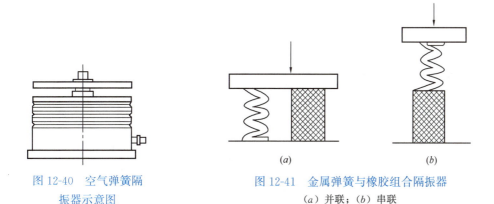

图 12-40　空气弹簧隔　　　　图 12-41　金属弹簧与橡胶组合隔振器
振器示意图　　　　　　　　　（a）并联；（b）串联

（2）隔振台座通常采用钢筋混凝土预制件或型钢架，其尺寸应满足设备安装（包括地脚螺栓长度）的要求。隔振台座采用钢筋混凝土预制件时，可采用"平板"和"T"形两种。当设备重心较低时，宜采用"平板"型；当设备重心较高时，宜采用"T"形。隔振台座的重量不宜小于设备重量（包括电机）的三倍（随设备自带的隔振台座除外）。对于地震区，应有防止隔振台座水平位移的措施。

（3）冷水机组等重量较大（数吨以上）的设备，可以不设隔振台座，设备直接设于隔振器上。

（4）每个设备所配的隔振器设置数量宜为 4 个，最多不应超过 6 个，且每个隔振器的受力及变形应均匀一致。

（5）振动较大的设备（如风机）吊装时，应采用金属弹簧或金属弹簧—橡胶复合型减振吊钩；振动较小的设备（如风机盘管等）吊装时，若有必要，可采用橡胶隔振吊钩。

（6）冷热源机房的上层为噪声和振动要求标准较高的房间时，机房内水管宜采用橡胶隔振吊钩吊装。

（7）空调机组可直接采用橡胶隔振垫隔振。

（8）风机进出口与风管的连接应采用软管连接。软管宜采用人造革材料或帆布材料制作。规格为 6 号以下风机，软管的合理长度为 200mm，规格为 8 号以上的风机，软管的合理长度为 400mm。

拓展小课堂

空调房间的气流组织形式、送（回）口的选择、消声与减振方式需考虑多方面的因素，要求具有沟通能力及团结协作精神。结合不同气流组织形式、消声与减振方式在工程中的具体应用，培养工程意识。

单元小结

本单元主要介绍了五个问题。第一个问题是风管内的阻力，主要介绍了风管系统的沿程阻力和局部阻力的定义和计算方法，也分析了风管管路的阻力特性。第二个问题是风管的水力计算，主要介绍了假定流速法、压损平均法和静压复得法三种风管水力计算的方法，三种减少风系统总阻力的方法。第三个问题是风系统设计中的有关问题，主要介绍了风管系统布置的原则，新风、回风和排风的设计原则。第四个问题是空调房间的气流组织，主要介绍了送回风口的气流流动规律、常见送回风口的形式、气流组织的形式，重点介绍了侧送风的设计计算和散流器送风的设计计算。第五个问题是空调系统的消声与减振，主要介绍了噪声的物理量度与评价标准、空调系统的噪声源与噪声衰减、消声器的类型和通风空调系统隔振装置，重点介绍了风机噪声、消声器的类型和隔振装置的选择。

思考题与习题

1. 常用的通风管道的材料有哪些？

2. 风管的压力损失包括哪两项？如何计算？

3. 空调风管内的风速应如何确定？

4. 一直流式空调系统如图 12-42 所示，已知每个风口的风量为 $1500\text{m}^3/\text{h}$，空气处理装置的阻力 305Pa（包括过滤器 50Pa、表冷器 150Pa、加热器 70Pa、空气进出口及箱体内附加阻力 35Pa），要求空调房间正压 10Pa，风管材料为镀锌钢板（$K=0.15\text{mm}$）。设计风道尺寸并选配合适的风机。

5. 已知室外空气温度为 32℃，相对湿度为 $\varphi=80\%$，相应的露点温度为 $t_1=28.1℃$，管内流体温度为 14℃，采用的保温材料热导率为 $\lambda=0.04\text{W}/(\text{m}\cdot\text{K})$，$\alpha_{wg}=8\text{W}/(\text{m}\cdot\text{K})$。

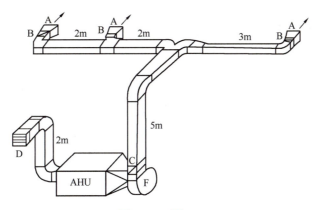

图 12-42　题 12-4

A—百叶风口；B—多叶调节阀；C—多叶调节阀；D—百叶风口；

F—通风机；AHU—空气处理箱

求：（1）防止结露的矩形管道所需的最小保温层厚度。

（2）防止结露的风管外径 $D_0=100$mm 时的圆管所需的最小保温层厚度。

6. 阿基米德数 Ar 的含义是什么？其值的大小主要取决于哪些参数？

7. 气流组织的基本形式有哪些？其主要特点有哪些？

8. 某 15m×15m 的空调房间，层高为 3.6m，送风量为 6750m^3/h，试选择散流器的规格和数量。

9. 为什么评价设备噪声用声功率级、评价房间某点噪声用声压级？

10. 什么是阻性消声器？什么是抗性消声器？

11. 常用设备隔振材料和隔振器有哪几种？

12. 制冷机房中有一台冷水机组，其声功率级为 85dB。两台相同的循环水泵，单台的声功率级为 77dB。一台补水泵，其声功率级为 80dB。这些设备布置在同一房间中。求：制冷机房最大的声功率级。

13. 空调机房内设置两台相同的后倾叶片离心风机。在设计工况下每台风量为 5000m^3/h，全压为 500Pa。中心频率为 1000Hz 时该风机的声功率级修正值为 −17dB。求：在该状态下，这两台风机中心频率为 1000Hz 的总声功率级。

Chapter 13

教学单元 13

空调冷源设备与水系统

13-1

空调冷源设备
与水系统

教学单元概述

本教学单元主要讲述空调冷源的基本方式与空调水系统，重点介绍蒸气压缩式冷水机组、溴化锂吸收式冷水机组、热泵机组，在此基础上，使同学们具备正确认识各类空调冷源的工作原理及特点、空调水系统的组成和分类，并进行简单水力计算的能力。能正确进行冷水机组和冷却塔的选型。

知识目标

1. 掌握空调冷源设备的各种分类方法；
2. 掌握常用冷水机组的组成和特点；
3. 掌握空调冷（热）水系统的分类和组成，了解冰蓄冷系统的基本方式；
4. 熟悉空调冷却水系统的组成、设备构造及选择方法；
5. 熟悉冷却塔的类型和特点。

能力目标

1. 能进行空调冷源机组的选型；
2. 能进行简单冷（热）水系统水力计算；
3. 能进行简单冷却水系统水力计算；
4. 能正确选择冷却塔。

空调冷源设备主要包括冷水机组和热泵机组，其中冷水机组包含全套制冷设备的制冷机组，是集中式和半集中式空调系统最常用的冷源。

空调水系统包括冷（热）水系统和冷却水系统两部分。冷（热）水系统是指将冷冻站或锅炉房提供的冷水或热水送至空调机组或末端空气处理设备的水路系统。冷却水系统是指将冷冻机中冷凝器的散热带走的水系统，对于风冷式冷冻机组，则不需要冷却水系统。

13.1　空调冷源设备

制冷应用最为广泛的方法是液体汽化制冷，它是利用液体汽化时的吸热效应而实现制冷的。空调中主要的制冷设备是用蒸气压缩式和吸收式制冷方式。

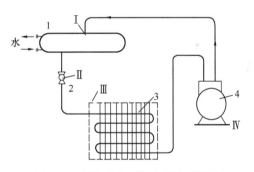

13-2

空调冷源设备

13.1.1　蒸气压缩式制冷机组

1. 压缩式制冷机组的组成与工作原理

图 13-1 是工程中常见的蒸气压缩式制冷循环。它由压缩机、冷凝器、节流阀和蒸发器组成。其工作过程如下：高压液态制冷工质通过节流阀降压、降温后进入蒸发器，在蒸发压力 p_0、蒸发温度 t_0 下吸收被冷却物体的热量而沸腾，变成低压、低温的蒸气，随即被压缩机吸入，经压缩升高压力和温度后送入冷凝器，在冷凝压力 p_k 下放出热量、并传给冷却介质（通常是水或空气），由高压过热蒸气冷凝成液体，液化后的高压常温制冷工质又进入节流阀重复上述过程。制冷工质在单级蒸气压缩式制冷系统中周而复始的工作过程就叫蒸气压缩式制冷循环。通过制冷循环，制冷工质不断吸收周围空气或物体的热量，从而使室温或物体温度降低，以达到制冷的目的。

由压缩机、冷凝器、节流阀和蒸发器四个部件依次用管道连接成封闭的系统，充注适当制冷工质所组成的设备，称为压缩式制冷机。

图 13-1　单级蒸气压缩式制冷系统图

1—冷凝器；2—节流阀；3—蒸发器；4—压缩机

Ⅰ—冷凝过程；Ⅱ—节流过程；Ⅲ—汽化过程；

Ⅳ—压缩过程

2. 压缩机

（1）压缩机的作用

1）从蒸发器吸出蒸气，以保证蒸发器内较低的蒸发压力。

2）提高压力，以创造在较高温度下冷凝的条件。

3）输送制冷剂，使制冷剂形成制冷循环。

（2）制冷压缩机的型式根据工作原理，可分为容积型和速度型两大类

1）容积型压缩机：气体压力靠可变容积被强制缩小来提高，常用的容积型压缩机有往复式活塞压缩机与螺杆式压缩机。

① 活塞式压缩机

活塞式压缩机是利用气缸中活塞的往复运动来压缩气缸中的气体，通常是利用曲柄机原动机的旋转运动转变为活塞的往复直线运动，故也称为往复式压缩机。

活塞式压缩机主要由机体、气缸、活塞、连杆、曲轴和气阀等组成。其优点是：对材料的要求较低、加工较容易、造价较低，适应的压力范围和制冷量较广，热效率较高，单位能耗较少，设备系统较简单。其缺点是：输气不连续、气压有波动，因转速不能过高（500～3000r/min 之间），中型机制冷量在 60～600kW、小型机制冷量一般不超过 60kW，单机输气量大时机器显得笨重，易损件多、维修量大，运行时振动较大。图 13-2 为立式两缸活塞式制冷压缩机。

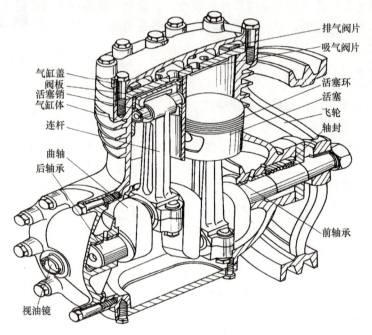

图 13-2　立式两缸活塞式制冷压缩机

② 螺杆式压缩机（图 13-3）

螺杆式压缩机的优点是：没有活塞式压缩机所需的气缸、活塞、活塞环、气缸套等易损部件，机器结构紧凑，体积小，重量轻，没有余隙容积，少量液体进入机内时无液击危险。可利用活阀进行 10%～100% 的无级能量调节，适用范围广，运行平稳可靠，需检修周期长，无故障运行时间可达（2～5）×10^4h。螺杆式压缩机的缺点是：加工和装配要求精度较高，不适宜变工况运行，有较大的噪声，在一般情况下，需装置消声和隔声设备，在制冷压缩时，需要喷加润滑油，因而需要油泵、油冷却器和油回收器等较多辅助设备。

2）离心式压缩机

离心式压缩机具有带叶片的叶轮，当叶轮转动时，叶片就带动气体运动或者使气体得到动能，然后使部分动能转化为压力能从而提高气体的压力。其中根据压缩机中安装的叶

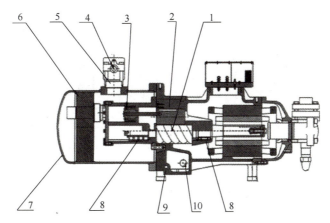

图 13-3　螺杆式制冷压缩机结构示意图

1—螺杆转子；2—滑阀；3—滑阀控制活塞；4—排气截止阀；5—止回阀；6—油分离器；

7—油槽/分离器；8—滚动轴器；9—油加热器；10—油过滤器

轮数量，分为单级式和多级式。如果只有一个叶轮，称为单级离心式压缩机，如果由几个叶轮串联而组成，则称为多级离心式压缩机。在空调工程中，由于压力增高较少，所以一般采用单级。单级离心式制冷压缩机的构造主要由叶轮、扩压器和蜗室等组成（图 13-4）。压缩机工作时制冷剂蒸气由吸气口轴向进入吸入室，并在吸入室导流作用下引导由蒸发器（或中间冷却器）来的制冷剂蒸气均匀地进入高速旋转的叶轮。气体在叶片作用下，一边跟着叶轮作高速旋转，一边由于受离心力的作用，在叶片槽道中作扩压流动，从而使气体的压力和速度都得到提高。由叶轮出来的气体再进入截面积逐渐扩大的扩压器（因为气体从叶轮流出时具有较高的流速，扩压器便把动能部分地转化为压力能，从而提高气体的压力）。气体流过扩压器时速度减小，而压力则进一步提高。经扩压器后气体汇集到蜗室中，再经排气口引至中间冷却器或冷凝器。

3. 冷凝器

（1）冷凝器的作用

冷凝器（图 13-5）是一种间壁式热交换设备。制冷压缩机排出的高温高压制冷剂过热蒸气，通过传热间壁将热量传给冷却介质（水或空气），从而凝结为液态制冷剂。

（2）冷凝器的种类

按冷却介质种类，冷凝器分为：

1）水冷却式：以水为冷却介质，将制冷剂放出的热量被冷却水带走。冷却水可以是一次性使用，也可以循环使用。水冷却式冷凝器按其不同的结构形式又可分为立式壳管式、卧式壳管式和套管式等多种。

2）空气冷却式（又叫风冷式）：在这类冷凝器中，以空气为冷却介质，将制冷剂放出的热量被空气带走，使制冷剂蒸气冷凝液化。空气可以是自然对流，也可以利用风机作强制流动。这类冷凝器用于氟利昂制冷装置在供水不便或困难的场所。

3）水—空气冷却式：在这类冷凝器中，制冷剂同时受到水和空气的冷却，但主要是依靠冷却水在传热管表面上的蒸发，从制冷剂一侧吸取大量的热量作为水的汽化潜热，空气的作用主要是为加快水的蒸发而带走水蒸气。所以这类冷凝器的耗水量很少，对于空气

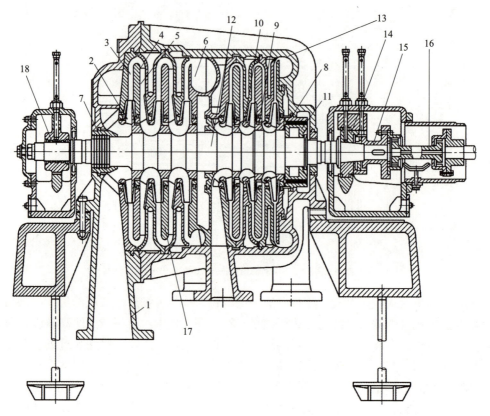

图 13-4　离心式制冷压缩机结构示意图

1—吸入室；2—叶轮；3—扩压器；4—弯道；5—回流器；6—蜗室；7,8—轴端密封；

9—隔板密封；10—轮改密封；11—平衡盘；12—主轴；13—机壳；14,18—止推轴承；

15—推力盘；16—联轴器；17—隔板

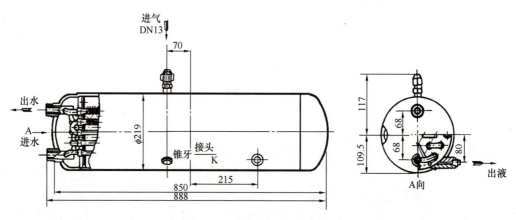

图 13-5　LN-07 型氟利昂用冷凝器

干燥、水质好、水温低而水量不充裕的地区乃是冷凝器的优选形式。这类冷凝器按其结构形式的不同又可分为蒸发式和淋激式两种。

4）蒸发冷凝式：在这类冷凝器中，依靠另一个制冷系统中制冷剂蒸发所产生的冷效应去冷却传热间壁另一侧的制冷剂蒸气，促使后者凝结液化。如复叠式制冷机中的蒸发冷凝器。

4. 蒸发器

（1）蒸发器的作用

蒸发器也是一种间壁式热交换设备。低温低压的液态制冷剂在传热壁的一侧汽化吸热，从而使传热壁另一侧的介质被冷却。被冷却的介质通常是水或空气，为此蒸发器可分为两大类，冷却液体（水或盐水）的蒸发器（图 13-6）和冷却空气的蒸发器。

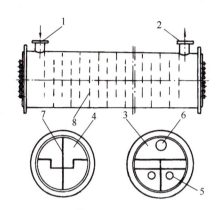

图 13-6　20m³ 干式氟利昂蒸发器示意图

1—冷水进口；2—冷水出口；3—前端盖；4—后端盖；5—氟利昂液体进口；

6—氟利昂蒸气出口；7—分液筋板；8—折流板

（2）蒸发器的种类

1）冷却液体的蒸发器

常用于冷却液体的蒸发器有两种形式，即卧式壳管式蒸发器（制冷剂在管外蒸发的称满液式，制冷剂在管内蒸发的称干式）和立管式冷水箱。

2）直接蒸发式空气冷却器

用于冷却空气的蒸发器可分为两大类，一类是空气作自然对流的蒸发排管，如广泛使用于冷库的墙排管、顶排管，一般是做成立管式、单排蛇管式、双排蛇管式、双排 U 形管或四排 U 形管等形式；另一类是空气被强制流动的冷风机，冷库中使用的冷风机做成箱体形式，空调中使用的通常做成带肋片的管簇。

在直接蒸发式空气冷却器中，因为被冷却介质是空气，空气侧的放热系数很低，所以蒸发器的传热系数也很低。为了提高传热性能，往往是采取增大传热温差、传热管加肋片或增大空气流速等措施来达到目的。

5. 节流装置

（1）节流装置的作用

节流装置在制冷系统中的作用是使冷凝器出来的高压液体节流降压，使液态制冷剂在低压（低温）下汽化吸热。它是维持冷凝器和蒸发器之间压力差的重要部件。同时节流装置又具有调节进入蒸发器的制冷剂流量的功能，以适应制冷系统制冷量变化的需要。

（2）节流装置的种类

毛细管即是节流机构的一种，它一般只适用于小型的制冷空调器中。在大、中型装置中应用的节流机构为节流阀，常用的节流阀（又称膨胀阀）有三种，即手动膨胀阀、浮球调节阀和热力膨胀阀，后两种为自动调节的节流阀。图 13-7 为热力膨胀阀示意图。

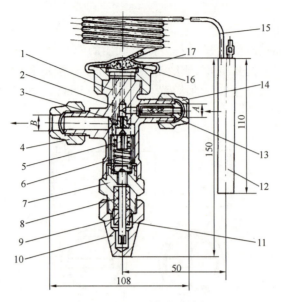

图 13-7　FPF 型热力膨胀阀

1—阀体；2—传动杆；3—阀座；4—锁母；5—阀针；6—弹簧；7—调节杆座；8—填料；9—调节杆；10—帽罩；
11—填料压盖；12—感温包；13—过滤网；14—锁母；15—毛细管；16—波纹薄膜；17—气箱盖

13.1.2　吸收式制冷机组

　　吸收式制冷，主要是利用某些水溶液在常温下强烈的吸水性能，而在高温下又能将所吸收的水分分离出来；同时也利用水在真空下蒸发温度较低的特性，设计成吸收式制冷系统的。吸收式制冷机所采用的工质是两种沸点不同的物质组成的二元混合物，其中沸点低的物质作为制冷剂，沸点高的物质作为吸收剂，通常称为"工质对"。

　　溴化锂吸收式制冷机组是最常见的吸收式制冷机组。如图 13-8 所示，溴化锂吸收式制冷机组主要由四个热交换设备组成，即发生器、冷凝器、蒸发器和吸收器。它们组成两个循环环路：制冷剂循环与吸收剂循环。左半部是制冷剂循环，属逆循环，由蒸发器、冷凝器和节流装置组成。高压气态制冷剂在冷凝器中向冷却水放热被凝结为液态后，经节流

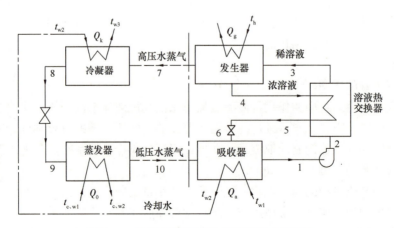

图 13-8　单效溴化锂吸收式制冷装置流程图

装置减压降温进入蒸发器。在蒸发器，该液体被汽化为低压冷剂蒸气，同时吸取被冷却介质的热量产生制冷效应。这些过程与蒸气压缩式制冷是一样的。

吸收式制冷机基本上是属于机组形式，外接管材的消耗量较少；而且对基础和建筑物的要求都一般，所以设备以外的投资（材料、土建、施工费等）比较省。

🔍 拓展小课堂

我国制冷机组的发展随着改革开放的步伐不断创新，随着民族品牌在"一带一路"国家和地区的推广应用，我国制冷机组产品力、技术创新能力进一步提升，以此为切入点，同学们要树立中国特色社会主义共同理想，实现个人价值与社会价值的统一。

13.2　热泵机组

13.2.1　热泵原理

13-3
热泵机组

热泵是一种将低温热源的热能转移到高温热源的装置。低温热源可以是我们周围的介质——空气、河水、海水、城市污水、地表水、地下水、中水、消防池水，或者是从工业生产设备中排出的工质，这些工质常与周围介质具有相接近的温度。热泵装置的工作原理与压缩式制冷机是一致的。热泵的作用是将空气中或低温水中的热量取出，连同本身所用的电能转变成热能，一起送到高温环境中去应用。在小型空调器中，为了充分发挥其效能，夏季空调降温或冬季取暖，都是使用同一套设备来完成。冬季取暖时，将空调器中的蒸发器与冷凝器通过一个换向阀来调换工作。

在热泵循环中，从低温热源（室外空气或循环水，其温度均高于蒸发温度 t_0）中取得 Q_0 的热量，消耗了机械功 A_L，而向高温热源（室内取暖系统）供应了 Q_1 的热量，这些热量之间的关系是符合热力学第一定律的，即：$Q_1 = Q_0 + A_L$。

1. 热泵制热原理（图 13-9）

在冬季取暖时，先将换向阀转向热泵工作位置，于是由压缩机排出的高压制冷剂蒸气，经换向阀后流入室内蒸发器（作冷凝器用），制冷剂蒸气冷凝时放出的潜热，将室内空气加热，达到室内取暖目的，冷凝后的液态制冷剂，从反向流过节流装置进入冷凝器（作蒸发器用），吸收外界热量而蒸发，蒸发后的蒸气经过换向阀后被压缩机吸入，完成制热循环。

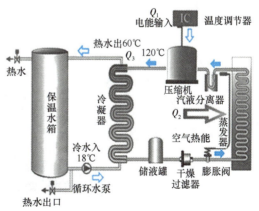

图 13-9　热泵生产热水原理示意图

　　热泵热水器是空调器的演变产品，在制冷系统中装上电磁四通阀（又称换向阀），通过四通阀的切换方向，改变制冷剂的流动方向，空调器就能制热。压缩机排出的高温高压蒸气状的制冷剂流向保温水箱里的冷凝器，将热量传给通过水箱的自来水，然后通过膨胀阀节流降压，在室外热泵机组的蒸发器中蒸发吸热，用工质吸收室外空气中的热量。热泵热水器就是这样吸收室外空气中的热量，向保温水箱内自来水传递，它比单纯用电加热器制热更能省电、快速、安全，且室外热能潜力无限大。

2. 热泵制冷原理

　　在夏季空调降温时，按制冷工况运行，由压缩机排出的高压蒸气，经换向阀（又称四通阀）进入冷凝器，制冷剂蒸气被冷凝成液体，经节流装置进入蒸发器，并在蒸发器中吸热，将室内空气冷却，蒸发后的制冷剂蒸气经换向阀后被压缩机吸入，这样周而复始，实现制冷循环。

13.2.2　热泵根据热源的分类

1. 空气源热泵（图 13-10）

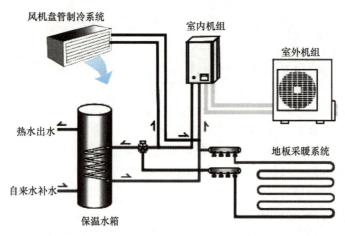

图 13-10　空气源热泵制冷、制热和生活热水三联示意图

　　热泵用逆卡诺原理，以极少的电能，吸收空气中大量的低温热能，通过压缩机的压缩变为高温热能，传输至水箱，加热热水。其优点是能耗低、效率高、速度快、安全性好、环保性强。热泵热水机组遵循能量守恒定律和热力学第二定律，只需要消耗一小部分的机械功（电能），将处于低温环境（大气）下的热量转移到高温环境下的热水器或供暖环境中，去加热制取高温的热水或供暖。

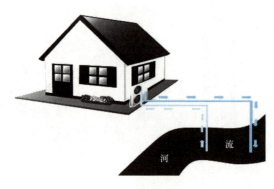

图 13-11　水源热泵示意图

2. 水源热泵（图 13-11）

　　水源热泵技术是利用地球表面水源中吸收的太阳能和地热能而形成的低温低位热能资源，采用热泵原理，通过少量的高

位电能输入，实现低位热能向高位热能转移的一种技术。

水源热泵机组工作的大致原理是：夏季将建筑物中的热量转移到水源中，由于水源温度低，所以可以高效地带走热量，而冬季，则从水源中提取热量。

在制冷模式时，高温高压的制冷剂气体从压缩机出来进入冷凝器，制冷剂向冷却水（地下水）中放出热量，形成高温高压液体，并使冷却水水温升高。制冷剂再经过膨胀阀膨胀成低温低压液体，进入蒸发器吸收冷水（建筑制冷用水）中的热量，蒸发成低压蒸气，并使冷水水温降低。低压制冷剂蒸气又进入压缩机压缩成高温高压气体，如此循环在蒸发器中获得冷水。

在制热模式时，高温高压的制冷剂气体从压缩机出来进入冷凝器，制冷剂向供热水（建筑供暖用水）中放出热量而冷却成高压液体，并使供热水水温升高。制冷剂再经过膨胀阀膨胀成低温低压液体，进入蒸发器吸收低温热源水（地下水）中的热量，蒸发成低压蒸气，并使低温热源水水温降低。低压制冷剂蒸气又进入压缩机压缩成高温高压气体，如此循环在冷凝器中获得供热水。

3. 水环热泵（图 13-12）

该系统是指小型的水/空气源热泵机组的一种应用方式，即用水环路将小型的水/热泵机组并联在一起，形成一个封闭环路，构成一套回收建筑物内部余热作为其低位热源的热泵供暖、供冷的空调系统。

其基本工作原理是：在水/空气热泵机组制热时，以水循环环路中的水为加热源；机组制冷时，则以水为排热源。当水环热泵空调系统制热运行的吸热量小于制冷运行的放热量时，循环环路中的水温度升高，到一定程度时利用冷却塔放出热量；

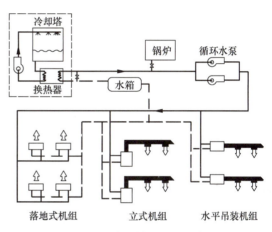

图 13-12　水环热泵空调示意图

反之循环环路中的水温度降低，到一定程度时通过辅助加热设备吸收热量。只有当水/空气热泵机组制热运行的吸热量和制冷运行的放热量基本相等时，循环环路中的水才能维持在一定温度范围内，此时系统高效运行。

制冷模式下流程：全封闭压缩机→四通换向阀→制冷剂－水套管式换热器→毛细管→制冷热交换器→四通换向阀→全封闭压缩机。

制热模式下流程：全封闭压缩机→四通换向阀→供热热交换器→毛细管→制冷剂－水套管式换热器→四通换向阀→全封闭压缩机。

4. 地源热泵（图 13-13）

地源热泵是利用了地球表面浅层地热资源（通常小于 400m 深）作为冷热源，进行能量转换的供暖空调系统。地表浅层地热资源可以称之为地能。地表浅层是一个巨大的太阳能集热器，收集了 47％的太阳能量，比人类每年利用能量的 500 倍还多；地表浅层还吸收了地热源。它不受地域、资源等限制，真正是量大面广、无处不在。这种储存于地表浅层近乎无限的可再生能源，使得地能也成为清洁的可再生能源的一种形式。其优点是经济有效。地源热泵的 COP 值达到了 4 以上；运行没有任何污染，可以建造在居民区内，没有燃烧，也没有排烟，也没有废弃物，不需要堆放燃料废物的场地，且不用远距离输送热量；机械运动部件非常少，所有的部件不是埋在地下便是安装在室内，从而避免了室外的恶劣气候，机组紧凑、节省空间；自动控制程度高，维护量少，可无人值守。

其缺点是可能破坏地表浅层的热平衡，因为南方地区以供冷为主，常年向地下注入热量；而北方地区冬季供暖需求大，从土壤中大量吸热，长年运行后将导致土壤温度失衡，影响周围生态。需要钻井、穿入 U 形管，地下地质情况比较复杂，难以预料，如果遇到岩石层或流沙层，会比较麻烦，使得钻井数量要大大增加。

地源热泵供暖空调系统主要分三部分：室外地能换热系统、地源热泵机组和室内供暖空调末端系统。其中地源热泵机组主要有两种形式：水—水式或水—空气式。三个系统之间靠水或空气换热介质进行热量的传递，地源热泵与地能之间换热介质为水，与建筑物供暖空调末端换热介质可以是水或空气。

室外地能换热系统可以是平埋（占地面积大）、钻井（图 13-13）。

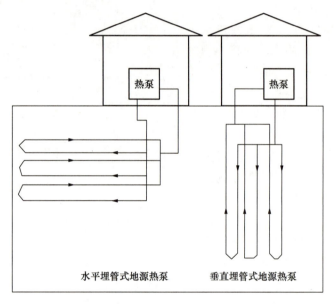

图 13-13　地源热泵空调系统两种形式示意图

🔍 拓展小课堂

热泵机组作为一种由电力驱动的可再生能源设备，获取环境介质、余热中的低品位能量，提供可被利用的高品位能量，很大程度上提高了能源的利用效率，有效节约能源，减少环境污染，在工农业生产、国防建设等国民经济的诸多领域中发挥作用。结合实际工程，培养节能环保意识和不断学习和接纳新技术的探究精神。

13.3　空调冷（热）水系统

13.3.1　空调冷（热）水系统

空调冷（热）水系统是将冷热水机组产生的冷量或热量由水泵提升压力、通过管道送至所需供冷或供暖的房间，通过末端设备供冷或供暖。空调冷（热）水系统主要由冷（热）水水源、供回水管、阀门、仪表、集箱、水泵、空调机组或风机盘管、膨胀水箱等组成。供回水管一般采用镀锌无缝钢管。集箱分供水集箱和回水集箱，集箱主要起稳压和分配管理的作用。集箱上有若干阀门，控制空调供、回水流量，集箱上装有温度计及压力表，便于监视、控制。

空调冷（热）水系统的阀门有手动和自动阀门。手动阀门有闸阀、截止阀和蝶阀。闸阀一般用于以关断为主要目的的场合；截止阀大多用于以调节流量为主要目的，关断为次要目的的场合；蝶阀多用于管径在 $DN100\mathrm{mm}$ 以上，调节流量和关断两种目的的场合。

膨胀水箱设置在系统的最高点，在密闭循环的冷水系统中，当水温发生变化时，冷水的容积也会发生变化，此时膨胀水箱用以容纳或补充系统的水量。

不论系统是否运行，系统的最低点总会受到建筑高度的静压力作用。所以空调冷水系统的各组成部分必须具有一定的承压能力（膨胀水箱除外）。

空调冷（热）水系统的类型有：

1. 根据供冷或供暖管道数

（1）双管制系统（图 13-14）：夏季所需冷水和冬季所需热水均在相同管路中供应。绝大多数空调系统采用双管制，因其系统简单、初投资少。其缺点是不能满足过渡季时某些朝阳房间还需供冷或背阳房间还需供暖的特殊要求。

当系统中部分空调设备关闭不用时，水流量减少，水系统中阻力将增大。为保持系统内部压力稳定，当分水器 7 和集水器 8 间压差超过压差控制阀 9 的设定值时，阀门开启，部分水量由分水器经旁通管流至集水器，然后返回至制冷机组 1 或热源 2，以保证冷水机组或热源的定流量运行。

（2）三管制系统（图 13-15）：分别设置供冷和供热管路，冷水与热水回路共用。其优点是能同时满足供冷、供热的要求，管

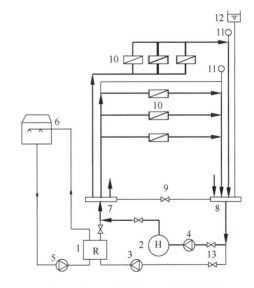

图 13-14　空调冷热水双管制系统

1—制冷机组；2—热源；3—供冷循环泵；4—供暖循环泵；
5—冷却水循环泵；6—冷却塔；7—分水器；8—集水器；
9—压差控制阀；10—空调设备；11—排气阀；
12—膨胀水箱；13—冷热水启闭阀

路系统较四管制简单。其缺点是有冷热混合损失，投资高于双管制，管路布置较复杂。

（3）四管制系统（图13-16）：冷水供、回水管与热水供、回水管独立设置。其优点是能同时满足供冷、供热的要求，没有冷热混合损失。其缺点是初投资高，管路系统复杂、占用空间较大。

2. 根据系统是否与大气接触

（1）闭式循环系统（图13-17）：密闭式管路系统不与大气接触，依靠闭式膨胀罐定压，在系统的最高点设置膨胀水箱。这种管路系统不易产生污垢和腐蚀，不需克服系统静水水头，水泵能耗较低，投资省，系统较简单，现在已经被普遍采用。

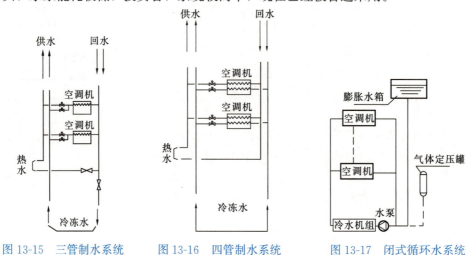

图13-15　三管制水系统　　　图13-16　四管制水系统　　　图13-17　闭式循环水系统

（2）开式循环系统：管路之间的贮水箱（或水池）与大气相通，自流回水时与空气接触。其优点是系统与蓄热水池连接比较简单。缺点是水中含氧量高，管路和设备易腐蚀；为克服系统静压水头，水泵能耗高。这种系统使用越来越少了。

3. 根据供、回水管路的长度

（1）同程式系统（图13-18）：各用户供、回水管路的总长度相同。其优点是管网阻力不需调节，易达到平衡，水力稳定性好，流量分配均匀。缺点是管路长度增加，初投资稍高。

（2）异程式系统（图13-19）：各用户供、回水管路的总长度不同。其优点是管路长度较短，初投资较少。缺点是水量分配调节较难，水力平衡较麻烦。现在一般采用平衡阀和其他自动调节阀调节水量、进而调节温度。

4. 根据流量的供应

（1）定流量系统（图13-20）：系统中循环水量为定值，夏季与冬季分别采用两个不同的定水量。负荷变化时，通过改变风量或调节供、回水温度。该系统简单、操作方便、运行较稳定、不需要复杂的自控设备。缺点是因水流量不变，输送能耗始终为设计最大值。该系统适用于间歇性降温、空调面积小、只有一台制冷机和一台水泵的系统。

（2）变流量系统（图13-21）：当负荷变化时，改变供水流量，而供水温度保持在一定范围内。该系统随负荷减少而降低输送能耗，水泵容量较小。缺点是系统较复杂、必须配备自动调节设备。由于变频泵的使用，使得该系统运用更加普及，特别适用于大面积空调全年运行的系统。

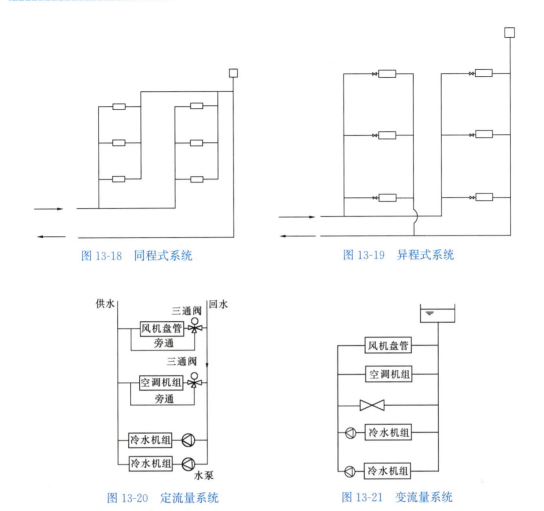

图 13-18 同程式系统　　　　　　　　图 13-19 异程式系统

图 13-20 定流量系统　　　　　　　　图 13-21 变流量系统

5. 根据冷热源与末端设备之间的关系

（1）直接供冷供暖系统（一次泵系统）：水泵将冷热源产生的冷水或热水直接通过管路连接到末端设备。这种系统简单，初投资小；但无法供应温度要求不同的、管路长度相差较大的建筑物或客户。

（2）间接供冷供暖系统（二次泵系统）：在冷热源与末端客户之间用若干个换热器连接。这种系统既可以兼顾因管路较长而造成热量或冷量损失、供水温度差异较大的客户调节，也可以兼顾末端客户温度不同的要求；还可以把一个大空调系统变成若干个小系统，随时开启或关闭一部分空调末端用户，供应各个小系统的水泵容量也相应减小，达到节能的目的。冷热源（一次侧）的温度可以相对固定在一定范围内，而只要调节负荷侧（二次侧）的温度即可，调节相对简单。

（3）混合式系统：一部分客户末端与冷热源的一次泵直接连接，一部分的客户末端与换热设备的二次泵直接连接。

13.3.2 空调冷（热）水系统的末端装置

过去，一般公共建筑的空调冷（热）水系统的末端装置是风机盘管、诱导器和辐射板。这种水系统布置灵活，独立调节性好，舒适度较高，能满足复杂房型分散使用、各个房间独立运行的需要。

随着自动调节技术在空调系统的使用，现在越来越多的住宅和部分商业建筑开始采用中低水温大面积低温辐射供冷供暖的方式，即在天花板、地板或墙面内敷设管路，依靠大面积的中低水温来实现空调的目的。这种末端装置比传统的风机盘管供暖系统更加舒适节能，而且美观、节省空间。毛细管网60%的冷量通过辐射形式进行传递，40%的冷量通过对流形式进行传递。

毛细管平面空调系统夏季供水温度为16～18℃，辐射面表面温度约为20℃，室内温度为26℃时，制冷量为80W/m²。冬季系统供水温度为28～32℃，辐射面表面温度为30℃，室内温度为20℃时，制热量为86W/m²。

由于毛细管辐射供冷系统的传热特性，主要依靠毛细管表面的低温与室内人体、物体之间进行辐射、对流换热。表面温度过低，室内空气含湿量高，会产生结露现象，导致室内装饰表面发霉，影响身体健康。表面温度过高，不能有效地降温，带走房间冷负荷。所以为达到更高舒适度要求并避免结露，房间还应该配套湿度控制和新风系统。

在地板内敷设的管路与地暖管的敷设一样（图 13-22），管材采用 PE-RT、PE-Xa 或 PE-Xb，管径有 DN12/15/20，也有使用毛细管的（图 13-23）。

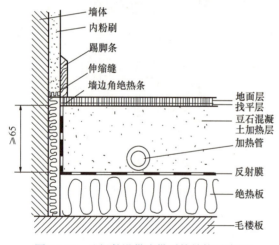

墙体
内粉刷
踢脚条
伸缩缝
墙边角绝热条

地面层
找平层
豆石混凝土加热层
加热管
反射膜
绝热板

毛楼板

≥65

图 13-22　地板敷设供冷供暖管结构示意图

图 13-23　地板敷设毛细管施工现场

在天花板和墙面敷设的供冷供暖管材一般使用毛细管（图 13-24）。由外径为 3.5～5.0mm（壁厚0.9mm左右）的毛细管和外径 20mm（壁厚 2mm 或 2.3mm）的供回水主干管构成管网。保温层、散热层和毛细管网结合使用，复合成毛细管网换热器，大大提高了毛细管网单一构造的散热能力和使用用途，保护了毛细管管壁不受损坏。毛细管网平面辐射空调系统一般采用小循环大系统方式，并采用专用溶液作介质，可以避免系统阻塞，方便控制。

毛细管在敷设前，应与各工种进行协调，防止事后毛细管被打断。一旦被打断后，无法修复，只能将其熔焊堵死。这就导致这几路毛细管不通，也就不再具有供冷供暖的作用。由于我国整体建筑和安装施工质量不高，在设计时需要相应地增加10%的热

(a)　　　　　　　　　*(b)*

图 13-24　毛细管的敷设

（*a*）毛细管敷设在天花板下面；（*b*）毛细管敷设在墙面上

负荷。

在湿式房间（厨房与卫生间）与商务楼的大房间里，一般采用辐射板（金属模板）供冷供暖，同时它也可以作为吊顶（图 13-25）装饰用。30mm 厚的隔声瓦片毛细管模块安置于一个密封的聚乙烯薄层内。毛细管对金属板（铝板）加热或制冷，金属板对房间敷设供冷供暖。金属模板安有快速连接插件，金属软管在插入时，应事先在插头上抹一些中性的洗涤液，缓缓插入，以免损伤橡胶密封圈。

(a)　　　　　　　　　*(b)*

图 13-25　金属模板

（*a*）金属模板与管道连接及固定；（*b*）金属模板的吊装

在一些层高大于 3m 的房间（例如机场、车间等），辐射板中一般敷设较大管径的金属管（钢管、铜管等）。辐射板可以平行或以一定角度倾斜安装（图 13-26）。管中的冷水或热水的温度要比金属模板中毛细管的冷水温要低，比毛细管中的热水温度要高。

13.3.3　冰蓄冷系统

冰蓄冷空调是利用夜间低谷负荷电力制冰储存在蓄冰装置中，白天融冰将所储存的冷量释放出来，减少电网高峰时段空调用电负荷及空调系统装机容量。

1. 冰蓄冷的作用

削峰填谷、平衡电力负荷；改善发电机组效率、减少环境污染；减小机组装机容量、

图 13-26　车间的吊装辐射板

节省空调用户的电力花费；改善制冷机组运行效率。

蓄冷空调系统特别适合用于负荷比较集中、变化较大的场合，如体育馆、影剧院、音乐厅等。应用蓄冷空调技术，可扩大空调区域使用面积；适合用于应急设备所处的环境、计算机房、军事设施、电话机房和易燃易爆物品仓库等。

冰蓄冷的优势是省电费；蓄冷空调效率高；节省冷水设备费用；节省空调设备费用；除湿效果良好；断电时利用一般功率发电机仍可保持室内空调运行；可快速达到冷却效果；节省空调及电力设备的保养成本；水泵与空调机组运转振动及噪声降低；使用寿命长。

冰蓄冷的劣势是冰蓄冷系统自身运行效率较低；增加了蓄冷设备费用及其占用的空间；增加水管和风管的保温费用；冰蓄冷空调系统的制冷主机性能系数（COP）要下降；技术不成熟，寿命短；维护困难，对操作人员素质要求高。

2. 冰蓄冷系统的模式

蓄冷系统工作模式是指系统在充冷还是供冷，供冷时蓄冷装置及制冷机组是各自单独工作还是共同工作。蓄冷系统需在规定的几种方式下运行，以满足供冷负荷的要求。常用的工作模式有如下几种：

（1）根据冷源

1）冷媒液（盐水等）循环。

2）制冷剂直接膨胀式。

（2）根据制冰形态

1）静态型：在换热器上结冰与融冰；最常用的为浸水盘管式外制冰内融方式。

2）动态型：将生成的冰连续或间断地剥离；最常用的是在若干平行板内通以冷媒，在板面上喷水并使其结冰，待冰层达到适当厚度，再加热板面，使冰片剥离，提高了蒸发温度和制冷机性能系数。

（3）按冷水输送方式分类

1）二次侧冷水输送方式为冰蓄冷槽与二次侧热媒相通。

2）一次侧与二次侧相通的盐水输送方式。

（4）按充冷与供冷

1）单融冰供冷模式。

2）制冷机与融冰同时供冷。

（5）按优先程序

1）机组优先：回流的热乙二醇溶液，先经制冷机预冷，而后流经蓄冰装置而被融冰冷却至设定温度。

2）融冰优先：从空调负荷端流回的热乙二醇溶液先经蓄冰装置冷却到某一中间温度，而后经制冷机冷却至设定温度。

（6）按流程

1）并联流程（图 13-27）：在这种流程中，制冷机与蓄冰罐在系统中处于并联位置，当最大负荷时，可以联合供冷。同时该流程可以蓄冷、蓄冷并供冷、单溶冰供冷、冷机直接供冷等。在发挥制冷机与蓄冰罐的放冷能力方面均衡性较好，夜间蓄冷时只需开启功率较小的初级泵运行，蓄冷时更节能，运行灵活。

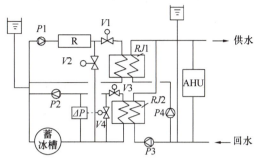

图 13-27　冰蓄冷并联系统

RJ—换热器；V—阀门；P—水泵

2）串联流程（图 13-28）：即制冷机与蓄冰罐在流程中处于串联位置，以一套循环泵维持系统内的流量与压力，供应空调所需的基本负荷。串联流程配置适当自控系统，也可实现各种工况的切换。这种系统较简单，放冷恒定，适合于较小的工程和大温差供冷系统。

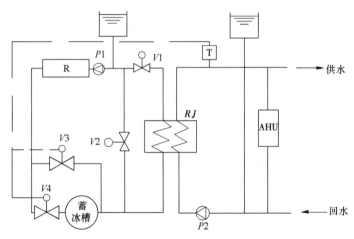

图 13-28　冰蓄冷串联系统

RJ—换热器；V—阀门；P—水泵

3. 冰蓄冷系统指标

（1）蒸发温度

蓄冷空调系统，特别是冰蓄冷式空调系统在蓄冷过程中，一般会造成制冷机组的蒸发温度的降低。理论上说蒸发温度每降低 1℃，制冷机组的平均耗电率增加 3％。因此在配置系统，选择蓄冷设备时应尽可能地提高制冷机组的蒸发温度。对于冰蓄冷系统，影响制冷机组的蒸发温度的主要因素是结冰厚度，制冰厚度越薄，蓄冷时所需制冷机组的蒸发温度较高，耗电量较少；但是制冰厚度太薄，则蓄冰设备盘管换热面积增加，槽体体积加大，因此一般应考虑经济厚度来控制制冷系统的蒸发温度。

（2）蓄冷量

1）名义蓄冷量：是指由蓄冷设备生产厂商所定义的蓄冷设备的理论蓄冷量（一般比净可用蓄冷量大）。

2）可利用蓄冷量：净可利用蓄冷量是指在一给定的蓄冷和释冷循环过程中，蓄冷设备在等于或小于可用供冷温度时所能提供的最大实际蓄冷量。

净可利用蓄冷量占名义蓄冷量的百分比例值是衡量蓄冷设备的一个重要指标，此比例值越大，则蓄冷设备的使用率越高，当然此数值受蓄冷系统很多因素的影响，如蓄冷系统的配置，设备的进出口温度等。对于冰蓄冷系统此数值可近似为融冰率。

（3）制/融冰率：制冰率是指对于冰蓄冷式系统中，当完成一个蓄冷循环时，蓄冰容器内水量中冰所占的比例；或是指蓄冰槽内制冰容积与蓄冰槽容积之比。而融冰率是指在完成一个融冰释冷循环后，蓄冰容器内融化的冰占总结冰量的百分比。

制冰率与融冰率这两个概念是冰蓄冷式系统中评价蓄冰设备的两个非常重要的数值。融冰率与系统的配置有关，对于串联式制冷机组下游的系统，蓄冷设备的融冰率较高；反之，则较低。而并联系统的融冰率介于两者之间。

13.4　空调冷却水系统

冷凝器和制冷压缩机在工作时因发热会影响其效率，一般采用水来冷却（图13-29），很少采用直流供水系统（即冷却水经冷凝器和压缩机后，直接排入河道或下水道），因为我国水资源严重缺乏，主要是采用循环冷却水系统。

1. 冷却水系统的种类

根据通风方式，中央空调冷却水系统分为两种：

（1）自然通风冷却循环系统：采用冷却塔或冷却喷水池等设施，用自来水补充。适于当地气候条件相宜的小型冷冻机组。

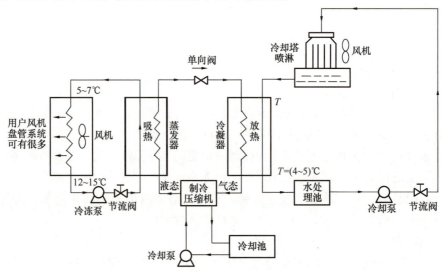

图13-29　中央空调冷却水和冷冻水系统

（2）机械通风冷却循环系统：采用机械通风冷却塔或喷射式冷却塔，用自来水补充。适于气温高、湿度大、对运行工况要求较高、自动调节控制的冷冻机组，这种冷却水系统被广泛采用。

2. 冷却水系统的组成与要求

中央空调冷凝器的冷却水系统由冷却循环泵、冷却塔、水处理池和节流阀等组成。

（1）冷却塔

1）冷却塔的作用

利用水和空气的充分接触，通过蒸发作用来散去制冷空调中产生废热的一种设备。冷却塔冷却水的过程属热和介质传递过程。被冷却的水用喷嘴、布水器或配水盘分配至冷却塔内部填料处，大大增加水与空气的接触面积。空气由风机带入冷却塔内。部分水在等压条件下吸热而汽化，从而使周围的液态水温度下降。基本原理是：干燥（低焓值）的空气经过风机的抽动后，自进风网处进入冷却塔内；饱和蒸汽分压力大的高温水分子向压力低的空气流动，湿热（高焓值）的水自播水系统洒入塔内。当水滴和空气接触时，一方面由于空气与水的直接传热，另一方面由于水蒸气表面和空气之间存在压力差，在压力的作用下产生蒸发现象，带走蒸发潜热，将水中的热量带走即蒸发传热，从而达到降温目的。

2）冷却塔的结构（图 13-30）

冷却塔的类型较多，常用的是开式、机械通风、逆流、湿式冷却塔。冷却塔主要由以下部分组成：

① 塔体：冷却塔的外部围护结构，起到支撑和组织合适气流的作用。

② 淋水填料：将需要冷却的热水多次溅洒成水滴或形成水膜，以增加水和空气的接触面积和时间，使水和空气充分地进行热交换，是水冷却的主要工作段。

③ 配水系统：将热水均匀地分布到整个淋水填料上。若分布热水不均匀，会直接影响到冷却的效果，甚至会造成部分冷却水水滴飞溅和飘逸到塔外。

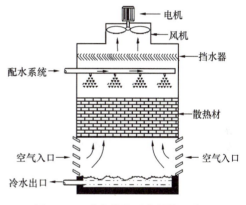

图 13-30　冷却塔的基本结构示意图

④ 通风设备：利用风机产生预计的空气流量，以达到所要求的冷却效果。

⑤ 空气分配装置：利用进风口、百叶窗、导风板等装置，将空气均匀分布于冷却塔整个截面上。

⑥ 通风筒（又称风筒）：创造良好的空气动力条件，减少通风阻力，并将排出冷却塔的湿热空气送往高空和减少湿热空气回流。

⑦ 除水器：将排出湿热空气中所携带的水滴与空气分离，减少逸出水量的损失和对周围环境的影响。

⑧ 集水池：汇集淋水填料落下的冷却水，储备一定量的冷却水，起到调节流量的作用。集水池的位置位于冷却塔下部。

⑨ 输水系统

A. 进水管：将热水送到配水系统。

B. 节流阀：以调节冷却塔的进水量。

C. 出水管：将冷却后的水送往水处理池，沉淀和过滤固体杂质。

D. 补水管：补充自来水。

E. 排污管：清洗时用。

F. 溢水管：防止集水池中水位超过规定值。

G. 放空管：闭式系统注水时排除空气。

H. 连通管：多台冷却塔并联时用。

⑩ 其他设施：检修门、检修梯、走道、照明、电气控制装置、避雷装置、测试装置等。

（2）冷却塔冷却水量：

$$W = \frac{Q}{c(t_{w1} - t_{w2})} \tag{13-1}$$

式中　Q——冷却塔排出热量，kW；压缩式制冷机，取制冷机负荷的1.3倍左右；吸收式制冷机，取制冷机负荷的2.5倍左右；

c——水的比热，kJ/（kg·K），常温时 $c=4.1868$ kJ/（kg·K）；

$t_{w1}-t_{w2}$——冷却塔的进出水温差，℃；压缩式制冷机，取4～5℃；吸收式制冷机，取6～9℃。

（3）水泵扬程：

$$H = h_i + h_d + h_m + h_s + h_0 \tag{13-2}$$

式中　h_i、h_d——冷却水管路系统总的沿程阻力和局部阻力，mH$_2$O；

h_m——冷凝器阻力，mH$_2$O；

h_s——冷却塔中水的提升高度（从冷却塔集水池到喷嘴的高度），mH$_2$O；

h_0——冷却塔喷嘴喷雾压力，mH$_2$O（约等于5mH$_2$O）。

（4）冷却水补充水量

1）蒸发损失：与冷却水的温降有关，一般当温降为5℃时，蒸发损失为循环水量的0.93%；当温降为8℃时，蒸发损失为循环水量的1.48%。

2）飘逸损失：进口设备的飘逸损失约为循环水量的0.15%～0.3%；国产品牌设备的飘逸损失约为循环水量的0.3%～0.35%。

3）排污损失：在设备运行过程中，循环水中矿物质、杂质等浓度不断增加，需要进行排污和补水，使系统内水的浓缩倍数不超过3%～3.5%。通常排污损失量为循环水量的0.3%～1%。

4）其他损失：由于循环泵、阀门、设备等密封不严，引起渗漏；以及设备停止运转时，冷却水外溢损失等。

5）综合以上所述，制冷系统的补水率估略为2%～3%。若采用低噪声的逆流式冷却塔，离心式冷水机组的补水率约为1.53%；溴化锂吸收式制冷机的补水率约为2.08%。

（5）补水的水质：根据实际情况和要求，供应自来水或软水，或单独设置水处理装置。

（6）冷却水循环系统设备的选择

1）冷却水泵和冷却塔：从节能、占地少、安全可靠、振动小、维修方便等角度，根

252

据制冷设备所需的流量、系统压力损失、温差等参数，确定水泵和冷却塔的规格、性能和台数。

2）冷却水泵一般不设备用泵，可设置备用部件，以供急需。

3）冷却塔布置在室外，运行时会产生一定的噪声，应根据国家规范《声环境质量标准》GB 3096—2008 的规定，合理确定冷却塔的噪声要求。冷却塔的材质多为玻璃钢，类型有：

① 逆流式冷却塔：通用型、节能低噪声型和节能超低噪声型。

② 横流式冷却塔：根据水量，可设置多组风机，噪声较低。

③ 喷射式冷却塔：不采用风机，依据循环泵的扬程，经过设在冷却塔内的喷嘴，使水雾化与周围空气热交换，噪声较低。

4）加药装置：由溶药槽、电动搅拌器、柱塞泵及附属电控箱组成，一般为成套设备。

13.5 空调冷（热）水系统的水力计算

13.5.1 空调冷水的流速及流量

13-7

空调水系统的水力计算

空调冷水（热水）供回水管径的选用，不仅应该考虑投资费用和运行费用最经济，也要考虑水中空气和其他杂质引起的腐蚀和噪声等因素，所以首先必须合理地选用管道内的流速。

根据目前大多数工程实际情况，流速的推荐值可按表 13-1 采用。

表 13-1 水管流速表

部位	水泵压出口	水泵吸入口	主干管	一般管道	向上管道
流速(m/s)	2.4～3.6	1.2～2.1	1.2～4.5	1.5～3.0	1.0～3.0

水流量为：

$$L = 3600 \times \frac{\pi}{4} d^2 \cdot v \qquad (13-3)$$

式中　L——水流量，m^3/h；

　　　d——管道内径，m；

　　　v——水流速，m/s。

13.5.2 空调冷水系统的阻力

空调冷水系统的阻力包括管道沿程阻力 h_A，管道局部阻力 h_B，以及设备局部阻力 h_C。

1. 沿程阻力 h_A

沿程阻力的计算式为：

$$h_A = \frac{1}{2}\rho v^2 \times \frac{\lambda \cdot L}{d} \tag{13-4}$$

式中　λ——阻力系数；

　　　h_A——沿程阻力，Pa；

　　　d——管道内径，m；

　　　L——管道长度，m；

　　　ρ——水的密度，通常取 1000kg/m^3；

　　　v——管内水流速，m/s。

为了简化计算，常采用单位长度的沿程阻力 R_A 计算管路沿程损失，其单位是 Pa/m。对于普通钢管，不同流速、不同管径时的水流量及 R_A 值可查表 13-2。

表 13-2　不同管径时的 R_A 值

水流速 (m/s)	公称直径 (mm)	DN 15	DN 20	DN 25	DN 32	DN 40	DN 50	DN 70	DN 80	DN 100	DN 125	DN 150	DN 200	DN 250	DN 300	DN 350	DN 400
0.5	L	0.35	0.64	1.03	1.81	2.38	3.97	6.54	9.16	15.88	22.09	31.81	60.58	94.83	135	180.2	230.7
	R_A	511	335	241	164	136	96	69	55	39	31	25	16	12	10	82	7
0.6	L	0.42	0.77	1.24	2.17	2.85	4.77	7.84	10.99	9.06	26.51	38.17	72.69	113.8	162	216.2	276.9
	R_A	728	477	342	233	194	137	99	79	55	44	35	23	18	14	12	10
0.7	L	0.49	0.89	1.44	2.53	3.33	5.56	9.15	12.83	22.24	30.93	44.53	84.81	132.8	189	252.3	323
	R_A	982	644	462	315	261	185	133	106	74	60	47	31	24	19	16	14
0.8	L	0.56	1.02	1.65	2.89	3.8	6.35	10.46	14.66	25.42	35.34	50.89	96.92	151.7	216	288.3	369.2
	R_A	1273	83.5	59.9	408	339	240	172	138	96	78	62	41	31	25	21	18
0.9	L	0.63	1.15	1.86	3.25	4.28	24.04	11.77	16.49	28.59	39.76	57.26	109	170.7	243	324.3	415.3
	R_A	1603	1052	754	514	427	302	217	174	121	98	78	51	38	31	26	22
1.0	L	0.7	1.28	2.06	3.61	4.75	7.94	13.07	18.32	31.77	44.18	63.62	121.2	189.7	270	360.4	461.5
	R_A	1971	1293	927	632	525	372	267	214	149	121	95	63.1	48	38	32	27
1.1	L	0.77	1.4	2.27	3.98	5.23	8.74	14.38	20.15	34.95	48.6	70	133.3	208.6	297	396.4	507.6
	R_A	2376	1559	1118	762	633	448	322	258	180	145	115	76.1	57	46	38.2	33
1.2	L	0.84	1.53	2.47	4.34	5.7	9.53	15.69	21.99	38.12	53.01	76.34	145.4	227.6	324	432.4	553.8
	R_A	2819	1849	1327	904	751	532	382	306	214	172	136	90	68	54	45	39
1.3	L	0.91	1.66	2.68	4.7	6.18	10.32	17.0	23.82	41.3	57.43	82.7	157.5	246.6	351	468.5	599.9
	R_A	3300	2165	1553	1058	879	623	447	358	250	202	160	106	80	64	53	46
1.4	L	0.98	1.79	2.89	5.06	6.65	11.12	18.3	25.65	44.48	61.85	89.06	169.6	265.5	378	504.5	646.1
	R_A	3819	2506	1798	1224	1017	721	518	414	289	234	185	122	92	74	61	53
1.5	L	1.05	1.92	3.09	5.42	7.13	11.91	19.61	27.48	47.65	66.27	95.43	181.7	284.5	405	540.5	692.2
	R_A	4376	2871	2060	1403	1165	826	593	475	331	268	212	140	106	84	70	60
1.6	L	1.12	2.04	3.3	5.78	7.6	12.71	20.92	29.32	50.83	70.69	101.8	193.8	303.5	432	576.6	738.4
	R_A	4971	3261	2340	1594	1324	938	674	539	377	304	240	159	120	96	80	69
1.7	L	1.19	2.17	3.5	6.14	8.08	13.5	22.23	31.15	54.01	75.1	108.2	206	322.4	458.9	612.6	784.5
	R_A	5603	3676	2637	1797	1492	1057	759	608	424	343	271	180	135	108	90	77

水流速 (m/s)	公称直径 (mm)	DN 15	DN 20	DN 25	DN 32	DN 40	DN 50	DN 70	DN 80	DN 100	DN 125	DN 150	DN 200	DN 250	DN 300	DN 350	DN 400
1.8	L	1.26	2.3	3.71	6.5	8.56	14.3	23.53	32.98	57.18	79.5	114.5	218.1	341.4	485.9	648.6	830.7
	R_A	6274	4116	2953	2011	1671	1184	850	681	475	384	303	201	151	121	101	87
1.9	L	1.33	2.43	3.92	6.87	9.03	15.09	24.84	34.81	60.36	83.94	120.9	230.2	360.4	512.9	684.7	876.8
	R_A	6982	4580	3286	2239	1859	1317	946	758	529	427	338	224	168	135	112	96
2.0	L	1.4	2.25	4.12	7.23	9.51	15.88	26.15	36.65	63.54	88.36	127.2	242.3	379.3	539.9	720.7	923
	R_A	7728	5070	3638	2478	2058	1458	1047	839	585	473	374	248	186	149	124	107
2.1	L	1.47	2.68	4.33	7.59	9.98	16.68	27.46	38.48	66.72	92.78	133.6	254.4	398.3	566.9	756.7	969.1
	R_A	8512	5584	4007	2729	2267	1606	1154	924	645	521	412	273	205	164	137	117
2.2	L	1.54	2.81	4.53	7.95	10.46	17.47	28.76	40.31	69.89	97.19	140	266.5	417.3	593.9	792.8	1015
	R_A	9334	6123	4393	2993	2486	1761	1265	1013	707	571	451	299	225	180	150	129
2.3	L	1.61	2.94	4.74	8.31	10.93	18.27	30.07	42.14	73.07	101.6	146.3	278.7	436.2	620.9	828.8	1061
	R_A	10190	6687	4798	3268	2715	1923	1382	1106	772	624	493	327	246	197	164	141
2.4	L	1.68	3.06	4.95	8.67	11.41	19.06	31.38	43.97	76.25	106.0	152.7	290.8	455.2	647.9	864.9	1108
	R_A	11090	7276	5220	3556	2954	2093	1503	1204	840	678	536	355	267	214	179	153
2.5	L	1.75	3.19	5.15	9.03	11.88	19.86	32.69	45.81	79.42	110.5	159.0	302.9	474.2	674.9	900.9	1154
	R_A	12030	7889	5661	3856	3203	2269	1630	1305	911	736	582	385	290	232	193.5	137

注：v 管内流速（m/s）；L 水流量（m³/h）；单位长度的沿程阻力 R_A（Pa/m）。

空调水系统各管段的 R_A 值由表 13-2 查得后，沿程阻力 h_A 为：

$$h_A = L \times R_A \tag{13-5}$$

各管段的总的沿程阻力为：

$$h_A = \sum L \times R_A \tag{13-6}$$

2. 局部阻力 h_B

空调冷水流过弯头、三通以及其他配件时，因变向、摩擦、涡流等原因产生局部阻力 h_B。

$$h_B = \zeta \times \frac{1}{2}\rho v^2 \tag{13-7}$$

式中　ζ——局部阻力系数；

ρ——水的密度，kg/m³；

v——管内水流速，m/s。

所有配件总的局部阻力为：

$$h_B = \sum \zeta \times \frac{1}{2}\rho v^2 \tag{13-8}$$

不同管件的局部阻力系数可见有关的设计资料及生产厂家样本。

空调冷（热）水系统中，局部阻力和沿程阻力的比值有一近似值，在高层建筑中一般在 0.5~1 之间，远距离输送为 0.2~0.6 之间，计算时可以此作参考。

3. 设备局部阻力 h_C

设备的局部阻力 h_C 可参考下列数值：

离心式冷冻机　　　　　3～8mH₂O；

吸收式冷冻机　　　　　4～10mH₂O；

热交换器　　　　　　　2～5mH₂O；

空调器盘管　　　　　　2～5mH₂O；

风机盘管　　　　　　　1～2mH₂O；

自动控制阀　　　　　　3～5mH₂O。

空调冷（热）水系统的总阻力 $H=h_A+h_B+h_C$，根据总阻力 H 可确定水泵的扬程。

一般情况下，根据系统所需要的流量 L 和总阻力 H 分别加 10%～20% 的安全量（考虑计算和管路损耗）作为选择水泵流量和扬程的依据，即 $L_{水泵}=1.1L$，$H_{水泵}=1.1～1.2H$。当水泵的类型选定后，应根据流量和扬程，查阅样本和手册，选定其大小（型号）和转数。一般可利用综合"选择曲线图"进行初选，水泵工作点应落在最高效率区域内，并在 $L—H$ 曲线最高点右侧的下降段上，以保证工作的稳定性和经济性。

空调水系统要求进行除垢、防腐、杀菌等必要处理，以保证水系统的正常运行，水质处理及处理设备的选型应根据当地的水质情况确定。

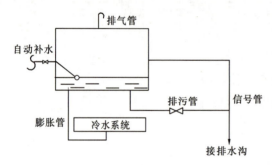

图 13-31　膨胀水箱的连接方式

13.5.3　膨胀水箱的有效膨胀容积

膨胀水箱与系统的连接方式如图 13-31 所示。膨胀水箱底部标高比冷水系统顶部高，膨胀管应接冷水系统的底部，以保证膨胀水箱正常的补水和排气。

在空调冷水系统的设计中，必须根据膨胀水箱的有效膨胀容积来选择合适的膨胀水箱。有效膨胀容积是指系统内由低温向高温的变化过程中，水的体积膨胀量 V_C。

$$V_C=\left(\frac{1}{\rho_2}-\frac{1}{\rho_1}\right)V \tag{13-9}$$

式中　ρ_1——系统运行前空调水密度，kg/m³；

ρ_2——系统运行中空调水密度，kg/m³；

V——空调水系统的总容积，m³，可按下式估算。

$$V=\frac{\alpha A}{1000} \tag{13-10}$$

式中　α——水容积数，L/m²；

全空气系统：冷水 $\alpha=0.40～0.55$（L/m²）

热水 $\alpha=1.25～2.0$（L/m²）

空气—水系统：冷水 $\alpha=0.70～1.30$（L/m²）

热水 $\alpha=0.25～0.90$（L/m²）

A——建筑面积，m²。

拓展小课堂

空调冷（热）水系统水力计算要求严密的逻辑思维能力和严谨的工作作风，通过学习，培养实事求是的科学态度和具备工程意识的职业素养。

单元小结

本教学单元讲述了空调冷源设备和水系统的基本知识。制冷机组是集中式和半集中式空调系统常用的冷源设备。本单元首先介绍了制冷机组的分类，其后详细介绍了各类制冷机组的特点和工作原理。讲述了空调冷（热）水系统和冷却水系统的分类和组成，分析了其水力计算的基本方法。

思考题与习题

1. 制冷机组有哪几种分类方式？
2. 什么是空调冷水系统？主要由哪些部分组成？
3. 空调冷（热）水系统有哪几种划分形式？
4. 开式和闭式、同程和异程式冷热水系统各有何特点？
5. 什么是两管制、三管制和四管制系统？各有何优缺点？
6. 何谓变流量水系统？主要适用于何种场所？有哪些形式？
7. 压差旁通阀的作用是什么？
8. 冷水系统的分区是如何进行的？
9. 空调冷却水系统的作用是什么？主要由哪些部分组成？
10. 简述蓄冷空调系统的特点及其常用形式。

教学单元 14

Chapter 14

通风与空调节能技术

通风与空调
节能技术

教学单元概述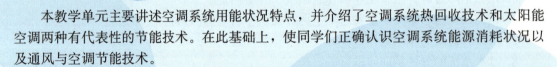

本教学单元主要讲述空调系统用能状况特点，并介绍了空调系统热回收技术和太阳能空调两种有代表性的节能技术。在此基础上，使同学们正确认识空调系统能源消耗状况以及通风与空调节能技术。

知识目标

1. 了解建筑节能的基本概念；
2. 掌握空调系统用能状况；
3. 了解空调系统热回收技术；
4. 了解太阳能空调系统的原理与特点。

能力目标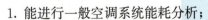

1. 能进行一般空调系统能耗分析；
2. 能正确认识空调系统热回收技术；
3. 能正确认识太阳能空调系统。

当前，世界百年未有之大变局加速演进，新一轮科技革命和产业变革正在重塑全球能源技术和供应结构，全球能源治理体系正面临深度调整。由于建筑在使用期内，消耗大量的能源，用于供暖、空调、制冷、热水供应、照明、通风等，目前建筑能耗占社会总能耗的比例约为 33％，因此对建筑节能降耗的研究具有十分重要的意义。

14.1　空调系统用能状况

建筑节能具体指在建筑物的规划、设计、新建（改建、扩建）、改造和使用过程中，执行节能标准，采用节能型的技术、工艺、设备、材料和产品，提高保温隔热性能和供暖供热、空调制冷制热系统效率，加强建筑物用能系统的运行管理，利用可再生能源，在保证室内热环境质量的前提下，减少供热、空调制冷制热、照明、热水供应的能耗。因此，建筑节能涉及建筑、结构、施工、材料、水、电设备安装等多个专业领域，是影响到建筑工程中几乎所有岗位的工程人员工作内容、技术革新的领域。

14.1.1　建筑用能系统

建筑物用能系统是指与建筑物同步设计、同步安装的用能设备和设施。主要包括供暖空调系统、照明系统、电梯系统、给水排水动力系统和厨房及办公用能等。表 14-1 给出了经调查得到的各类公共建筑分项能耗数据，可供参考。

表 14-1　各类公共建筑分项能耗数据

名称及单位指标	建筑类型	政府办公楼	商业写字楼	酒店	商场
单位面积总电耗	kWh/(m² · a)	78	124	134	240
空调系统电耗	kWh/(m² · a)	26	41	59	120
单位面积照明系统电耗	kWh/(m² · a)	15	24	18	70
单位面积室内电器电耗	kWh/(m² · a)	22	35	15	10
单位面积电梯电耗	kWh/(m² · a)	3.0	3.0	3.0	15
单位面积给水排水提升电耗	kWh/(m² · a)	1.0	1.0	3.0	0.17
单位面积供暖耗热量	GJ/(m² · a)	0.25	0.25	0.40	0.20
人均生活热水耗热量	GJ/(P · a)	0.77	0.77	12.3	—

注：1. 以上单位面积能耗数值均为：建筑年总能耗/（建筑面积－车库面积）。

2. 一般采用样本的统计平均值＋1 倍方差作为标准值；部分标准值计算得到。

14.1.2　空调系统用能状况

由于建筑室内的热环境是由空调系统来控制的，而空调系统能耗约占整个建筑物能耗的一半左右，因此空调系统能耗的控制在建筑节能中有着重要作用。空调系统的能耗包括制冷主机、冷冻水泵、冷却水泵、冷却塔和组合式空调机组几个部分，各部分在空调系统中能耗比例随建筑不同而有所差异。在空调系统节能方面的主要工作有：提高制冷主机效率；强化换热及有效隔热；提高组合式空调机组节能效率；提高空调水系统及冷却塔节能效率；优化系统运行管理；采用各种形式的热回收设备，以得到能量的充分利用；发展太阳能、地热等新能源利用形式。

【例 14-1】成都地区某集商场、餐饮、娱乐及少部分办公为一体的大型购物商场。该工程总建筑面积为 39.6 万 m^2，夏季空调总冷负荷为 25694kW，冬季空调总热负荷为 8995kW。空调系统设计分为四个冷热源系统，各系统负荷及冷热源配置见表 14-2。

表 14-2　商场空调系统分区及设备配置

序号	名称	冷热负荷	机组配置	单位	数量	供/回水温度
1	物业 1（精品店、步行街）	冷负荷：7163kW 热负荷：2758kW	离心式冷水机组 燃气真空锅炉	台 台	3 2	空调冷水供回水温度 7℃/12℃，空调热水供回水温度 60℃/50℃
2	物业 2（餐厅、KTV、电影院）	冷负荷：6001kW 热负荷：1946kW	离心式冷水机组 螺杆式冷水机组 燃气真空锅炉	台 台 台	2 1 2	
3	超市	冷负荷：3860kW 热负荷：1586kW	离心式冷水机组 燃气真空锅炉	台 台	2 1	
4	百货	冷负荷：8670kW 热负荷：2705kW	离心式冷水机组 燃气真空锅炉	台 台	3 2	

各分区空调水系统均采用双管制异程式变流量水系统，高位膨胀水箱定压，系统运行工况切换通过手动或自动启闭水阀实现。

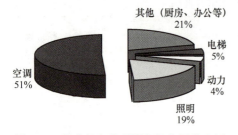

图 14-1　该商场各分项设备年能源费比例

该商场改造前每单位空调面积的实际年耗电量为 105.9kWh/（m^2·a），单位面积建筑总能耗折合成标准煤为 37.1kg/（m^2·a），CO_2 排放量为 103.5kg/（m^2·a）（标准煤的发热量取 29307.6kJ/kg，电厂效率取 0.39，输配变电效率取 0.9，1kg 标准煤产生 2.79kg CO_2）。与发达国家同气候地区同类建筑相比，有一定的节能空间。而空调系统耗电量约占商场用电量的 50.85%，能耗所占比例最大，应作为节能改造的主要对象（图 14-1）。

由于商场规模大，将空调系统节能改造分区、分批进行，一期改造对物业 1 分区实施，该区域空调面积 42000 m^2，冷负荷 7163kW，热负荷 2758kW。由于空调系统的负荷受多种影响因素的变化而总是处于变化状态，且空调系统绝大部分时间都在低于额定负荷的状况下运行，因此要适应负荷的变化，必须对空调系统的流量、参数作相应的适时监测、调节。该工程应用中央空调管理专家系统对物业 1 分区空调系统实施节能改造，改造方案原理图如图 14-2 所示。

由于空调水系统能耗是空调系统能耗的重要组成部分。一般空调水系统的输配用电，在冬季供暖期间约占整个建筑动力的 20%～25%，夏季供冷期间约占 12%～24%。另外从空调系统能耗分配情况看，输送动力能耗约占整个空调系统能耗的 50% 以上，因此，空

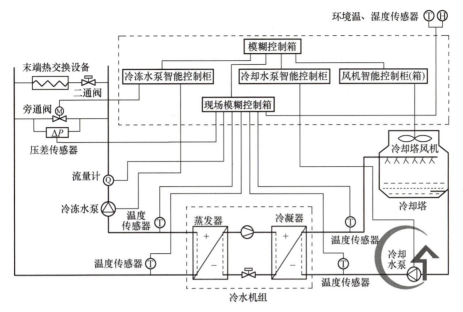

图 14-2　系统控制原理图

调水系统的节能具有重要意义。本工程着重于水系统节能改造，兼顾冷却塔风机智能控制，实现冷水机组、冷冻水泵、冷却水泵、冷却塔风机的变流量调节。

1. 改造主要设备及投资

增加的主要设备及投资见表 14-3。

表 14-3　增加的主要设备及投资

设备名称	数量	费用(万元)
模糊控制柜	1套	
现场模糊控制箱	1套	
标准水泵智能控制柜	2套	
标准切换水泵智能控制柜	3套	160.0
风机智能控制箱	1套	
辅材及工程施工	若干	

2. 空调系统改造后能耗及运行费用

引入中央空调管理专家系统对空调系统进行改造并优化运行管理措施后，对系统的运行能耗进行了监测，监测结果表明，节能改造取得了较好的节能效果，见表 14-4。

表 14-4　空调系统改造前后能耗对比

		主机	冷(热)水泵	冷却水泵	冷却塔	合计
8月	改造前	221520	60891	71987	15248	369646
	改造后	204583	31999	25701	14597	276880
10月	改造前	77855	28354	28060	7015	141284
	改造后	68424	9690	9690	5503	93307

续表

		主机	冷（热）水泵	冷却水泵	冷却塔	合计
12 月	改造前		10552			10552
	改造后		3113			3113
全年统计	改造前	1197500	399188	400188	89052	2085928
	改造后	1092028	179208	141564	80400	1493200
全年运行费用 （万元/a）	改造前	100.95	33.65	33.74	7.51	175.85
	改造后	92.06	15.11	11.93	6.77	125.87
全年节约电费(万元/a)		8.89	18.54	21.80	0.74	49.97

注：商业用电价格按成成都市商业用电价格均价 0.843 元/kWh 计算。

空调系统开启时间为 10：00～22：00。

冬季制冷采用燃气锅炉，监测中只包含热水泵耗电量。

改造前后空调设备全年运行能耗对比分析如图 14-3 所示。

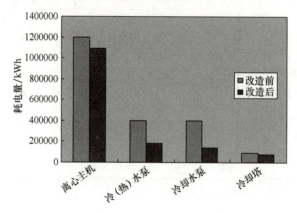

图 14-3　空调设备全年运行能耗对比分析

从图 14-3 可看出，改造前后冷（热）水泵和冷却水泵的节能效果最明显，分别达到 55％和 65％。

表 14-5 的分析显示，节能改造后在环境保护方面有一定的效益。

3. 投资回收期

考虑资金的时间价值，采用动态投资回收期模型进行计算：

表 14-5　空调系统改造前后环境效益对比

	耗煤量 （t/a）	CO_2 排放量 （t/a）	SO_2 排放量 （t/a）	NO_x 排放量 （t/a）	烟尘排放量 （t/a）
改造前	729.99	2036.66	6.20	5.40	219.00
改造后	522.56	1457.93	4.44	3.87	156.77
节约燃煤	207.43				
有害气体减排量		578.73	1.76	1.53	62.23

注：标准煤的发热量取 29307.6kJ/kg，电厂效率取 0.39，输配变电效率取 0.9，1kg 标准煤产生 2.79kg CO_2、0.0085kg SO_2、0.0074kg NO_x 和 0.003kg 烟尘。

$$P = \frac{A\left[(1+i)^n - 1\right]}{i(1+i)^n}$$ (14-1)

式中，P 为初投资；A 为平均每年节约的运行费用；i 为年利率，取 0.0595；n 为投资回收期。

根据式（14-1）计算出项目动态投资回收期为 3.7a。

14.2 空调系统热回收技术

目前空调机组都是将热量通过冷却塔排放到空气中，从而浪费大量热能。如果将这部分热能加以利用，不仅可以节省大量能源，而且可以很大程度地减少环境污染。空调系统的热回收技术就是针对这种现状开发的。该技术是在制冷的同时制取生活热水，非常适合那些既需要空调又需要热水的单位，如宾馆、医院、大型工矿企业等。特别是我国南方，年平均气温很高，一年中使用空调的时间很长，空调系统热量回收技术实现废热利用，节能环保效果显著。

1. 空调冷水机组余热回收

中央空调的冷水机组在夏天制冷时，一般机组的排热是通过冷却塔将热量排出。在夏天，利用热回收技术，将该排出的低品位热量有效地利用起来，结合蓄能技术，为用户提供生活热水，达到节约能源的目的。目前，酒店、医院、办公大楼的主要能耗是中央空调系统的耗电及热水锅炉的能耗。利用中央空调的余热回收装置全部或部分取代锅炉供应热水，可使中央空调系统能源得到全面的综合利用，降低能耗。通常，该热回收分为部分热回收和全热回收。

（1）部分热回收

部分热回收将中央空调在冷凝（水冷或风冷）时排放到大气中的热量，采用一套高效的热交换装置对热量进行回收，制成热水供使用，如图 14-4 所示。由于回收的热量较大，它可以完全替代燃油燃气锅炉生产热水，节省大量的燃油燃气。同时，减轻了制冷主机（压缩机）的冷凝负荷，可使主机耗电降低 10%～20%。此外冷却水泵的负荷大大地减轻，冷却水泵的节电效果将会大幅度提高，其节能率可提高到 50%～70%。

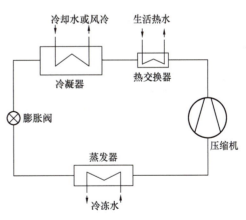

图 14-4　中央空调机组部分热回收系统原理

（2）全热回收

全部热回收主要是将冷却水的排热全部利用，如图 14-5 所示。但一般冷水机组的冷却水设计温度为出水 37℃、回水 32℃，属低品位热源，采用一般的热交换不能充分回收这部分热能，所以在设计时要考虑提高冷凝压力，或将冷却水与高温源热泵或其他辅助热

源结合，充分回收这部分热量，系统简单
可靠。

2. 排风和空气处理能量回收

（1）排风能量回收

在建筑物的空调负荷中，新风负荷所占比
例比较大，一般占空调总负荷的 $20\%\sim30\%$。
为保证室内环境卫生，空调运行时要排走室内
部分空气，必然会带走部分能量，而同时又要
投入能量对新风进行处理。如果在系统中安装
能量回收装置，用排风中的能量来处理新风，
就可减少处理新风所需的能量，降低机组负
荷，提高空调系统的经济性，如图 14-6 所示。

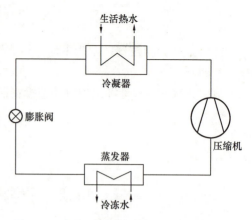

图 14-5　中央空调机组全部热回收系统原理

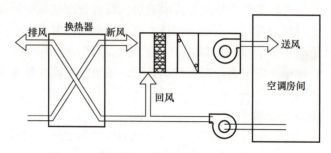

图 14-6　中央空调系统排风能量回收系统原理

（2）空气处理过程中的能量回收

中央空调系统空气处理过程中的能量具有很高的回收潜力。以一次回风中央空调系统
为例，采用热管热交换器的空调器能量回收系统，如图 14-7 所示。在该热回收装置中，
热管中的蒸发器部分和冷凝器部分分别用于冷却回风和加热送风。室内空气状态 4 下的回
风经过热管中的蒸发器部分被冷却到状态 5。状态 5 下的回风部分作为排风，而大部分回
风与室外新风混合，混合后在状态 1 的空气经表冷器冷却去湿到饱和状态 2，饱和状态 2
下的湿空气经热毛细动力循环热管中的冷凝器部分加热到要求的送风状态 3 送入室内。与
传统一次回风空调器系统相比，空调系统制冷量由热管中的蒸发器部分的交换冷量和表冷
器部分的冷量组成，从而有效地节省了空调能耗。

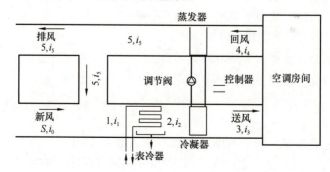

图 14-7　中央空调系统空气处理中能量回收系统原理

14.3　太阳能空调

太阳能是由太阳内部氢原子发生氢氦聚变释放出巨大核能而产生的，经测算，太阳能释放出相当于 10 亿 kW 的能量，而辐射到地球表面的能量，虽然只有它的 22 亿分之一，但也相当于全世界目前总发电量的八万倍。人类利用太阳能的途径有三个：光热转换、光电转换和光化转换。

太阳能空调是以太阳能作为制冷空调的能源。太阳能空调可以有两条途径，一是利用光伏技术产生电力，以电力推动常规的压缩式制冷机制冷；二是进行光－热转换，用热作为能源制冷。目前光电价格很高，因此太阳能空调系统通常为光热转换原理。光热转换的基本原理是将太阳辐射能收集起来，通过与物质的相互作用转换成热能加以利用。通常根据所能达到的温度和用途的不同，而把太阳能光热利用分为低温利用（＜200℃）、中温利用（200～800℃）和高温利用（＞800℃）。目前低温利用主要有太阳能热水器、太阳能干燥器、太阳能蒸馏器、太阳能供暖（太阳房）、太阳能温室、太阳能空调制冷系统等，中温利用主要有太阳灶、太阳能热发电聚光集热装置等，高温利用主要有高温太阳炉等。

1. 太阳能空调系统的特点

太阳能空调系统示意图如图 14-8 所示，该系统主要由太阳能集热装置、热驱动制冷装置和辅助热源组成。太阳能集热装置的主要构件就是太阳能集热器，还包括储热罐和调节装置。太阳能集热器是用特殊吸收装置将太阳的辐射能转换为热能。

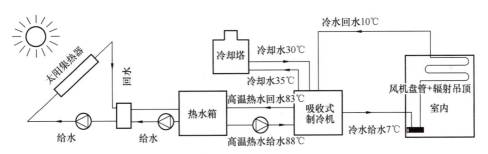

图 14-8　太阳能空调系统示意图

2. 太阳能空调系统的类型

目前太阳能空调的实现方式主要依靠太阳的热能进行制冷和供热，一般又可分为吸收式和吸附式两种。

（1）太阳能吸收式空调：是以太阳能集热器收集太阳能产生热水或热空气，再用太阳能热水或热空气代替锅炉热水输入制冷机中制冷。热媒水的温度越高，则制冷机的性能系数（COP）越高。由于造价、工艺、效率等方面的原因，采用这种技术的太阳能空调系统一般适用于中央空调，系统需要有一定的规模。

（2）太阳能吸附式空调：是利用固体吸附剂对制冷剂的吸附作用来制冷，常用的有分子筛－水、活性炭－甲醇、硅胶－水及氯化钙－氨等吸附式制冷，可利用太阳能集热器将吸附床加热后用于脱附制冷剂，通过加热脱附－冷凝－吸附－蒸发等几个环节实现制冷。

🔍 **拓展小课堂**

1. 通过案例的学习，培养实事求是的科学态度和具备工程意识的职业素养；在空调系统热回收技术和太阳能空调技术的学习过程中，培养学习和接纳新技术的探究精神。

2. 到 2035 年，我国发展的总体目标中，要广泛形成绿色生产生活方式，碳排放达峰后稳中有降，生态环境根本好转，美丽中国目标基本实现，这一宏伟目标的实现离不开技术创新和推动。

3. 围绕绿色低碳发展理念和能源变革趋势，培养绿色低碳环保意识，同学们要树立新时代中国特色社会主义共同理想，实现个人价值与社会价值的统一。

单元小结 🔍

通风与空调节能技术随着我国节能降碳绿色发展要求的提高而不断改进和进步。本教学单元分析了空调系统用能状况特点，讲述空调系统热回收技术和太阳能空调两种有代表性的节能技术。除此之外，通过案例分析，介绍了空调系统能耗特点，以及空调系统控制技术和优化运行管理措施在空调系统节能改造中的重要性。

思考题与习题 🔍

1. 什么是建筑节能？
2. 建筑用能系统包括哪些？
3. 空调系统能耗由哪些部分组成？
4. 热回收技术主要有什么形式？
5. 太阳能空调系统原理是什么，如何提高其制冷效率？
6. 除本单元所阐述的通风空调节能技术外，还有哪些节能技术？

附录

附录 4-1 镀槽边缘控制点的吸入速度 V_x（m/s）

槽的用途	溶液中主要有害物	溶液温度 （℃）	电流密度 （A/cm²）	V_x（m/s）
镀铬	H_2SO_4、CrO_3	55～58	20～35	0.5
镀耐磨铬	H_2SO_4、CrO_3	68～75	35～70	0.5
镀铬	H_2SO_4、CrO_3	40～50	10～20	0.4
电化学抛光	H_3PO_4、H_2SO_4、CrO_3	70～90	15～20	0.4
电化学腐蚀	H_2SO_4、KCN	15～25	8～10	0.4
氰化镀锌	ZnO、$NaCN$、$NaOH$	40～70	5～20	0.4
氰化镀铜	$CuCN$、$NaOH$、$NaCN$	55	2～4	0.4
镍层电化学抛光	H_2SO_4、CrO_3、$C_3H_5(OH)_3$	40～45	15～20	0.4
铝件电抛光	H_3PO_4、$C_3H_5(OH)_3$	85～90	30	0.4
电化学去油	$NaOH$、Na_2CO_3、Na_3PO_4、Na_2SiO_3	80	3～8	0.35
阳极腐蚀	H_2SO_4	15～25	3～5	0.35
电化学抛光	H_3PO_4	18～20	1.5～2	0.35
镀镉	$NaCN$、$NaOH$、Na_2SO_4	15～25	1.5～4	0.35
氰化镀锌	ZnO、$NaCN$、$NaOH$	15～30	2～5	0.35
镀铜锡合金	$NaCN$、$CuCN$、$NaOH$、Na_2SnO_3	65～70	2～2.5	0.35
镀镍	$NiSO_4$、$NaCl$、$COH_6(SO_3Na)_2$	50	3～4	0.35
镀锡（碱）	Na_2SnO_3、$NaOH$、CH_3COONa、H_2O_2	65～75	1.5～2	0.35
镀锡（滚）	Na_2SnO_3、$NaOH$、CH_3COONa	70～80	1～4	0.35
镀锡（酸）	SnO_4、$NaOH$、H_2SO_4、C_6H_5OH	65～75	0.5～2	0.35
氰化电化学浸蚀	KCN	15～25	3～5	0.35
镀金	$K_4Fe(CN)_6$、Na_2CO_3、$H(AuCl)_4$	70	4～6	0.35
铝件电抛光	Na_3PO_4	—	20～25	0.35
钢件电化学氧化	$NaOH$	80～90	5～10	0.35
退铬	$NaOH$	室温	5～10	0.35
酸性镀铜	$CuCO_4$、H_2SO_4	15～25	1～2	0.3
氰化镀黄铜	$CuCO$、$NaCN$、Na_2SO_3、$Zn(CN)_2$	20～30	0.3～0.5	0.3
氰化镀黄铜	$CuCO$、$NaCN$、$NaOH$、Na_2CO_3、$Zn(CN)_2$	15～25	1～1.5	0.3
镀镍	$NiSO_4$、H_2SO_4、$NaCl$、$MgSO_4$	15～25	0.5～1	0.3
镀锡铅合金	Pb、Sn、H_3BO_4、HBF_4	15～25	1～1.2	0.3
电解纯化	Na_2CO_3、K_2CrO_4、H_2CO_5	20	1～6	0.3
铝阳极氧化	H_2SO_4	15～25	0.8～2.5	0.3
铝件阳极绝缘氧化	$C_2H_4O_4$	20～45	1～5	0.3

续表

槽的用途	溶液中主要有害物	溶液温度（℃）	电流密度（A/cm²）	V_x（m/s）
退铜	H_2SO_4、CrO_3	20	3～8	0.3
退镍	H_2SO_4、$C_3H_5(OH)_3$	20	3～8	0.3
化学去油	NaOH、Na_2CO_3、Na_3PO_4	—	—	0.3
黑镍	$NiSO_4$、$(NH_4)_2SO_4$、$ZnSO_4$	15～25	0.2～0.3	0.25
镀银	KCN、AgCl	20	0.5～1	0.25
预镀银	KCN、K_2CO_3	15～25	1～2	0.25
镀银后黑化	Na_2S、Na_2SO_3、$(CH_3)_2CO$	15～25	0.08～0.1	0.25
镀铍	$BeSO_4$、$(NH_4)_2SO_4$、$ZnSO_4$	15～25	0.005～0.02	0.25
镀金	KCN	20	0.1～0.2	0.25
镀钯	Pa、NH_4Cl、NH_4OH、NH_3	20	0.25～0.5	0.25
铝件铬酐阳极氧化	CrO_3	15～25	0.01～0.02	0.25
退银	AgCl、KCN、Na_2CO_3	20～30	0.3～0.1	0.25
退锡	NaOH	60～75	1	0.25
热水槽	水蒸气	＞50	—	0.25

注：V_x 值系根据溶液浓度、成分、温度和电流密度等因素综合确定。

附录 4-2 地面式空气幕送风管的性能和尺寸

性 能 表

型号	1	2	3	4	5	6	7	8	9	10	11	12
V_0（m/s）	空 气 量 （m³/h）											
8	5440	8160	6220	9320	7000	10500	7770	11740	8530	12850	9320	14000
9	6120	9170	7000	10500	7870	11800	8730	13200	9600	14450	10500	15750
10	6800	10210	7770	11670	8740	13120	9700	14580	10680	16050	11650	17500
11	7480	11220	8550	12820	9620	14440	10680	16140	11750	17650	12820	19250
12	8160	12250	9320	14000	10500	15750	11650	17600	12820	19260	14000	21000
13	8830	13270	10100	15150	11370	17050	12620	19070	13880	20850	15150	22750
14	9520	14290	10800	16320	12250	18380	13600	20540	14950	22460	16300	24500
15	10210	15300	11670	17500	13120	19690	14580	22000	16050	24070	17500	26250

尺 寸 表 （mm）

型号	1	2	3	4	5	6	7	8	9	10	11	12
B	2100	2100	2400	2400	2700	2700	3000	3000	3300	3300	3600	3600
H	600	800	650	900	700	1000	750	1150	830	1250	900	1350
b	100	150	100	150	100	150	100	150	100	150	100	150

附录 8-1　我国部分城市室外空气计算参数

地 名	位 置			大气压（Pa）		室外计算干球温度（℃）		夏季室外计算湿球温度（℃）	冬季室外计算相对湿度（%）	室外平均风速（m/s）		计算日较差（℃）
	北纬	东经	海拔（m）	冬季	夏季	冬季	夏季			冬季	夏季	
哈尔滨	45°41′	126°37′	171.7	100125	98392	−29	30.3	23.4	74	3.8	3.5	9.7
长 春	43°54′	125°13′	236.8	99458	97725	−26	30.5	24.2	68	4.2	3.5	9.4
沈 阳	41°46′	123°26′	41.6	102125	99992	−22	31.4	25.4	64	3.1	2.9	8.9
乌鲁木齐	43°54′	87°28′	653.5	95192	93459	−27	34.1	18.5	80	1.7	3.1	12.0
西 宁	36°35′	101°55′	2261.2	77460	77327	−15	25.9	16.4	48	1.7	1.9	13.0
兰 州	36°03′	103°53′	1517.2	85059	84260	−13	30.5	20.2	58	0.5	1.3	12.7
西 安	34°18′	108°56′	396.9	97858	95859	−8	35.2	26.0	67	1.8	2.2	11.3
呼和浩特	40°49′	111°41′	1063.0	90126	88926	−22	29.9	20.8	56	1.6	1.5	12.5
太 原	37°47′	112°33′	777.9	93325	91859	−15	31.2	23.4	51	2.6	2.1	11.7
北 京	39°48′	116°28′	31.2	102391	100125	−12	33.2	26.4	45	2.8	1.9	9.6
天 津	39°06′	117°10′	3.3	102658	100525	−11	33.4	26.9	53	3.1	2.6	7.9
石家庄	38°04′	114°26′	81.8	101725	99592	−11	35.1	26.6	52	1.8	1.5	9.8
济 南	36°41′	116°59′	51.6	101991	99858	−10	34.8	26.7	54	3.2	2.8	9.1
青 岛	36°09′	120°25′	16.8	102525	100391	−9	29.0	26.0	64	5.7	4.9	6.7
上 海	31°10′	121°26′	4.5	102658	100525	−4	34.0	28.2	75	3.1	3.2	7.1
徐 州	34°17′	117°18′	43.0	102258	100125	−8	34.8	27.4	64	2.8	2.9	8.3
南 京	32°00′	118°48′	8.9	102525	100391	−6	35.0	28.3	73	2.6	2.6	7.7
无 锡	31°35′	120°19′	5.6	102791	100391	−4	33.4	28.4	74	4.1	3.8	7.2
杭 州	30°19′	120°12′	7.2	102525	100258	−4	35.7	28.5	77	2.3	2.2	7.3
南 昌	28°40′	115°58′	46.7	101858	99858	−3	35.6	27.9	74	3.8	2.7	8.0
福 州	26°05′	119°17′	48.0	101325	99592	4	35.2	28.0	74	2.7	2.9	8.8
厦 门	24°27′	118°04′	63.2	101458	99992	6	33.4	27.6	73	3.5	3.0	6.7
郑 州	34°43′	113°39′	110.4	101325	99192	−7	35.6	27.4	60	3.4	2.6	9.9
洛 阳	34°40′	112°25′	154.3	100925	98792	−7	35.9	27.5	57	2.5	2.1	9.6
武 汉	30°38′	114°04′	23.3	102391	100125	−5	35.2	28.2	76	2.7	2.6	8.1
长 沙	28°12′	113°04′	44.9	101591	99458	−3	35.8	27.7	81	2.8	2.6	8.5
汕 头	23°24′	116°41′	1.2	101858	100525	6	32.8	27.7	79	2.9	2.5	6.0
广 州	23°08′	113°19′	9.3	101325	99992	5	33.5	27.7	70	2.4	1.8	7.0
海 口	20°02′	110°21′	14.1	101591	100258	10	34.5	27.9	85	3.4	2.8	8.0
桂 林	25°20′	110°18′	166.7	100258	98525	0	33.9	27.0	71	3.2	1.5	8.9
南 宁	22°49′	108°21′	72.2	101191	99592	5	34.2	27.5	75	1.8	1.6	8.8
成 都	30°40′	104°04′	505.9	96392	94792	1	31.6	26.7	80	0.9	1.1	7.8
重 庆	29°31′	106°29′	351.1	97992	96392	2	36.5	27.3	82	1.2	1.4	8.1
贵 阳	26°35′	106°43′	1071.2	89726	88792	−3	30.0	23.0	78	2.2	2.0	8.0
昆 明	25°01′	102°41′	1891.4	81193	80793	1	25.8	19.9	68	2.5	1.8	7.1
拉 萨	29°42′	91°08′	3658.0	65061	65194	−8	22.8	13.5	28	2.2	1.8	11.8

附录 8-2　北纬 40°太阳总辐射照度（W/m²）

透明度等级		4						5						6						透明度等级
朝　向		S	SE	E	NE	N	H	S	SE	E	NE	N	H	S	SE	E	NE	N	H	朝　向
时刻（地方太阳时）	6	52	250	445	411	165	166	50	209	368	340	142	148	49	164	279	258	115	127	18
	7	83	421	630	519	152	345	87	379	559	463	148	324	93	334	483	404	142	304	17
	8	131	537	692	506	109	533	137	500	638	472	117	509	137	443	559	420	121	466	16
	9	258	593	661	420	135	711	258	569	630	407	144	690	254	521	575	381	155	645	15
	10	361	576	542	279	151	842	357	558	527	281	162	821	349	526	498	281	176	779	14
	11	424	493	365	158	158	919	416	480	362	169	169	892	402	495	354	181	181	847	13
	12	448	364	162	162	162	949	438	361	172	172	172	919	422	352	185	185	185	872	12
	13	424	199	158	158	158	919	416	207	169	169	169	892	402	216	181	181	181	847	11
	14	361	151	151	151	151	842	357	162	162	162	162	821	349	176	176	176	176	779	10
	15	258	135	135	135	135	711	258	144	144	144	144	690	254	155	155	155	155	645	9
	16	131	109	109	109	109	533	137	117	117	117	117	509	137	121	121	121	121	466	8
	17	83	83	83	83	152	345	87	87	87	87	148	324	93	93	93	93	142	304	7
	18	52	52	52	52	165	166	50	50	50	50	142	148	49	49	49	49	115	127	6
日总计		3067	3964	4186	3142	1904	7981	3051	3824	3986	3033	1935	7687	2990	3609	3706	2885	1964	7208	日总计
日平均		128	165	174	131	79	333	127	159	166	127	80	320	124	150	155	120	81	300	日平均
朝　向		S	SE	E	NE	N	H	S	SE	E	NE	N	H	S	SE	E	NE	N	H	朝　向

附录 8-3　北纬 40°透过标准窗玻璃的太阳辐射照度（W/m²）

透明度等级		5												6												透明度等级
朝　向		S		SE		E		NE		N		H		S		SE		E		NE		N		H		朝　向
辐射照度		直射	散射	直射	散射	直射	散射	直射	散射	直射	散射	直射	散射	直射	散射	直射	散射	直射	散射	直射	散射	直射	散射	直射	散射	辐射照度
时刻（地方太阳时）	6	0	42	117	42	267	42	243	42	51	42	40	58	0	40	86	40	194	40	177	40	37	40	29	58	18
	7	0	72	229	72	398	72	311	72	42	72	152	91	0	77	190	77	329	77	257	77	35	77	126	104	17
	8	1	96	306	96	437	96	278	96	0	96	300	109	1	100	258	100	368	100	234	100	0	100	254	123	16
	9	41	119	337	119	398	119	172	119	0	119	448	124	36	128	291	128	344	128	149	128	0	128	387	149	15
	10	104	133	302	133	270	133	43	133	0	133	557	131	91	144	266	144	237	144	38	144	0	144	492	160	14
	11	150	138	213	138	100	138	0	138	0	138	619	130	134	149	190	149	88	149	0	149	0	149	551	159	13
	12	167	142	94	142	0	142	0	142	0	142	641	133	150	152	85	152	0	152	0	152	0	152	572	160	12
	13	150	138	5	138	0	138	0	138	0	138	619	130	134	149	5	149	0	149	0	149	0	149	551	159	11
	14	104	133	0	133	0	133	0	133	0	133	557	131	91	144	0	144	0	144	0	144	0	144	492	160	10
	15	41	119	0	119	0	119	0	119	0	119	448	124	36	128	0	128	0	128	0	128	0	128	387	149	9
	16	1	96	0	96	0	96	0	96	0	96	300	109	1	100	0	100	0	100	0	100	0	100	254	123	8
	17	0	72	0	72	0	72	0	72	42	72	152	91	0	77	0	77	0	77	0	77	35	77	126	104	7
	18	0	42	0	42	0	42	0	42	51	42	40	58	40	40	0	40	0	40	0	40	37	40	29	58	6
朝　向		S		NE		N		H		SE		E		N		H		SE		E		N		H		朝　向

附录 8-4　围护结构外表面太阳辐射吸收系数

面层类型	表面性质	表面颜色	吸收系数
石棉材料： 石棉水泥板		浅灰色	0.72～0.78
金属： 白铁屋面	光滑，旧	灰黑色	0.86
粉刷： 拉毛水泥墙面 石灰粉刷 陶石子墙面 水泥粉刷墙面 砂石粉刷	粗糙，旧 光滑，新 粗糙，旧 光滑，新 	灰色或米黄色 白　色 浅灰色 浅蓝色 深　色	0.63～0.65 0.48 0.68 0.56 0.57
墙： 红砖墙 硅酸盐砖墙 混凝土墙	旧 不光滑 	红色 青灰色 灰色	0.72～0.78 0.41～0.60 0.65
屋面： 红瓦屋面 红褐色瓦屋面 灰瓦屋面 石棉瓦 水泥屋面 浅色油毛毡 黑色油毛毡	旧 旧 旧 旧 旧 粗糙，新 粗糙，新	红色 红褐色 浅灰色 银灰色 青灰色 浅黑色 深黑色	0.56 0.65～0.74 0.52 0.75 0.74 0.72 0.86

附录 8-5　屋面构造类型

序号	构造	壁厚δ (mm)	保温层材料	厚度l (mm)	导热热阻 (m²·K/W)	传热系数 [W/(m²·K)]	质量 (kg/m²)	热容量 [kJ/(m²·K)]	类型
1	1. 预制细石混凝土板 25mm，表面喷白色水泥浆 2. 通风层≥200mm 3. 卷材防水层 4. 水泥砂浆找平层 20mm 5. 保温层 6. 隔汽层 7. 找平层 20mm 8. 预制钢筋混凝土板 9. 内粉刷	35	水泥膨胀珍珠岩	25	0.77	1.07	292	247	IV
				50	0.98	0.87	301	251	IV
				75	1.20	0.73	310	260	III
				100	1.41	0.64	318	264	III
				125	1.63	0.56	327	272	III
				150	1.84	0.50	336	277	III
				175	2.06	0.45	345	281	II
				200	2.27	0.41	353	289	II
			沥青膨胀珍珠岩	25	0.82	1.01	292	247	IV
				50	1.09	0.79	301	251	IV
				75	1.36	0.65	310	260	III
				100	1.63	0.56	318	264	III
				125	1.89	0.49	327	272	III
				150	2.17	0.43	336	277	III
				175	2.43	0.38	345	281	II
				200	2.70	0.35	353	289	II
			加气混凝土泡沫混凝土	25	0.67	1.20	298	256	IV
				50	0.79	1.05	313	268	IV
				75	0.90	0.93	328	281	III
				100	1.02	0.84	343	293	III
				125	1.14	0.76	358	306	III
				150	1.26	0.70	373	318	III
				175	1.38	0.64	388	331	III
				200	1.50	0.59	403	344	III

续表

序号	构造	壁厚 δ (mm)	保温层		导热热阻 (m²·K/W)	传热系数 [W/(m²·K)]	质量 (kg/m²)	热容量 [kJ/(m²·K)]	类型
			材料	厚度 l (mm)					
2	1. 预制细石混凝土板 25mm，表面喷白色水泥浆 2. 通风层≥200mm 3. 卷材防水层 4. 水泥砂浆找平层 20mm 5. 保温层 6. 隔汽层 7. 现浇钢筋混凝土板 8. 内粉刷	70	水泥膨胀珍珠岩	25	0.78	1.05	376	318	III
				50	1.00	0.86	385	323	III
				75	1.21	0.72	394	331	III
				100	1.43	0.63	402	335	III
				125	1.64	0.55	411	339	II
				150	1.86	0.49	420	348	II
				175	2.07	0.44	429	352	II
				200	2.29	0.41	437	360	I
			沥青膨胀珍珠岩	25	0.83	1.00	376	318	III
				50	1.11	0.78	385	323	III
				75	1.38	0.65	394	331	III
				100	1.64	0.55	402	335	II
				125	1.91	0.48	411	339	II
				150	2.18	0.43	420	348	II
				175	2.45	0.38	429	352	II
				200	2.72	0.35	437	360	I
			加气混凝土泡沫混凝土	25	0.69	1.16	382	323	III
				50	0.81	1.02	397	335	III
				75	0.93	0.91	412	348	III
				100	1.05	0.83	427	360	II
				125	1.17	0.74	442	373	II
				150	1.29	0.69	457	385	I
				175	1.41	0.64	472	398	I
				200	1.53	0.59	487	411	I

附录 8-6　外墙结构类型

序号	构造	壁厚 δ (mm)	保温厚 (mm)	导热热阻 (m²·K/W)	传热系数 [W/(m²·K)]	质量 (kg/m²)	热容量 [kJ/(m²·K)]	类型
1	1. 砖墙 2. 白灰粉刷	240		0.32	2.05	464	406	III
		370		0.48	1.55	698	612	II
		490		0.63	1.26	914	804	I
2	1. 水泥砂浆 2. 砖墙 3. 白灰粉刷	240		0.34	1.97	500	436	III
		370		0.50	1.50	734	645	II
		490		0.65	1.22	950	834	I

续表

序号	构造	壁厚δ (mm)	保温厚 (mm)	导热热阻 (m²·K/W)	传热系数 [W/(m²·K)]	质量 (kg/m²)	热容量 [kJ/(m²·K)]	类型
3	1. 砖墙 2. 泡沫混凝土 3. 木丝板 4. 白灰粉刷	240		0.95	0.90	534	478	Ⅱ
		370		1.11	0.78	768	683	Ⅰ
		490		1.26	0.70	984	876	0
4	1. 水泥砂浆 2. 砖墙 3. 木丝板	240		0.47	1.57	478	432	Ⅲ
		370		0.63	1.26	712	608	Ⅱ

附录 8-7　外墙冷负荷计算温度（℃）

朝向\时间	Ⅰ型外墙				Ⅱ型外墙			
	S	W	N	E	S	W	N	E
0	34.7	36.6	32.2	37.5	36.1	38.5	33.1	38.5
1	34.9	36.9	32.3	37.6	36.2	38.9	33.2	38.4
2	35.1	37.2	32.4	37.7	36.2	39.1	33.2	38.2
3	35.2	37.4	32.5	39.2	36.1	38.0	33.2	38.0
4	35.3	37.6	32.6	37.7	35.9	39.1	33.1	37.6
5	35.3	37.8	32.6	37.6	35.6	38.9	33.0	37.3
6	35.3	37.9	32.7	37.5	35.3	33.6	32.8	36.9
7	35.3	37.9	32.6	37.4	35.0	38.2	32.6	36.4
8	35.2	37.9	32.6	37.3	34.6	37.8	32.3	36.0
9	35.1	37.8	32.5	37.1	34.2	37.3	32.1	35.5
10	34.9	37.7	32.5	36.8	33.9	36.8	31.8	35.2
11	34.8	37.5	32.4	36.6	33.5	36.3	31.0	35.0
12	34.6	37.3	32.2	36.9	33.2	35.9	31.4	35.0
13	34.4	37.1	32.1	36.2	32.9	35.5	31.3	35.2
14	34.2	36.9	32.0	36.1	32.8	35.2	31.2	35.6
15	34.0	36.6	31.9	36.1	32.9	34.9	31.2	36.1
16	33.9	36.4	31.8	36.2	33.1	34.8	31.3	36.6
17	33.8	36.2	31.8	36.3	33.4	34.8	31.4	37.1
18	33.8	36.1	31.8	36.4	33.9	34.9	31.6	37.5
19	33.9	36.0	31.8	36.6	34.4	35.3	31.8	37.9
20	34.0	35.9	31.8	36.8	34.9	35.8	32.1	38.2
21	34.1	36.0	31.9	37.0	35.3	36.5	32.4	38.4
22	34.3	36.1	32.0	37.2	35.7	37.3	32.6	38.5
23	34.5	36.3	32.1	37.3	36.0	38.0	32.9	38.6
最大值	35.5	37.9	32.7	37.7	36.2	37.9	33.2	38.8
最小值	33.8	35.9	31.8	36.1	32.8	34.8	31.2	35.0

273

朝向 时间	Ⅲ 型 外 墙				Ⅳ 型 外 墙			
	S	W	N	E	S	W	N	E
0	38.1	42.9	34.7	39.1	37.8	44.0	34.9	38.0
1	37.5	42.5	34.4	38.4	36.8	42.6	34.3	37.0
2	36.9	41.8	34.1	37.6	35.8	41.0	33.6	35.9
3	36.1	40.8	33.6	36.7	34.7	39.5	32.9	34.9
4	35.3	39.8	33.1	35.9	33.8	38.0	32.1	33.9
5	34.5	38.6	32.5	35.0	32.8	36.5	31.4	32.9
6	33.7	37.5	31.9	34.1	31.9	35.2	30.7	32.0
7	33.0	36.4	31.3	33.3	31.1	33.9	30.0	31.1
8	32.2	35.4	30.8	32.5	30.3	32.8	29.4	30.6
9	31.5	34.4	30.3	32.1	29.7	31.9	29.1	30.8
10	30.9	33.5	30.0	32.1	29.3	31.3	29.1	32.0
11	30.5	32.8	29.8	32.8	29.3	30.9	29.2	33.9
12	30.4	32.4	29.8	34.1	29.8	30.9	29.6	36.2
13	30.6	32.1	30.0	35.6	30.8	31.1	30.1	38.5
14	31.3	32.1	30.3	37.2	32.3	31.6	30.7	40.3
15	32.3	32.3	30.7	38.5	34.1	32.3	31.5	41.4
16	33.5	32.8	31.3	39.5	36.1	33.5	32.3	41.9
17	34.9	33.7	31.9	40.2	37.8	35.3	33.1	42.1
18	36.3	35.0	32.5	40.5	39.1	37.7	33.9	42.0
19	37.4	36.7	33.1	40.7	39.9	40.3	34.5	41.7
20	38.1	38.7	33.6	40.7	40.2	42.8	35.0	41.3
21	38.6	40.5	34.1	40.6	40.0	44.6	35.5	40.7
22	38.7	42.0	34.5	40.2	39.5	45.3	35.6	39.9
23	38.5	42.8	34.7	39.7	38.7	45.0	35.4	39.0
最大值	38.7	42.9	34.7	40.7	40.2	45.3	35.6	42.1
最小值	30.4	32.1	29.8	32.1	29.3	30.9	29.1	30.6

附录 8-8　屋面冷负荷计算温度（℃）

屋面类型 时　　间	Ⅰ	Ⅱ	Ⅲ	Ⅳ	Ⅴ	Ⅵ
0	43.7	47.2	47.7	46.1	41.6	38.1
1	44.3	46.4	46.0	43.7	39.0	35.5
2	44.8	45.4	44.2	41.4	36.7	33.2
3	45.0	44.3	42.4	39.3	34.6	31.4
4	45.0	43.1	40.6	37.3	32.8	29.8
5	44.9	41.8	38.8	35.5	31.2	28.4
6	44.5	40.6	37.1	33.9	29.8	27.2
7	44.0	39.3	35.5	32.4	28.7	26.5
8	43.4	38.1	34.1	31.2	28.4	26.8
9	42.7	37.0	33.1	30.7	29.2	28.6
10	41.9	36.1	32.7	31.0	31.4	32.0
11	41.1	35.6	33.0	32.3	34.7	36.7
12	40.2	35.6	34.0	34.5	38.9	42.2

续表

时 间 \ 屋面类型	Ⅰ	Ⅱ	Ⅲ	Ⅳ	Ⅴ	Ⅵ
13	39.5	36.0	35.8	37.5	43.4	47.8
14	38.9	37.0	38.1	41.0	47.9	52.9
15	38.5	38.4	40.7	44.6	51.9	57.1
16	38.3	40.1	43.5	47.9	54.9	59.8
17	38.4	41.9	46.1	50.7	56.8	60.9
18	38.8	43.7	48.3	52.7	57.2	60.2
19	39.4	45.4	49.9	53.7	56.3	57.8
20	40.2	46.7	50.8	53.6	54.0	54.0
21	41.1	47.5	50.9	52.5	51.0	49.5
22	42.0	47.8	50.3	50.7	47.7	45.1
23	42.9	47.7	49.2	48.4	44.5	41.3
最大值	45.0	47.8	50.9	53.7	57.2	60.9
最小值	38.3	35.6	32.7	30.7	28.4	26.5

附录 8-9　Ⅰ～Ⅳ型结构地点修正值（℃）

编 号	城　市	S	SW	W	NW	N	NE	E	SE	水　平
1	北　京	0.0	0.0	0.0	0.0	0.0	0.0	0.0	0.0	0.0
2	天　津	−0.4	−0.3	−0.1	−0.1	−0.2	−0.3	−0.1	−0.3	−0.5
3	沈　阳	−1.4	−1.7	−1.9	−1.9	−1.6	−2.0	−1.9	−1.7	−2.7
4	哈尔滨	−2.2	−2.8	−3.4	−3.7	−3.4	−3.8	−3.4	−2.8	−4.1
5	上　海	−0.8	−0.2	0.5	1.2	1.2	1.0	0.5	−0.2	0.1
6	南　京	1.0	1.5	2.1	2.7	2.7	2.5	2.1	1.5	2.0
7	武　汉	0.4	1.0	1.7	2.4	2.2	2.3	1.7	1.0	1.3
8	广　州	−1.9	−1.2	0.0	1.3	1.7	1.2	0.0	−1.2	−0.5
9	昆　明	−8.5	−7.8	−6.7	−5.5	−5.2	−5.7	−6.7	−7.8	−7.2
10	西　安	0.5	0.5	0.9	1.5	1.8	1.4	0.9	0.5	0.4
11	兰　州	−4.8	−4.4	−4.0	−3.8	−3.9	−4.0	−4.0	−4.4	−4.0
12	乌鲁木齐	0.7	0.5	0.2	−0.3	−0.4	−0.4	0.2	0.5	0.1
13	重　庆	0.4	1.1	2.0	2.7	2.8	2.6	2.0	1.1	1.7
14	石家庄	0.5	0.6	0.8	1.0	1.0	0.9	0.8	0.6	0.4
15	杭　州	1.0	1.4	2.1	2.9	3.1	2.7	2.1	1.4	1.5
16	合　肥	1.0	1.7	2.5	3.0	2.8	2.8	2.4	1.7	2.7
17	福　州	−0.8	0.0	1.1	2.1	2.2	1.9	1.1	0.0	0.7
18	南　昌	0.4	1.3	2.4	3.2	3.0	3.1	2.4	1.3	2.4
19	济　南	1.6	1.9	2.2	2.4	2.3	2.3	2.2	1.9	2.2
20	太　原	−3.3	−3.0	−2.7	−2.7	−2.8	−2.8	−2.7	−3.0	−2.8
21	呼和浩特	−4.3	−4.3	−4.4	−4.5	−4.6	−4.7	−4.4	−4.3	−4.2
22	郑　州	0.8	0.9	1.3	1.8	2.1	1.6	1.3	0.9	0.7
23	长　沙	0.5	1.3	2.4	3.2	3.1	3.0	2.4	1.3	2.2
24	南　宁	−1.7	−1.0	0.2	1.5	1.9	1.3	0.2	−1.0	−0.3

编号	城市	S	SW	W	NW	N	NE	E	SE	水 平
25	成 都	−3.0	−2.6	−2.0	−1.1	−0.9	−1.3	−2.0	−2.6	−2.5
26	贵 阳	−4.9	−4.3	−3.4	−2.3	−2.0	−2.5	−3.5	−4.3	−3.5
27	西 宁	−9.6	−8.9	−8.4	−8.5	−8.9	−8.6	−8.4	−8.9	−7.9
28	银 川	−3.8	−3.5	−3.2	−3.3	−3.6	−3.4	−3.2	−3.5	−2.4
29	桂 林	−1.9	−1.1	0.0	1.1	1.3	0.9	0.0	−1.1	−0.2
30	汕 头	−1.9	−0.9	0.5	1.7	1.8	1.5	0.5	−0.9	0.4
31	海 口	−1.5	−0.6	1.0	2.4	2.9	2.3	1.0	−0.6	1.0
32	拉 萨	−13.5	−11.8	−10.2	−10.0	−11.0	−10.1	−10.2	−11.8	−8.9

附录 8-10　单层窗玻璃的 K 值 $[W/(m^2 \cdot K)]$

$\alpha_w[W/(m^2 \cdot K)]$ \ $\alpha_n[W/(m^2 \cdot K)]$	5.8	6.4	7.0	7.6	8.1	8.7	9.3	9.9	10.5	11
11.6	3.87	4.13	4.36	4.58	4.79	4.99	5.16	5.34	5.51	5.66
12.8	4.00	4.27	4.51	4.76	4.98	5.19	5.38	5.57	5.76	5.93
14.0	4.11	4.38	4.65	4.91	5.14	5.37	5.58	5.79	5.81	6.16
15.1	4.20	4.49	4.78	5.04	5.29	5.54	5.76	5.98	6.19	6.38
16.3	4.28	4.60	4.88	5.16	5.43	5.68	5.92	6.15	6.37	6.58
17.5	4.37	4.68	4.99	5.27	5.55	5.82	6.07	6.32	6.55	6.77
18.6	4.43	4.76	5.07	5.61	5.66	5.94	6.20	6.45	6.70	6.93
19.8	4.49	4.84	5.15	5.47	5.77	6.05	6.33	6.59	6.34	7.08
20.9	4.55	4.90	5.23	5.59	5.86	6.15	6.44	6.71	6.98	7.23
22.1	4.61	4.97	5.30	5.63	5.95	6.26	6.55	6.83	7.11	7.36
23.3	4.65	5.01	5.37	5.71	6.04	6.34	6.64	6.93	7.22	7.49
24.4	4.70	5.07	5.43	5.77	6.11	6.43	6.73	7.04	7.33	7.61
25.6	4.73	5.12	5.48	5.84	6.18	6.50	6.83	7.13	7.43	7.69
26.7	4.78	5.16	5.54	5.90	6.25	6.58	6.91	7.22	7.52	7.82
27.9	4.81	5.20	5.58	5.94	6.30	6.64	6.98	7.30	7.62	7.92
29.1	4.85	5.25	5.63	6.00	6.36	6.71	7.05	7.37	7.70	8.00

附录 8-11　双层窗玻璃的 K 值 $[W/(m^2 \cdot K)]$

$\alpha_w[W/(m^2 \cdot K)]$ \ $\alpha_n[W/(m^2 \cdot K)]$	5.8	6.4	7.0	7.6	8.1	8.7	9.3	9.9	10.5	11
11.6	2.37	2.47	2.55	2.62	2.69	2.74	2.80	2.85	2.90	2.73
12.8	2.42	2.51	2.59	2.67	2.74	2.80	2.86	2.92	2.97	3.01

$\alpha_n[W/(m^2 \cdot K)]$ $\alpha_w[W/(m^2 \cdot K)]$	5.8	6.4	7.0	7.6	8.1	8.7	9.3	9.9	10.5	11
14.0	2.45	2.56	2.64	2.72	2.79	2.86	2.92	2.98	3.02	3.07
15.1	2.49	2.59	2.69	2.77	2.84	2.91	2.97	3.02	3.08	3.13
16.3	2.52	2.63	2.72	2.80	2.87	2.94	3.01	3.07	3.12	3.17
17.5	2.55	2.65	2.74	2.84	2.91	2.98	3.05	3.11	3.16	3.21
18.6	2.57	2.67	2.78	2.86	2.94	3.01	3.08	3.14	3.20	3.25
19.8	2.59	2.70	2.80	2.88	2.97	3.05	3.12	3.17	3.23	3.28
20.9	2.61	2.72	2.83	2.91	2.99	3.07	3.14	3.20	3.26	3.31
22.1	2.63	2.74	2.84	2.93	3.01	3.09	3.16	3.23	3.29	3.34
23.3	2.64	2.76	2.86	2.95	3.04	3.12	3.19	3.25	3.31	3.37
24.4	2.66	2.77	2.87	2.97	3.06	3.14	3.21	3.27	3.34	3.40
25.6	2.67	2.79	2.90	2.99	3.07	3.15	3.20	3.29	3.36	3.41
26.7	2.69	2.80	2.91	3.00	3.09	3.17	3.24	3.31	3.37	3.43
27.9	2.70	2.81	2.92	3.01	3.11	3.19	3.25	3.33	3.40	3.45
29.1	2.71	2.83	2.93	3.04	3.12	3.20	3.28	3.35	3.41	3.47

附录 8-12　玻璃窗的地点修正值 t_d（℃）

编号	城市	t_d	编号	城市	t_d
1	北　京	0	21	成　都	−1
2	天　津	0	22	贵　阳	−3
3	石家庄	1	23	昆　明	−6
4	太　原	−2	24	拉　萨	−11
5	呼和浩特	−4	25	西　安	2
6	沈　阳	−1	26	兰　州	−3
7	长　春	−3	27	西　宁	−8
8	哈尔滨	−3	28	银　川	−3
9	上　海	1	29	乌鲁木齐	1
10	南　京	3	30	台　北	1
11	杭　州	3	31	二连浩特	−2
12	合　肥	3	32	汕　头	1
13	福　州	2	33	海　口	1
14	南　昌	3	34	桂　林	1
15	济　南	3	35	重　庆	3
16	郑　州	2	36	敦　煌	−1
17	武　汉	3	37	格尔木	−9
18	长　沙	3	38	和　田	−1
19	广　州	1	39	喀　什	−1
20	南　宁	1	40	库　车	0

附录 8-13　北区(北纬 27°30′以北)无内遮阳窗玻璃冷负荷系数

时间朝向	0	1	2	3	4	5	6	7	8	9	10	11
S	0.16	0.15	0.14	0.13	0.12	0.11	0.13	0.17	0.21	0.28	0.39	0.49
SE	0.14	0.13	0.12	0.11	0.10	0.09	0.22	0.34	0.45	0.51	0.62	0.58
E	0.12	0.11	0.10	0.09	0.09	0.08	0.29	0.41	0.49	0.60	0.56	0.37
NE	0.12	0.11	0.10	0.09	0.09	0.08	0.35	0.45	0.53	0.54	0.38	0.30
N	0.26	0.24	0.23	0.21	0.09	0.18	0.44	0.42	0.43	0.49	0.56	0.61
NW	0.17	0.15	0.14	0.13	0.12	0.12	0.13	0.15	0.17	0.18	0.20	0.21
W	0.17	0.16	0.15	0.14	0.13	0.12	0.12	0.14	0.15	0.16	0.17	0.17
SW	0.18	0.16	0.15	0.14	0.13	0.12	0.13	0.15	0.17	0.18	0.20	0.21
水平	0.20	0.18	0.17	0.16	0.15	0.14	0.16	0.22	0.31	0.39	0.47	0.53

时间朝向	12	13	14	15	16	17	18	19	20	21	22	23
S	0.54	0.65	0.60	0.42	0.36	0.32	0.27	0.23	0.21	0.20	0.18	0.17
SE	0.41	0.34	0.32	0.31	0.28	0.26	0.22	0.19	0.18	0.17	0.16	0.15
E	0.29	0.29	0.28	0.26	0.24	0.22	0.19	0.17	0.16	0.15	0.14	0.13
NE	0.30	0.30	0.29	0.27	0.26	0.23	0.20	0.17	0.16	0.15	0.14	0.13
N	0.64	0.66	0.66	0.63	0.59	0.64	0.64	0.38	0.35	0.32	0.30	0.28
NW	0.22	0.22	0.28	0.39	0.50	0.56	0.59	0.31	0.22	0.21	0.19	0.18
W	0.18	0.25	0.37	0.47	0.52	0.62	0.55	0.24	0.23	0.21	0.20	0.18
SW	0.29	0.40	0.49	0.54	0.64	0.59	0.39	0.25	0.24	0.22	0.20	0.19
水平	0.57	0.69	0.68	0.55	0.49	0.41	0.33	0.28	0.26	0.25	0.23	0.21

北区(北纬 27°30′以北)有内遮阳窗玻璃冷负荷系数

时间朝向	0	1	2	3	4	5	6	7	8	9	10	11
S	0.07	0.07	0.06	0.06	0.06	0.05	0.11	0.18	0.26	0.40	0.58	0.72
SE	0.06	0.06	0.06	0.05	0.05	0.05	0.30	0.54	0.71	0.83	0.80	0.62
E	0.06	0.05	0.05	0.05	0.04	0.04	0.47	0.68	0.82	0.79	0.59	0.38
NE	0.06	0.05	0.05	0.05	0.04	0.04	0.54	0.79	0.79	0.60	0.38	0.29
N	0.12	0.11	0.11	0.10	0.09	0.09	0.59	0.54	0.54	0.65	0.75	0.81
NW	0.08	0.07	0.07	0.06	0.06	0.06	0.09	0.13	0.17	0.21	0.23	0.25
W	0.08	0.07	0.07	0.06	0.06	0.06	0.08	0.11	0.14	0.17	0.18	0.19
SW	0.08	0.08	0.07	0.07	0.06	0.06	0.09	0.13	0.17	0.20	0.23	0.23
水平	0.09	0.09	0.08	0.08	0.07	0.07	0.13	0.26	0.42	0.57	0.69	0.77

时间朝向	12	13	14	15	16	17	18	19	20	21	22	23
S	0.84	0.80	0.62	0.45	0.32	0.24	0.16	0.10	0.09	0.09	0.08	0.08
SE	0.43	0.30	0.28	0.25	0.22	0.17	0.13	0.09	0.08	0.08	0.07	0.07
E	0.24	0.24	0.23	0.21	0.18	0.15	0.11	0.08	0.07	0.07	0.06	0.06
NE	0.29	0.29	0.27	0.25	0.21	0.16	0.12	0.08	0.07	0.07	0.06	0.06
N	0.83	0.83	0.79	0.71	0.60	0.61	0.68	0.17	0.16	0.15	0.14	0.13
NW	0.26	0.26	0.35	0.57	0.76	0.83	0.67	0.13	0.10	0.09	0.09	0.08
W	0.20	0.34	0.56	0.72	0.83	0.77	0.53	0.11	0.10	0.09	0.09	0.08
SW	0.38	0.58	0.73	0.63	0.79	0.59	0.37	0.11	0.10	0.10	0.09	0.09
水平	0.58	0.84	0.73	0.84	0.49	0.33	0.19	0.13	0.12	0.11	0.10	0.09

南区(北纬 27°30′以南)无内遮阳窗玻璃冷负荷系数

时间 朝向	0	1	2	3	4	5	6	7	8	9	10	11
S	0.21	0.19	0.18	0.17	0.16	0.14	0.17	0.25	0.33	0.42	0.48	0.54
SE	0.14	0.13	0.12	0.11	0.11	0.10	0.20	0.36	0.47	0.52	0.61	0.54
E	0.13	0.11	0.10	0.09	0.09	0.08	0.24	0.39	0.48	0.61	0.57	0.38
NE	0.12	0.12	0.11	0.10	0.09	0.09	0.26	0.41	0.49	0.59	0.54	0.36
N	0.28	0.25	0.24	0.22	0.21	0.19	0.38	0.49	0.52	0.55	0.59	0.63
NW	0.17	0.16	0.15	0.14	0.13	0.12	0.12	0.15	0.17	0.19	0.20	0.21
W	0.17	0.16	0.15	0.14	0.13	0.12	0.12	0.14	0.16	0.17	0.18	0.19
SW	0.18	0.17	0.15	0.14	0.13	0.12	0.13	0.16	0.19	0.23	0.25	0.27
水平	0.19	0.17	0.16	0.15	0.14	0.13	0.14	0.19	0.28	0.37	0.45	0.52

时间 朝向	12	13	14	15	16	17	18	19	20	21	22	23
S	0.59	0.70	0.70	0.57	0.52	0.44	0.35	0.30	0.28	0.26	0.24	0.22
SE	0.39	0.37	0.36	0.35	0.32	0.28	0.23	0.20	0.19	0.18	0.16	0.15
E	0.31	0.30	0.29	0.28	0.27	0.23	0.21	0.18	0.17	0.15	0.14	0.13
NE	0.32	0.32	0.31	0.29	0.27	0.24	0.20	0.18	0.17	0.16	0.14	0.13
N	0.66	0.68	0.68	0.68	0.69	0.69	0.60	0.40	0.37	0.35	0.32	0.30
NW	0.22	0.27	0.38	0.48	0.54	0.63	0.52	0.25	0.23	0.21	0.20	0.18
W	0.20	0.28	0.40	0.50	0.54	0.61	0.50	0.24	0.23	0.21	0.20	0.18
SW	0.29	0.37	0.48	0.55	0.67	0.60	0.38	0.26	0.24	0.22	0.21	0.19
水平	0.56	0.68	0.67	0.53	0.46	0.38	0.30	0.27	0.25	0.23	0.22	0.20

南区(北纬 27°30′以南)有内遮阳窗玻璃冷负荷系数

时间 朝向	0	1	2	3	4	5	6	7	8	9	10	11
S	0.10	0.09	0.09	0.08	0.08	0.07	0.14	0.31	0.47	0.60	0.69	0.77
SE	0.07	0.06	0.06	0.05	0.05	0.05	0.27	0.55	0.74	0.83	0.75	0.52
E	0.06	0.05	0.05	0.05	0.04	0.04	0.36	0.63	0.81	0.81	0.63	0.41
NE	0.06	0.06	0.05	0.05	0.05	0.04	0.40	0.67	0.82	0.76	0.56	0.38
N	0.13	0.12	0.12	0.11	0.10	0.10	0.47	0.67	0.70	0.72	0.77	0.82
NW	0.08	0.07	0.07	0.06	0.06	0.06	0.08	0.13	0.17	0.21	0.24	0.26
W	0.08	0.07	0.07	0.06	0.06	0.06	0.07	0.12	0.16	0.19	0.21	0.22
SW	0.08	0.08	0.07	0.07	0.06	0.06	0.09	0.16	0.22	0.28	0.32	0.35
水平	0.09	0.08	0.08	0.07	0.07	0.06	0.09	0.21	0.38	0.54	0.67	0.76

时间 朝向	12	13	14	15	16	17	18	19	20	21	22	23
S	0.87	0.84	0.74	0.66	0.54	0.38	0.20	0.13	0.12	0.12	0.11	0.10
SE	0.40	0.39	0.36	0.33	0.27	0.20	0.13	0.09	0.09	0.08	0.08	0.07
E	0.27	0.27	0.25	0.23	0.20	0.15	0.10	0.08	0.07	0.07	0.07	0.06
NE	0.31	0.30	0.28	0.25	0.21	0.17	0.11	0.08	0.08	0.07	0.07	0.06
N	0.85	0.84	0.81	0.78	0.77	0.75	0.56	0.18	0.17	0.16	0.15	0.14
NW	0.27	0.34	0.54	0.71	0.84	0.77	0.46	0.11	0.10	0.09	0.09	0.08
W	0.23	0.37	0.60	0.75	0.84	0.73	0.42	0.10	0.10	0.09	0.09	0.08
SW	0.36	0.50	0.69	0.84	0.83	0.61	0.34	0.11	0.10	0.10	0.09	0.09
水平	0.85	0.83	0.72	0.61	0.45	0.28	0.16	0.12	0.11	0.10	0.10	0.09

附录 8-14　有罩设备和用具显热散热冷负荷系数

连续使用小时数	开始使用后的小时数											
	1	2	3	4	5	6	7	8	9	10	11	12
2	0.27	0.40	0.25	0.18	0.14	0.11	0.09	0.08	0.07	0.06	0.05	0.04
4	0.28	0.41	0.51	0.59	0.39	0.30	0.24	0.19	0.16	0.14	0.12	0.10
6	0.29	0.42	0.52	0.59	0.65	0.70	0.48	0.37	0.30	0.25	0.21	0.18
8	0.31	0.44	0.54	0.61	0.66	0.71	0.75	0.78	0.55	0.43	0.35	0.30
10	0.33	0.46	0.55	0.62	0.68	0.72	0.76	0.79	0.81	0.84	0.60	0.48
12	0.36	0.49	0.58	0.64	0.69	0.74	0.77	0.80	0.82	0.85	0.87	0.88
14	0.40	0.52	0.61	0.67	0.72	0.76	0.79	0.82	0.84	0.86	0.88	0.89
16	0.45	0.57	0.65	0.70	0.75	0.78	0.81	0.84	0.86	0.87	0.89	0.90
18	0.52	0.63	0.70	0.75	0.79	0.82	0.84	0.86	0.88	0.89	0.91	0.92

连续使用小时数	开始使用后的小时数											
	13	14	15	16	17	18	19	20	21	22	23	24
2	0.04	0.03	0.03	0.30	0.02	0.02	0.02	0.02	0.01	0.01	0.01	0.01
4	0.09	0.08	0.07	0.06	0.05	0.05	0.04	0.04	0.03	0.03	0.02	0.02
6	0.16	0.14	0.12	0.11	0.09	0.08	0.07	0.06	0.05	0.05	0.04	0.04
8	0.25	0.22	0.19	0.16	0.14	0.13	0.11	0.10	0.08	0.07	0.06	0.06
10	0.39	0.33	0.28	0.24	0.21	0.18	0.16	0.14	0.12	0.11	0.09	0.08
12	0.64	0.51	0.42	0.36	0.31	0.26	0.23	0.20	0.18	0.15	0.13	0.12
14	0.91	0.92	0.67	0.54	0.45	0.38	0.32	0.28	0.24	0.21	0.19	0.16
16	0.92	0.93	0.94	0.94	0.69	0.56	0.46	0.39	0.34	0.29	0.25	0.22
18	0.93	0.94	0.95	0.95	0.96	0.96	0.71	0.58	0.48	0.41	0.35	0.30

无罩设备和用具显热散热冷负荷系数

连续使用小时数	开始使用后的小时数											
	1	2	3	4	5	6	7	8	9	10	11	12
2	0.56	0.64	0.15	0.11	0.08	0.07	0.06	0.05	0.04	0.04	0.03	0.03
4	0.57	0.65	0.71	0.75	0.23	0.18	0.14	0.12	0.10	0.08	0.07	0.06
6	0.57	0.65	0.71	0.76	0.79	0.82	0.29	0.22	0.18	0.15	0.13	0.11
8	0.58	0.66	0.72	0.76	0.80	0.82	0.85	0.87	0.33	0.26	0.21	0.18
10	0.60	0.68	0.73	0.77	0.81	0.83	0.85	0.87	0.89	0.90	0.36	0.29
12	0.62	0.69	0.75	0.79	0.82	0.84	0.86	0.88	0.89	0.91	0.92	0.93
14	0.64	0.71	0.76	0.80	0.83	0.85	0.87	0.89	0.90	0.92	0.93	0.93
16	0.67	0.74	0.79	0.82	0.85	0.87	0.89	0.90	0.91	0.92	0.93	0.94
18	0.71	0.78	0.82	0.85	0.87	0.99	0.90	0.92	0.93	0.94	0.94	0.95

连续使用小时数	开始使用后的小时数											
	13	14	15	16	17	18	19	20	21	22	23	24
2	0.02	0.02	0.02	0.02	0.01	0.01	0.01	0.01	0.01	0.01	0.01	0.01
4	0.05	0.05	0.04	0.04	0.03	0.03	0.02	0.02	0.02	0.02	0.01	0.01
6	0.10	0.08	0.07	0.06	0.06	0.05	0.04	0.04	0.03	0.03	0.03	0.02
8	0.15	0.13	0.11	0.10	0.09	0.08	0.07	0.06	0.05	0.04	0.04	0.03
10	0.24	0.20	0.17	0.15	0.13	0.11	0.10	0.08	0.07	0.07	0.06	0.05
12	0.38	0.31	0.25	0.21	0.18	0.16	0.14	0.12	0.11	0.09	0.08	0.07
14	0.94	0.95	0.40	0.32	0.27	0.23	0.19	0.17	0.15	0.13	0.11	0.09
16	0.95	0.96	0.96	0.97	0.42	0.34	0.28	0.24	0.20	0.18	0.15	0.13
18	0.96	0.96	0.97	0.97	0.97	0.98	0.43	0.35	0.29	0.24	0.21	0.18

附录 8-15　照明散热冷负荷系数

灯具类型	空调设备运行时数(h)	开灯时数(h)	开灯后小时数											
			0	1	2	3	4	5	6	7	8	9	10	11
明装荧光灯	24	13	0.37	0.67	0.71	0.74	0.76	0.79	0.81	0.83	0.84	0.86	0.87	0.89
	24	10	0.37	0.67	0.71	0.74	0.76	0.79	0.81	0.83	0.84	0.86	0.87	0.29
	24	8	0.37	0.67	0.71	0.74	0.76	0.79	0.81	0.83	0.84	0.29	0.26	0.23
	16	13	0.60	0.87	0.90	0.91	0.91	0.93	0.93	0.94	0.94	0.95	0.95	0.96
	16	10	0.60	0.82	0.83	0.84	0.84	0.84	0.85	0.85	0.86	0.88	0.90	0.32
	16	8	0.51	0.79	0.82	0.84	0.85	0.87	0.88	0.89	0.90	0.29	0.26	0.23
	12	10	0.63	0.90	0.91	0.93	0.93	0.94	0.95	0.95	0.95	0.96	0.96	0.37
暗装荧光灯或明装白炽灯	24	10	0.34	0.55	0.61	0.65	0.68	0.71	0.74	0.77	0.79	0.81	0.83	0.39
	16	10	0.58	0.75	0.79	0.80	0.80	0.81	0.82	0.83	0.84	0.86	0.87	0.39
	12	10	0.69	0.86	0.89	0.90	0.91	0.91	0.92	0.93	0.94	0.95	0.95	0.50

灯具类型	空调设备运行时数(h)	开灯时数(h)	开灯后的小时数											
			12	13	14	15	16	17	18	19	20	21	22	23
明装荧光灯	24	13	0.90	0.92	0.29	0.26	0.23	0.20	0.19	0.17	0.15	0.14	0.12	0.11
	24	10	0.26	0.23	0.20	0.19	0.17	0.15	0.14	0.12	0.11	0.10	0.09	0.08
	24	8	0.20	0.19	0.17	0.15	0.14	0.12	0.11	0.10	0.09	0.08	0.07	0.06
	16	13	0.96	0.97	0.29	0.26								
	16	10	0.28	0.25	0.23	0.19								
	16	8	0.20	0.19	0.17	0.15								
	12	10												
暗装荧光灯或明装白炽灯	24	10	0.35	0.31	0.28	0.25	0.23	0.20	0.18	0.16	0.15	0.14	0.12	0.11
	16	10	0.35	0.31	0.28	0.25								
	12	10												

附录 8-16　人体显热散热冷负荷系数

在室内的总小时数	每个人进入室内后的小时数											
	1	2	3	4	5	6	7	8	9	10	11	12
2	0.49	0.58	0.17	0.13	0.10	0.08	0.07	0.06	0.05	0.04	0.04	0.03
4	0.49	0.59	0.66	0.71	0.27	0.21	0.16	0.14	0.11	0.10	0.08	0.07
6	0.50	0.60	0.67	0.72	0.76	0.79	0.34	0.26	0.21	0.18	0.15	0.13
8	0.51	0.61	0.67	0.72	0.76	0.80	0.82	0.84	0.38	0.30	0.25	0.21
10	0.53	0.62	0.69	0.74	0.77	0.80	0.83	0.85	0.87	0.89	0.42	0.34
12	0.55	0.64	0.70	0.75	0.79	0.81	0.84	0.86	0.88	0.89	0.91	0.92
14	0.58	0.66	0.72	0.77	0.80	0.83	0.85	0.87	0.89	0.90	0.91	0.92
16	0.62	0.70	0.75	0.79	0.82	0.85	0.87	0.88	0.90	0.91	0.92	0.93
18	0.66	0.74	0.79	0.82	0.85	0.87	0.89	0.90	0.92	0.93	0.94	0.94

在室内的总小时数	每个人进入室内后的小时数											
	13	14	15	16	17	18	19	20	21	22	23	24
2	0.03	0.02	0.02	0.02	0.02	0.01	0.01	0.01	0.01	0.01	0.01	0.01
4	0.06	0.06	0.05	0.04	0.04	0.03	0.03	0.03	0.02	0.02	0.02	0.01
6	0.11	0.10	0.08	0.07	0.06	0.06	0.05	0.04	0.04	0.03	0.03	0.03
8	0.18	0.15	0.13	0.12	0.10	0.09	0.08	0.07	0.06	0.05	0.05	0.04
10	0.28	0.23	0.20	0.17	0.15	0.13	0.11	0.10	0.09	0.08	0.07	0.06
12	0.45	0.36	0.30	0.25	0.21	0.19	0.16	0.14	0.12	0.11	0.09	0.08
14	0.93	0.94	0.47	0.38	0.31	0.26	0.23	0.20	0.17	0.15	0.13	0.11
16	0.94	0.95	0.95	0.96	0.49	0.39	0.33	0.28	0.24	0.20	0.18	0.16
18	0.95	0.96	0.96	0.97	0.97	0.97	0.50	0.40	0.33	0.28	0.24	0.21

附录 12-1　钢板圆形风管计算表

速度 (m/s)	动压 (Pa)	风管断面直径 (mm) 上行:风量(m^3/h) 下行:单位摩擦阻力(Pa/m)								
		100	120	140	160	180	200	220	250	280
1.0	0.60	28	40	55	71	91	112	135	175	219
		0.22	0.17	0.14	0.12	0.10	0.09	0.08	0.07	0.06
1.5	1.35	42	60	82	107	136	168	202	262	329
		0.45	0.36	0.29	0.25	0.21	0.19	0.17	0.14	0.12
2.0	2.40	55	80	109	143	181	224	270	349	439
		0.76	0.60	0.49	0.42	0.36	0.31	0.28	0.24	0.21
2.5	3.75	69	100	137	179	226	280	337	437	548
		1.13	0.90	0.74	0.62	0.54	0.47	0.42	0.36	0.31
3.0	5.40	83	120	164	214	272	336	405	542	658
		1.58	1.25	1.03	0.87	0.75	0.66	0.58	0.50	0.43
3.5	7.35	97	140	191	250	317	392	472	611	768
		2.10	1.66	1.37	1.15	0.99	0.87	0.78	0.66	0.57
4.0	9.60	111	160	219	286	362	448	540	698	877
		2.68	2.12	1.75	1.48	1.27	1.12	0.99	0.85	0.74
4.5	12.15	125	180	246	322	408	504	607	786	987
		3.33	2.64	2.17	1.84	1.58	1.39	1.24	1.05	0.92
5.0	15.00	139	200	273	357	453	560	675	873	1097
		4.05	3.21	2.64	2.23	1.93	1.69	1.50	1.28	1.11
5.5	18.15	152	220	300	393	498	616	742	960	1206
		4.84	3.84	3.16	2.67	2.30	2.02	1.80	1.53	1.33
6.0	21.60	166	240	328	429	544	672	810	1048	1316
		5.69	4.51	3.72	3.14	2.71	2.38	2.12	1.80	1.57
6.5	25.35	180	260	355	465	589	728	877	1135	1425
		6.61	5.25	4.32	3.65	3.15	2.76	2.46	2.10	1.82

续表

速度 （m/s）	动压 （Pa）	风管断面直径 （mm）					上行：风量（m³/h） 下行：单位摩擦阻力（Pa/m）			
		100	120	140	160	180	200	220	250	280
7.0	29.40	194	280	382	500	634	784	945	1222	1535
		7.60	6.03	4.96	4.20	3.62	3.17	2.83	2.41	2.10
7.5	33.75	208	300	410	536	679	840	1012	1310	1645
		8.66	6.87	5.65	4.78	4.12	3.62	3.22	2.75	2.39
8.0	38.40	222	320	437	572	725	896	1080	1397	1754
		9.78	7.76	6.39	5.40	4.66	4.09	3.64	3.10	2.70
8.5	43.35	236	340	464	608	770	952	1147	1484	1864
		10.96	8.70	7.16	6.06	5.23	4.58	4.08	3.48	3.03
9.0	48.60	249	360	492	643	815	1008	1215	1571	1974
		12.22	9.70	7.98	6.75	5.83	5.11	4.55	3.88	3.37
9.5	54.15	263	380	519	679	861	1064	1282	1659	2083
		13.54	10.74	8.85	7.48	6.46	5.66	5.04	4.30	3.74
10.0	60.00	277	400	546	715	906	1120	1350	1746	2193
		14.93	11.85	9.75	8.25	7.12	6.24	5.56	4.74	4.12
10.5	66.15	291	420	574	751	951	1176	1417	1833	2303
		16.38	13.00	10.70	9.05	7.81	6.85	6.10	5.21	4.53
11.0	72.60	305	440	601	786	997	1232	1485	1921	2412
		17.90	14.21	11.70	9.89	8.54	7.49	6.67	5.69	4.95
11.5	79.35	319	460	628	822	1042	1288	1552	2008	2522
		19.49	15.47	12.84	10.77	9.30	8.15	7.26	6.20	5.39
12.0	86.40	333	480	656	858	1087	1344	1620	2095	2632
		21.14	16.78	13.82	11.69	10.09	8.85	7.88	6.72	5.84
12.5	93.75	346	500	683	894	1132	1400	1687	2183	2741
		22.86	18.14	14.94	12.64	10.91	9.57	8.52	7.27	6.32
13.0	101.40	360	521	710	929	1178	1456	1755	2270	2851
		24.64	19.56	16.11	13.62	11.76	10.31	9.19	7.84	6.82
13.5	109.35	374	541	737	965	1223	1512	1822	2357	2961
		26.49	21.03	17.32	14.65	12.64	11.09	9.88	8.43	7.33
14.0	117.60	388	561	765	1001	1268	1568	1890	2444	3070
		28.41	22.55	18.87	15.71	13.56	11.89	10.60	9.04	7.86
14.5	126.15	402	581	792	1036	1314	1624	1957	2532	3180
		30.39	24.13	19.87	16.81	14.51	12.72	11.34	9.67	8.41
15.0	135.00	416	601	819	1072	1359	1680	2025	2619	3290
		32.44	25.75	21.21	17.94	15.49	13.58	12.10	10.33	8.98
15.5	144.15	430	621	847	1108	1404	1736	2092	2706	3390
		34.56	27.43	22.59	19.11	16.50	14.47	12.89	11.00	9.56
16.0	153.60	443	641	874	1144	1450	1792	2160	2794	3509
		36.74	29.17	24.02	20.32	17.54	15.38	13.71	11.70	10.17

速度 (m/s)	动压 (Pa)	风管断面直径 （mm）					上行：风量(m³/h) 下行：单位摩擦阻力(Pa/m)			
		320	360	400	450	500	560	630	700	800
1.0	0.60	287	363	449	569	703	880	1115	1378	1801
		0.05	0.04	0.04	0.03	0.03	0.02	0.02	0.02	0.02
1.5	1.35	430	545	674	853	1054	1321	1673	2066	2701
		0.10	0.09	0.08	0.07	0.06	0.05	0.04	0.04	0.03
2.0	2.40	574	727	898	1137	1405	1761	2230	2755	3601
		0.17	0.15	0.13	0.11	0.10	0.09	0.08	0.07	0.06
2.5	3.75	717	908	1123	1422	1757	2201	2788	3444	4501
		0.26	0.23	0.20	0.17	0.15	0.13	0.11	0.10	0.08
3.0	5.40	860	1090	1347	1706	2108	2641	3345	4133	5402
		0.37	0.32	0.28	0.24	0.21	0.18	0.16	0.14	0.12
3.5	7.35	1004	1272	1572	1991	2459	3081	3903	4821	6302
		0.49	0.42	0.37	0.32	0.28	0.24	0.21	0.19	0.16
4.0	9.60	1147	1454	1796	2275	2811	3521	4460	5510	7202
		0.62	0.54	0.47	0.41	0.36	0.31	0.27	0.24	0.20
4.5	12.15	1291	1635	2021	2559	3162	3962	5018	6199	8102
		0.78	0.67	0.59	0.51	0.45	0.39	0.34	0.30	0.25
5.0	15.00	1434	1817	2245	2844	3513	4402	5575	6888	9003
		0.94	0.82	0.72	0.62	0.55	0.48	0.41	0.36	0.31
5.5	18.15	1578	1999	2470	3128	3864	4842	6133	7576	9903
		1.13	0.98	0.86	0.74	0.65	0.57	0.49	0.43	0.37
6.0	21.60	1721	2180	2694	3412	4216	5282	6691	8265	10803
		1.33	1.15	1.01	0.87	0.77	0.67	0.58	0.51	0.43
6.5	25.35	1864	2362	2919	3697	4567	5722	7248	8954	11703
		1.55	1.34	1.17*	1.02	0.89	0.78	0.68	0.59	0.51
7.0	29.40	2008	2544	3143	3981	4918	6163	7806	9643	12604
		1.78	1.54	1.35	1.17	1.03	0.90	0.78	0.68	0.58
7.5	33.75	2151	2725	3368	4266	5270	6603	8363	10332	13504
		2.02	1.75	1.54	1.33	1.17	1.02	0.88	0.78	0.66
8.0	38.40	2295	2907	3592	4550	5621	7043	8921	11020	14404
		2.29	1.98	1.74	1.51	1.32	1.15	1.00	0.88	0.75
8.5	43.35	2438	3089	3817	4834	5972	7483	9478	11709	15304
		2.57	2.22	1.95	1.69	1.49	1.30	1.12	0.99	0.84
9.0	48.60	2581	3271	4041	5119	6324	7923	10036	12398	16205
		2.86	2.48	2.18	1.88	1.66	1.44	1.25	1.10	0.94

速度 (m/s)	动压 (Pa)	风管断面直径 (mm)					上行:风量(m³/h) 下行:单位摩擦阻力(Pa/m)			
		320	360	400	450	500	560	630	700	800
9.5	54.15	2725	3452	4266	5403	6675	8363	10593	13087	17105
		3.17	2.74	2.41	2.09	1.84	1.60	1.39	1.22	1.04
10.0	60.00	2868	3634	4490	5687	7026	8804	11151	13775	18005
		3.50	3.03	2.66	2.30	2.02	1.77	1.53	1.35	1.15
10.5	66.15	3012	3816	4715	5972	7378	9244	11709	14464	18906
		3.84	3.32	2.92	2.53	2.22	1.94	1.68	1.48	1.26
11.0	72.60	3155	3997	4939	6256	7729	9684	12266	15153	19806
		4.20	3.63	3.19	2.76	2.43	2.12	1.84	1.62	1.38
11.5	79.35	3298	4170	5164	6541	8080	10124	12824	15842	20706
		4.57	3.95	3.47	3.01	2.65	2.31	2.00	1.76	1.50
12.0	86.40	3442	4361	5388	6825	8432	10564	13381	16530	21606
		4.96	4.29	3.77	3.26	2.87	2.50	2.17	1.91	1.62
12.5	93.75	3585	4542	5613	7109	8783	11005	13939	17219	22507
		5.36	4.64	4.08	3.53	3.10	2.71	2.35	2.07	1.76
13.0	101.40	3729	4724	5837	7394	9134	11445	14496	17908	23407
		4.78	5.00	4.40	3.81	3.35	2.92	2.53	2.23	1.90
13.5	109.35	3872	4906	6062	7678	9485	11885	15054	18597	24307
		6.22	5.38	4.73	4.09	3.60	3.14	2.72	2.39	2.04
14.0	117.60	4016	5087	6286	7962	9837	12325	15611	19286	25207
		6.67	5.77	5.07	4.39	3.86	3.37	2.92	2.57	2.19
14.5	126.15	4159	5269	6511	8247	10188	12765	16169	19974	26108
		7.13	6.17	5.42	4.70	4.13	3.60	3.12	2.75	2.34
15.0	135.00	4302	5451	6735	8531	10539	13205	16726	20663	27008
		7.61	6.59	5.79	5.01	4.41	3.85	3.33	2.93	2.50
15.5	144.15	4446	5633	6960	8816	10891	13646	17284	21352	27908
		8.11	7.02	6.17	5.34	4.70	4.10	3.55	2.13	2.66
16.0	153.60	4589	5814	7184	9100	11242	14086	17842	22041	28808
		8.62	7.46	6.56	5.68	5.00	4.36	3.78	2.32	2.83

速度 （m/s）	动压 （Pa）	风管断面直径 （mm）				上行：风量（m³/h） 下行：单位摩擦阻力（Pa/m）			
		900	1000	1120	1250	1400	1600	1800	2000
1.0	0.60	2280	2816	3528	4397	5518	7211	9130	11276
		0.01	0.01	0.01	0.01	0.01	0.01	0.01	0.01
1.5	1.35	3420	4224	5292	6595	8277	10817	13696	16914
		0.03	0.03	0.02	0.02	0.02	0.01	0.01	0.01
2.0	2.40	4560	5632	7056	8793	11036	14422	18261	22552
		0.05	0.04	0.04	0.03	0.03	0.02	0.02	0.02
2.5	3.75	5700	7040	8819	10992	13795	18028	22826	28190
		0.07	0.06	0.06	0.06	0.04	0.04	0.03	0.03
3.0	5.40	6840	8448	10583	13190	16554	21633	27391	33828
		0.10	0.09	0.08	0.07	0.06	0.05	0.04	0.04
3.5	7.35	7980	9865	12347	15388	19313	25239	31956	39465
		0.14	0.12	0.11	0.09	0.08	0.07	0.06	0.05
4.0	9.60	9120	11265	14111	17587	22072	28845	36522	45103
		0.18	0.15	0.14	0.12	0.10	0.09	0.08	0.07
4.5	12.15	10260	12673	15875	19785	24831	32450	41087	50741
		0.22	0.19	0.17	0.15	0.13	0.11	0.10	0.08
5.0	15.00	11400	14081	17639	21983	27590	36056	45652	56379
		0.27	0.24	0.21	0.18	0.16	0.13	0.12	0.10
5.5	18.15	12540	15489	19403	24182	30349	39661	50217	62017
		0.32	0.28	0.25	0.22	0.19	0.16	0.14	0.12
6.0	21.60	13680	16897	21167	26380	33108	43267	54782	67655
		0.38	0.33	0.29	0.25	0.22	0.19	0.16	0.14
6.5	25.35	14820	18305	22930	28579	35867	46872	59348	73293
		0.44	0.39	0.34	0.30	0.26	0.22	0.19	0.17
7.0	29.40	15960	19713	24694	30777	38626	50478	63913	78931
		0.50	0.44	0.39	0.34	0.30	0.25	0.23	0.19
7.5	33.75	17100	21121	26458	32975	41385	54083	68478	84569
		0.57	0.51	0.44	0.39	0.34	0.29	0.25	0.22
8.0	38.40	18240	22529	28222	35174	44144	57689	73043	90207
		0.65	0.57	0.50	0.44	0.38	0.33	0.28	0.25
8.5	43.35	19381	23937	29986	37372	46903	61295	77608	95845

续表

速度 (m/s)	动压 (Pa)	风管断面直径 (mm)				上行:风量(m³/h) 下行:单位摩擦阻力(Pa/m)			
		900	1000	1120	1250	1400	1600	1800	2000
		0.73	0.64	0.56	0.49	0.43	0.37	0.32	0.28
9.0	48.60	20521	25345	31750	39570	49663	64900	82174	101483
		0.81	0.72	0.63	0.55	0.48	0.41	0.35	0.31
9.5	54.15	21661	26753	33514	41769	52422	68506	86739	107121
		0.90	0.79	0.69	0.61	0.53	0.45	0.39	0.35
10.0	60.00	22801	28161	35278	43967	55181	72111	91304	112759
		0.99	0.88	0.76	0.67	0.59	0.50	0.43	0.38
10.5	66.15	23941	29569	37042	40165	57940	75717	95869	118396
		1.09	0.96	0.84	0.74	0.64	0.55	0.48	0.42
11.0	72.60	25081	30978	38805	48364	60699	79322	100434	124034
		1.19	1.05	0.92	0.80	0.70	0.60	0.52	0.46
11.5	79.35	26221	32386	40569	50562	63458	82928	105000	129672
		1.30	1.14	1.00	0.88	0.77	0.65	0.57	0.50
12.0	86.40	27361	33794	42333	52760	66217	86534	109565	135310
		1.41	1.24	1.06	0.95	0.83	0.71	0.62	0.54
12.5	93.75	28501	35202	44097	54959	68976	90139	114130	140948
		1.52	1.34	1.17	1.03	0.90	0.77	0.67	0.59
13.0	101.40	29641	36610	45861	57157	71735	93745	118695	146586
		1.64	1.45	1.27	1.11	0.97	0.83	0.72	0.63
13.5	109.35	30781	38018	47625	59355	74494	97350	123260	152224
		1.77	1.56	1.36	1.19	1.04	0.89	0.77	0.68
14.0	117.60	31921	39426	49389	61554	77253	100956	127826	157862
		1.90	1.67	1.46	1.28	1.12	0.95	0.83	0.73
14.5	126.15	33061	40834	51153	63752	80012	104531	132391	163500
		2.03	1.79	1.56	1.37	1.20	1.02	0.89	0.78
15.0	135.00	34201	42242	52916	65950	82771	108167	136956	169138
		2.17	1.19	1.67	1.46	1.28	1.09	0.95	0.83
15.5	144.15	35341	43650	54680	68149	85530	111773	141521	174776
		2.31	2.03	1.78	1.56	1.36	1.16	1.01	0.89
16.0	153.60	36481	45058	56444	70347	88289	115378	146086	180414
		2.45	2.16	1.89	1.66	1.45	1.23	1.07	0.95

附录 12-2 钢板矩形风管计算表

速度 (m/s)	动压 (Pa)	风管断面宽×高 (mm×mm) 上行：风量(m³/h) 下行：单位摩擦阻力(Pa/m)								
		120 120	160 120	200 120	160 160	250 120	200 160	250 160	200 200	250 200
1.0	0.60	50	67	84	90	105	113	140	141	176
		0.18	0.15	0.13	0.12	0.12	0.11	0.09	0.09	0.08
1.5	1.35	75	101	126	135	157	169	210	212	264
		0.36	0.30	0.27	0.25	0.25	0.22	0.19	0.19	0.16
2.0	2.40	100	134	168	180	209	225	281	282	352
		0.61	0.51	0.46	0.42	0.41	0.37	0.33	0.32	0.28
2.5	3.75	125	168	210	225	262	282	351	353	440
		0.91	0.77	0.68	0.63	0.62	0.55	0.49	0.47	0.42
3.0	5.40	150	201	252	270	314	338	421	423	528
		1.27	1.07	0.95	0.88	0.87	0.77	0.68	0.66	0.58
3.5	7.35	175	235	294	315	366	394	491	494	616
		1.68	1.42	1.26	1.16	1.15	1.02	0.91	0.88	0.77
4.0	9.60	201	268	336	359	419	450	561	565	704
		2.15	1.81	1.62	1.49	1.47	1.30	1.16	1.12	0.99
4.5	12.15	226	302	378	404	471	507	631	635	792
		2.67	2.25	2.01	1.85	1.83	1.62	1.45	1.40	1.23
5.0	15.00	251	336	421	449	523	563	702	706	880
		3.25	2.74	2.45	2.25	2.23	1.97	1.76	1.70	1.49
5.5	18.15	276	369	463	494	576	619	772	776	968
		3.88	3.27	2.92	2.69	2.66	2.36	2.10	2.03	1.79
6.0	21.60	301	403	505	539	628	676	842	847	1056
		4.56	3.85	3.44	3.17	3.13	2.77	2.48	2.39	2.10
6.5	25.35	326	436	547	584	681	732	912	917	1144
		5.30	4.47	4.00	3.68	3.64	3.22	2.88	2.78	2.44
7.0	29.40	351	470	589	629	733	788	982	988	1232
		6.09	5.14	4.59	4.23	4.18	3.70	3.31	3.19	2.81
7.5	33.75	376	503	631	674	785	845	1052	1059	1320
		6.94	5.86	5.23	4.82	4.77	4.22	3.77	3.64	3.20
8.0	38.40	401	537	673	719	838	901	1123	1129	1408
		7.84	6.62	5.91	5.44	5.39	4.77	4.26	4.11	3.61

续表

速度 (m/s)	动压 (Pa)	风管断面宽×高 (mm×mm)					上行:风量(m³/h) 下行:单位摩擦阻力(Pa/m)			
		120	160	200	160	250	200	250	200	250
		120	120	120	160	120	160	160	200	200
8.5	43.35	426	571	715	764	890	957	1193	1200	1496
		8.79	7.42	6.63	6.10	6.04	5.35	4.78	4.61	4.06
9.0	48.60	451	604	757	809	942	1014	1263	1270	1584
		9.80	8.27	7.39	6.80	6.73	5.96	5.32	5.14	4.52
9.5	54.15	476	638	799	854	995	1070	1333	1341	1672
		10.86	9.17	8.19	7.54	7.46	6.61	5.90	5.70	5.01
10.0	60.00	501	671	841	899	1047	1126	1403	1411	1760
		11.97	10.11	9.03	8.31	8.23	7.28	6.51	6.28	5.52
10.5	66.15	526	705	883	944	1099	1183	1473	1482	1848
		13.14	11.09	9.91	9.12	9.03	7.99	7.14	6.89	6.06
11.0	72.60	551	738	925	989	1152	1239	1544	1552	1936
		14.36	12.12	10.83	9.97	9.87	8.74	7.80	7.54	6.63
11.5	79.35	576	772	967	1034	1204	1295	1614	1623	2024
		15.63	13.20	11.79	10.86	10.74	9.51	8.50	8.20	7.21
12.0	86.40	602	805	1009	1078	1256	1351	1684	1694	2112
		16.96	14.32	12.79	11.78	11.65	10.32	9.22	8.90	7.83
12.5	93.75	627	839	1051	1123	1309	1408	1754	1764	2200
		18.34	15.48	13.83	12.74	12.60	11.16	9.97	9.63	8.46
13.0	101.40	625	873	1093	1168	1361	1464	1824	1835	2288
		19.77	16.69	14.91	13.73	13.59	12.03	10.75	10.38	9.13
13.5	109.35	677	906	1135	1213	1413	1520	1894	1905	2376
		21.25	17.94	16.03	14.76	14.61	12.93	11.55	11.16	9.81
14.0	117.60	702	940	1178	1258	1466	1577	1965	1976	2464
		22.79	19.24	17.19	15.83	15.67	13.87	12.39	11.97	10.52
14.5	126.15	727	973	1220	1303	1518	1633	2035	2046	2552
		24.38	20.59	18.39	16.94	16.76	14.84	13.26	12.80	11.26
15.0	135.00	752	1007	1262	1348	1570	1689	2105	2117	2640
		26.03	21.98	19.64	18.08	17.89	15.84	14.15	13.67	12.02
15.5	144.15	777	1040	1304	1393	1623	1746	2175	2188	2728
		27.73	23.41	20.92	19.26	19.06	16.88	15.08	14.56	12.80
16.0	153.60	802	1074	1346	1438	1675	1802	2245	2258	2816
		29.48	24.89	22.24	20.48	20.26	17.94	16.03	15.48	13.61

续表

速度 (m/s)	动压 (Pa)	风管断面宽×高 (mm×mm) 上行:风量(m³/h) 下行:单位摩擦阻力(Pa/m)								
		320/160	250/250	320/200	400/200	320/250	500/200	400/250	320/320	500/250
1.0	0.60	180	221	226	283	283	354	354	263	443
		0.08	0.07	0.07	0.06	0.06	0.06	0.05	0.05	0.05
1.5	1.35	270	331	339	424	424	531	531	544	665
		0.17	0.14	0.14	0.13	0.12	0.12	0.11	0.10	0.10
2.0	2.40	360	441	451	565	566	707	708	726	887
		0.29	0.24	0.24	0.22	0.21	0.20	0.18	0.18	0.17
2.5	3.75	450	551	564	707	707	884	885	907	1108
		0.44	0.36	0.37	0.33	0.31	0.30	0.28	0.26	0.25
3.0	5.40	540	662	677	848	849	1061	1063	1089	1330
		0.61	0.50	0.51	0.46	0.43	0.42	0.39	0.37	0.35
3.5	7.35	630	772	790	989	990	1238	1240	1270	1551
		0.81	0.66	0.68	0.61	0.58	0.56	0.51	0.49	0.46
4.0	9.60	720	882	903	1130	1132	1415	1417	1452	1773
		1.04	0.85	0.87	0.79	0.74	0.72	0.66	0.63	0.60
4.5	12.15	810	992	1016	1272	1273	1592	1594	1633	1995
		1.29	1.06	1.08	0.98	0.92	0.90	0.82	0.78	0.74
5.0	15.00	900	1103	1129	1413	1414	1769	1771	1815	2216
		1.57	1.29	1.32	1.19	1.12	1.09	1.00	0.95	0.90
5.5	18.15	990	1213	1242	1554	1556	1945	1948	1996	2438
		1.88	1.54	1.57	1.42	1.33	1.31	1.19	1.13	1.08
6.0	21.60	1080	1323	1354	1696	1697	2122	2125	2177	2660
		2.22	1.81	1.85	1.68	1.57	1.54	1.40	1.33	1.27
6.5	25.35	1170	1433	1467	1837	1839	2299	2302	2359	2881
		2.57	2.11	2.15	1.95	1.83	1.79	1.63	1.55	1.48
7.0	29.40	1260	1544	1580	1978	1980	2476	2479	2540	3103
		2.96	2.42	2.47	2.24	2.10	2.06	1.87	1.78	1.70
7.5	33.75	1350	1654	1693	2120	2122	2653	2656	2722	3325
		3.37	2.76	2.82	2.55	2.39	2.34	2.13	2.03	1.93
8.0	38.40	1440	1764	1806	2261	2263	2830	2833	2903	3546
		3.81	3.12	3.18	2.88	2.70	2.65	2.41	2.30	2.19
8.5	43.35	1530	1874	1919	2420	2405	3007	3010	3085	3768

续表

速度(m/s)	动压(Pa)	风管断面宽×高 (mm×mm) 上行:风量(m³/h) 下行:单位摩擦阻力(Pa/m)								
		320/160	250/250	320/200	400/200	320/250	500/200	400/250	320/320	500/250
		4.27	3.50	3.57	3.23	3.03	2.97	2.71	2.58	2.45
9.0	48.60	1620	1985	2032	2544	2546	3184	3188	3266	3989
		4.76	3.90	3.98	3.61	3.38	3.31	3.02	2.87	2.73
9.5	54.15	1710	2095	2145	2585	2687	3360	3365	3500	4211
		5.28	4.32	4.41	4.00	3.75	3.67	3.34	3.18	3.03
10.0	60.00	1800	2205	2257	2526	2829	3537	3542	3629	4433
		5.82	4.77	4.86	4.41	4.13	4.05	3.69	3.51	3.34
10.5	66.15	1890	2315	2370	2968	2970	3714	3719	3810	4654
		6.39	5.23	5.34	4.84	4.53	4.44	4.05	3.85	3.67
11.0	72.60	1980	2426	2483	3109	3112	3891	3986	3992	4876
		6.58	5.72	5.84	5.29	4.95	4.86	4.42	4.21	4.01
11.5	79.35	2070	2536	2596	3250	3253	4068	4073	4173	5098
		7.60	6.23	6.35	5.76	5.39	5.29	4.82	4.59	4.37
12.0	86.40	2160	2646	2709	3391	3395	4245	4250	4355	5319
		8.25	6.76	6.89	6.24	5.85	5.74	5.23	4.98	4.47
12.5	93.75	2250	2757	2822	3533	3536	4422	4427	4608	5541
		8.92	7.31	7.46	6.75	6.33	6.20	5.65	5.38	5.12
13.0	101.40	2340	2867	2935	3674	3678	4598	4604	4718	5763
		9.62	7.88	8.04	7.28	6.83	6.69	6.09	5.80	5.52
13.5	109.35	2430	2977	3048	3815	3819	4775	4781	4899	5984
		10.34	8.47	8.64	7.83	7.34	7.19	6.55	6.24	5.94
14.0	117.60	2520	3087	3160	3957	3960	4952	4958	5081	6260
		11.09	9.09	9.27	8.40	7.87	7.71	7.03	6.69	6.37
14.5	126.15	2610	3198	3273	4098	4102	5129	5136	5262	6427
		11.87	9.72	9.92	8.98	8.42	8.25	7.52	7.16	6.82
15.0	135.00	2700	3308	3386	4239	4243	5306	5313	5444	6649
		12.67	10.38	10.59	9.59	8.99	8.81	8.03	7.64	7.28
15.5	144.15	2790	3418	3499	4381	4385	5483	5490	5625	6871
		13.49	11.06	11.28	10.22	9.58	9.39	8.55	8.14	7.75
16.0	153.60	2880	3528	3612	4522	4526	5660	5667	5806	7092
		14.35	11.75	11.99	10.86	10.18	9.98	9.09	8.66	8.24

续表

速度 (m/s)	动压 (Pa)	风管断面宽×高 (mm×mm)				上行：风量(m³/h) 下行：单位摩擦阻力(Pa/m)				
		400 320	630 250	500 320	400 400	500 400	630 320	500 500	630 400	800 320
1.0	0.60	454	558	569	569	712	716	891	896	910
		0.04	0.04	0.04	0.04	0.03	0.04	0.03	0.03	0.03
1.5	1.35	682	836	853	853	1068	1073	1337	1344	1364
		0.09	0.09	0.08	0.08	0.07	0.07	0.06	0.06	0.07
2.0	2.40	909	1115	1137	1138	1424	1431	1782	1792	1819
		0.15	0.15	0.14	0.13	0.12	0.12	0.10	0.10	0.11
2.5	3.75	1136	1394	1422	1422	1780	1789	2228	2240	2274
		0.23	0.23	0.21	0.20	0.17	0.19	0.15	0.16	0.17
3.0	5.40	1363	1673	1706	1706	2136	2147	2673	2688	2729
		0.32	0.32	0.29	0.28	0.24	0.26	0.21	0.22	0.24
3.5	7.35	1590	1951	1990	1991	2492	2504	3119	3136	3183
		0.43	0.43	0.38	0.37	0.33	0.35	0.28	0.29	0.32
4.0	9.60	1817	2230	2275	2275	2848	2862	3564	3584	3638
		0.55	0.55	0.49	0.47	0.42	0.44	0.36	0.37	0.40
4.5	12.15	2045	2509	2559	2560	3204	3220	4010	4032	4093
		0.68	0.68	0.61	0.59	0.52	0.55	0.45	0.46	0.50
5.0	15.00	2272	2788	2843	2844	3560	3578	4455	4481	4548
		0.83	0.83	0.74	0.72	0.63	0.67	0.55	0.56	0.61
5.5	18.15	2499	3066	3128	3129	3916	3935	4901	4929	5002
		0.99	0.99	0.89	0.86	0.76	0.80	0.65	0.67	0.73
6.0	21.60	2726	3345	3412	3413	4272	4293	5346	5377	5457
		1.17	1.17	1.04	1.01	0.89	0.94	0.77	0.79	0.86
6.5	25.35	2935	3624	3696	3697	4627	4651	5792	5825	5912
		1.36	1.36	1.21	1.18	1.03	1.10	0.90	0.92	1.00
7.0	29.40	3180	3903	3980	3982	4983	5009	6237	6273	6367
		1.57	1.56	1.40	1.35	1.19	1.26	1.03	1.06	1.15
7.5	33.75	3408	4148	4265	4266	5339	5366	6683	6721	6822
		1.78	1.78	1.59	1.54	1.36	1.44	1.17	1.21	1.31
8.0	38.40	3635	4460	4549	4551	5695	5724	7158	7169	7276
		2.02	2.01	1.80	1.74	1.53	1.63	1.33	1.36	1.48
8.5	43.35	3862	4739	4833	4835	6051	6082	7574	7617	7731

附录

续表

速度(m/s)	动压(Pa)	风管断面宽×高 (mm×mm) 上行:风量(m³/h) 下行:单位摩擦阻力(Pa/m)								
		400/320	630/250	500/320	400/400	500/400	630/320	500/500	630/400	800/320
		2.26	2.25	2.02	1.96	1.72	1.82	1.49	1.53	1.67
9.0	48.60	4089	5.18	5118	5119	6407	6440	8019	8065	8186
		2.52	2.51	2.25	2.18	1.92	2.03	1.06	1.71	1.86
9.5	54.15	4316	5297	5402	5404	6763	6789	8465	8513	8641
		2.80	2.78	2.90	2.42	2.13	2.25	1.84	1.89	2.06
10.0	60.00	4543	5575	5686	5688	7119	7155	8910	8961	9095
		3.08	3.07	2.73	2.67	2.34	2.49	2.03	2.09	2.27
10.5	66.15	4771	5854	5971	5973	7475	7513	9356	9409	9550
		3.38	3.37	3.02	2.93	2.57	2.73	2.23	2.29	2.49
11.0	72.60	4998	6133	6255	6257	7831	7871	9801	9857	10005
		3.70	2.68	3.30	3.20	2.81	2.98	2.44	2.50	2.72
11.5	79.35	5225	6412	6530	6541	8187	8229	10247	10305	10460
		4.03	4.01	3.59	3.48	3.06	3.25	2.65	2.73	2.97
12.0	86.40	5452	6690	6824	6826	8543	8586	10692	10753	19140
		4.37	4.35	3.90	3.78	3.32	3.52	2.88	2.96	3.22
12.5	93.75	5679	6969	7108	7110	8899	8944	11138	11201	11369
		4.73	4.70	4.22	4.09	3.59	3.81	3.11	3.20	3.48
13.0	101.40	5906	7248	7392	7395	9255	9302	11583	11649	11824
		5.10	5.07	4.55	4.41	3.88	4.11	3.36	3.45	3.75
13.5	109.35	6134	7527	7677	7679	9611	9660	12029	12097	12279
		5.48	5.45	4.89	4.74	4.17	4.42	3.61	3.71	4.04
14.0	117.60	6361	7805	7961	7964	9955	10017	12474	12546	12734
		5.88	5.85	5.24	5.08	4.47	4.74	3.87	3.98	4.33
14.5	126.15	6588	8084	8245	8248	10323	10375	12920	12994	13188
		6.29	6.26	5.61	5.44	4.78	5.07	4.14	4.26	4.63
15.0	135.00	6815	8363	8530	8532	10679	10733	13365	13442	13643
		6.71	6.68	5.99	5.81	5.11	5.41	4.42	4.55	4.59
15.5	144.15	7042	8642	8814	8817	11035	11091	13811	13890	14098
		7.15	7.12	6.38	6.19	5.44	5.78	4.71	4.84	5.27
16.0	153.60	7269	8920	9098	9101	11391	11449	14256	14338	14553
		7.60	7.57	6.78	6.58	5.78	6.13	5.01	5.15	5.60

续表

速度 (m/s)	动压 (Pa)	风管断面宽×高 (mm×mm) 上行:风量(m³/h) 下行:单位摩擦阻力(Pa/m)								
		630 500	1000 320	800 400	630 630	1000 400	800 500	1250 400	1000 500	800 630
1.0	0.60	1122	1138	1139	1415	1425	1426	1780	1784	1799
		0.03	0.03	0.03	0.02	0.02	0.02	0.02	0.02	0.02
1.5	1.35	1683	1707	1709	2123	2137	2139	2670	2676	2698
		0.05	0.06	0.06	0.04	0.05	0.05	0.05	0.04	0.04
2.0	2.40	2244	2276	2278	2831	2850	2852	3560	3568	3598
		0.09	0.1	0.09	0.08	0.09	0.08	0.08	0.07	0.07
2.5	3.75	2805	2844	2848	3538	3562	3565	4450	4460	4497
		0.13	0.16	0.14	0.11	0.13	0.12	0.12	0.11	0.10
3.0	5.40	3365	3413	3417	4246	4275	4278	5340	5351	5397
		0.19	0.22	0.20	0.16	0.18	0.16	0.17	0.15	0.14
3.5	7.35	3726	3982	3987	4953	4987	4991	6229	6243	6296
		0.25	0.29	0.26	0.21	0.24	0.22	0.22	0.20	0.19
4.0	9.60	4487	4551	4556	5661	5700	5704	7119	7135	7196
		0.32	0.38	0.33	0.27	0.31	0.28	0.29	0.25	0.24
4.5	12.15	5048	5120	5126	6369	6412	6417	8009	8027	8095
		0.39	0.47	0.42	0.34	0.38	0.35	0.36	0.32	0.30
5.0	15.00	5609	5689	5695	7076	7125	7130	8899	8919	8995
		0.48	0.57	0.51	0.41	0.47	0.42	0.43	0.39	0.36
5.5	18.15	6170	6258	6256	7784	7837	7843	9789	9811	9894
		0.57	0.68	0.61	0.49	0.56	0.51	0.52	0.46	0.43
6.0	21.60	6731	6827	6834	8492	8549	8556	10679	10703	10794
		0.68	0.80	0.71	0.58	0.66	0.60	0.61	0.54	0.51
6.5	25.35	7292	7396	7404	9199	9262	9269	11569	11595	11693
		0.79	0.93	0.83	0.68	0.76	0.70	0.71	0.63	0.59
7.0	29.40	7853	7964	7974	9907	9974	9982	12459	12487	12593
		0.90	1.07	0.95	0.78	0.88	0.80	0.82	0.73	0.68
7.5	33.75	8414	8533	8543	10614	10687	10695	13349	13379	13492
		1.03	1.22	1.09	0.89	1.00	0.91	0.93	0.83	0.77
8.0	38.40	8975	9102	9113	11322	11399	11408	14239	14271	14392
		1.16	1.38	1.23	1.00	1.13	1.03	1.05	0.94	0.87
8.5	43.35	9536	9671	9682	12030	12113	12121	15129	15163	15291

续表

速度(m/s)	动压(Pa)	风管断面宽×高 (mm×mm) 上行:风量(m³/h) 下行:单位摩擦阻力(Pa/m)								
		630	1000	800	630	1000	800	1250	1000	800
		500	320	400	630	400	500	400	500	630
		1.31	1.55	1.38	1.12	1.27	1.16	1.18	1.05	0.98
9.0	48.60	10096	10240	10252	12737	12824	12834	16019	16054	16191
		1.46	1.73	1.54	1.25	1.41	1.29	1.32	1.17	1.09
9.5	54.15	10657	10809	10821	13445	13537	13547	16909	16946	17090
		1.61	1.92	1.70	1.39	1.57	1.43	1.46	1.30	1.21
10.0	60.00	11218	11378	11391	14153	14249	14260	17798	17838	17990
		1.78	2.11	1.88	1.53	1.73	1.58	1.61	1.43	1.34
10.5	66.15	11779	11947	11960	14860	14962	14973	18688	18730	18889
		1.95	2.32	2.06	1.68	1.90	1.73	1.77	1.57	1.47
11.0	72.60	12340	12516	12530	15568	15674	15686	19578	19622	19789
		2.13	2.54	2.26	1.84	2.07	1.89	1.93	1.72	1.61
11.5	79.35	12901	13084	13099	16276	16386	16399	20468	20514	20688
		2.32	2.76	2.46	2.00	2.26	2.06	2.11	1.87	1.75
12.0	86.40	13462	13653	13669	16983	17099	17112	21358	21406	21588
		2.52	3.00	2.66	2.17	2.45	2.24	2.28	2.03	1.90
12.5	93.75	14023	14222	14238	17691	17811	17825	22248	22298	22487
		2.73	3.24	2.88	2.35	2.65	2.42	2.47	2.20	2.05
13.0	101.40	14584	14791	14808	18398	18524	18538	23138	23190	23387
		2.94	3.50	3.11	2.54	2.86	2.61	2.66	2.37	2.21
13.5	109.35	15145	15360	15377	19106	19236	19251	24028	24082	24286
		3.16	3.76	3.34	2.73	3.07	2.81	2.87	2.55	2.38
14.0	117.60	15706	15929	15947	19814	19949	19964	24918	24974	25186
		3.39	4.03	3.58	2.92	3.30	3.01	3.07	2.73	2.55
14.5	126.15	16267	16498	16517	20521	20661	20677	25808	25866	26085
		3.63	4.31	3.83	3.13	3.53	3.22	3.29	2.92	2.73
15.0	135.00	16827	17067	17068	21229	21374	21390	26698	26757	26985
		3.88	4.60	4.09	3.34	3.77	3.44	3.51	3.12	2.91
15.5	144.15	17388	17636	17656	21937	22086	22103	27588	27649	27884
		4.13	4.19	4.36	3.56	4.01	3.66	3.74	3.32	3.11
16.0	153.60	17940	18204	18225	22644	22799	22816	28478	28541	28748
		4.39	5.22	4.64	3.78	4.27	3.89	3.98	3.53	3.30

速　度 (m/s)	动　压 (Pa)	风管断面宽×高 (mm×mm)			上行:风量(m³/h) 下行:单位摩擦阻力(Pa/m)					
		1250 500	1000 630	800 800	1250 630	1600 500	1000 800	1250 800	1000 1000	1600 630
1.0	0.60	2229	2250	2287	2812	2812	2854	2861	3578	3602
		0.02	0.02	0.02	0.02	0.02	0.01	0.01	0.01	0.01
1.5	1.35	3343	3376	3430	4218	4282	4291	5361	5368	5402
		0.04	0.03	0.03	0.03	0.04	0.03	0.03	0.03	0.03
2.0	2.40	4457	4501	4574	5624	5709	5721	7150	7157	7203
		0.07	0.06	0.06	0.05	0.06	0.05	0.04	0.04	0.05
2.5	3.75	5572	5626	5717	7030	7136	7151	8937	8946	9004
		0.10	0.09	0.09	0.08	0.09	0.07	0.07	0.06	0.07
3.0	5.40	6686	6751	6860	8436	8563	8582	10725	10735	10805
		0.14	0.12	0.12	0.11	0.13	0.10	0.09	0.09	0.10
3.5	7.35	7800	7876	8004	9842	9990	10012	12512	12525	12605
		0.18	0.17	0.16	0.15	0.17	0.14	0.12	0.12	0.14
4.0	9.60	8914	9002	9147	11248	11417	11442	11442	14300	14314
		0.23	0.21	0.20	0.19	0.22	0.18	0.16	0.16	0.18
4.5	12.15	10029	10127	10290	13654	12845	12873	16087	16103	16207
		0.29	0.26	0.25	0.24	0.27	0.22	0.20	0.19	0.22
5.0	15.00	11143	11252	11434	14060	14272	14303	17875	17892	18008
		0.35	0.32	0.31	0.29	0.33	0.27	0.24	0.24	0.27
5.5	18.15	12257	12377	12577	15466	15699	15733	19662	19681	19809
		0.42	0.39	0.37	0.35	0.39	0.33	0.29	0.28	0.32
6.0	21.60	13372	13503	13721	16872	17126	17164	21450	21471	21609
		0.50	0.45	0.44	0.41	0.46	0.38	0.34	0.33	0.38
6.5	25.35	14486	14628	14864	18278	18553	18594	23237	23260	23410
		0.58	0.53	0.51	0.48	0.54	0.45	0.40	0.39	0.44
7.0	29.40	15600	15753	16007	19684	19980	20024	25025	25049	25211
		0.67	0.61	0.58	0.55	0.62	0.51	0.46	0.44	0.50
7.5	33.75	16715	16878	17151	21090	21408	21454	26812	26838	27012
		0.76	0.69	0.66	0.63	0.71	0.58	0.52	0.51	0.57
8.0	38.40	17829	18003	18294	22496	22835	25885	25600	28627	28812
		0.86	0.78	0.75	0.71	0.80	0.66	0.59	0.57	0.65
8.5	43.35	18943	19129	19437	23902	24262	24315	30387	30417	30613

续表

速度 (m/s)	动压 (Pa)	风管断面宽×高 (mm×mm) 上行:风量(m³/h) 下行:单位摩擦阻力(Pa/m)								
		1250 500	1000 630	800 800	1250 630	1600 500	1000 800	1250 800	1000 1000	1600 630
		0.97	0.88	0.84	0.80	0.89	0.74	0.66	0.64	0.73
9.0	48.60	20058	20254	20581	25308	25689	25745	32175	32206	32414
		1.08	0.98	0.94	0.89	1.00	0.83	0.74	0.72	0.81
9.5	54.15	21172	21379	21724	26714	27116	27176	33962	33995	34215
		1.20	1.08	1.04	0.99	1.11	0.92	0.82	0.79	0.90
10.0	60.00	22286	22504	22868	28120	28543	28606	35749	35784	36015
		1.32	1.20	1.15	1.09	1.22	1.01	0.90	0.88	0.99
10.5	66.15	23401	23629	24011	29526	29971	30036	37537	37574	37816
		1.45	1.31	1.26	1.19	1.34	1.11	0.99	0.96	1.09
11.0	72.60	24515	24755	25154	30932	31398	31467	39324	39363	39617
		1.58	1.44	1.38	1.30	1.46	1.21	1.08	1.05	1.19
11.5	79.35	25629	25880	26298	32338	32825	32897	41112	41152	41418
		1.72	1.56	1.50	1.42	1.59	1.32	1.18	1.15	1.30
12.0	86.40	26743	27005	27441	33744	34252	34327	42899	42941	43219
		1.87	1.70	1.63	1.54	1.73	1.43	1.28	1.24	1.41
12.5	93.75	27858	28130	28584	35150	35679	35757	44687	44730	45019
		2.02	1.84	1.76	1.67	1.87	1.55	1.39	1.34	1.52
13.0	101.40	28972	29256	29728	36556	37106	37188	46474	46520	46820
		2.18	1.98	1.90	1.80	2.02	1.67	1.49	1.45	1.64
13.5	109.35	30086	30381	30871	37926	38534	38618	48262	48309	48621
		2.35	2.13	2.04	1.93	2.17	1.80	1.61	1.56	1.76
14.0	117.60	31201	31506	32015	39368	39961	40048	50049	50098	50422
		2.52	2.28	2.19	2.07	2.33	1.93	1.72	1.67	1.89
14.5	126.15	32315	32631	33158	40774	41388	41479	51837	51887	52222
		2.69	2.44	2.34	2.22	2.49	2.06	1.85	1.79	2.02
15.0	135.00	33429	33756	34301	42180	42815	42909	53624	53676	54023
		2.87	2.61	2.50	2.37	2.66	2.20	1.97	1.91	2.16
15.5	144.15	34544	34882	35445	43586	44242	44339	55412	55466	55824
		3.06	2.78	2.66	2.52	2.83	2.35	2.10	2.04	2.30
16.0	153.60	35658	36007	36588	44992	45669	45769	57199	57255	57625
		3.25	2.95	2.83	2.68	3.01	2.49	2.23	2.16	2.45

续表

速度 (m/s)	动压 (Pa)	风管断面宽×高 (mm×mm)			上行：风量(m³/h) 下行：单位摩擦阻力(Pa/m)			
		1250 1000	1600 800	2000 800	1600 1000	2000 1000	1600 1250	2000 1250
1.0	0.60	4473	4579	5726	5728	7163	7165	8960
		0.01	0.01	0.01	0.01	0.01	0.01	0.01
1.5	1.35	6709	6868	8589	8592	10745	10748	13440
		0.02	0.02	0.02	0.02	0.02	0.02	0.02
2.0	2.40	8945	9157	11452	11456	14327	14330	17921
		0.04	0.04	0.04	0.03	0.03	0.03	0.03
2.5	3.75	11181	11447	14314	14321	17908	17913	22401
		0.06	0.06	0.06	0.05	0.05	0.04	0.04
3.0	5.40	13418	13736	17177	17185	21490	21495	26881
		0.08	0.08	0.08	0.07	0.06	0.06	0.05
3.5	7.35	15654	16025	20040	20049	25072	25078	31361
		0.11	0.11	0.10	0.09	0.09	0.08	0.07
4.0	9.60	17890	18315	22903	22913	28653	28661	35841
		0.14	0.04	0.13	0.12	0.11	0.10	0.09
4.5	12.15	20126	20604	25766	25777	32235	32235	32243
		0.17	0.18	0.16	0.15	0.14	0.13	0.12
5.0	15.00	22363	22893	28629	28641	35817	35826	44801
		0.21	0.22	0.20	0.18	0.17	0.16	0.14
5.5	18.15	24599	25183	31492	31505	39398	39408	49281
		0.25	0.26	0.24	0.22	0.20	0.19	0.17
6.0	21.60	26835	27472	34355	34369	42980	42991	53762
		0.29	0.31	0.28	0.26	0.24	0.22	0.20
6.5	25.35	29071	29761	37218	37233	46562	46574	58242
		0.34	0.36	0.33	0.30	0.27	0.26	0.23
7.0	29.40	31308	32051	40080	40098	50143	50156	62722
		0.39	0.41	0.38	0.35	0.31	0.30	0.27
7.5	33.75	33544	34340	42943	42962	53725	53739	67202
		0.45	0.47	0.43	0.39	0.36	0.34	0.30
8.0	38.40	35780	36629	45806	45826	57307	57321	71682
		0.50	0.53	0.49	0.45	0.41	0.38	0.34
8.5	43.35	38016	38919	48669	48690	60888	60904	76162

续表

速度 (m/s)	动压 (Pa)	风管断面宽×高 (mm×mm) 上行:风量(m³/h) 下行:单位摩擦阻力(Pa/m)						
		1250 1000	1600 800	2000 800	1600 1000	2000 1000	1600 1250	2000 1250
		0.57	0.60	0.55	0.50	0.46	0.43	0.38
9.0	48.60	40253	41208	51532	51554	64470	64486	80642
		0.63	0.66	0.61	0.56	0.51	0.48	0.43
9.5	54.15	42489	43497	54395	54418	68052	68069	85122
		0.70	0.74	0.68	0.62	0.56	0.53	0.47
10.0	60.00	44725	45787	57258	57282	71633	71652	89603
		0.77	0.81	0.75	0.68	0.62	0.58	0.52
10.5	66.15	46961	48076	60121	60146	75215	75234	94083
		0.85	0.89	0.82	0.75	0.68	0.64	0.57
11.0	72.60	49198	50365	62983	63010	78797	78817	98563
		0.93	0.97	0.90	0.82	0.75	0.70	0.63
11.5	79.35	51434	52655	65846	65876	82378	82399	103043
		1.01	1.06	0.98	0.89	0.81	0.76	0.68
12.0	86.40	53670	54944	68709	68739	85960	85982	107523
		1.10	1.15	1.06	0.97	0.88	0.83	0.74
12.5	93.75	55906	57233	71572	71603	89542	89564	112003
		1.19	1.25	1.15	1.05	0.95	0.90	0.80
13.0	101.40	58143	59523	74435	74467	93123	93147	116483
		1.28	1.34	1.24	1.13	1.03	0.97	0.87
13.5	109.35	60379	61812	77298	77331	96705	96730	120964
		1.37	1.44	1.33	1.22	1.11	1.04	0.93
14.0	117.60	62615	64101	80161	80195	100287	100312	125444
		1.47	1.55	1.43	1.30	1.19	1.11	1.00
14.5	126.15	65851	66391	83024	83059	103868	103895	129924
		1.58	1.66	1.53	1.40	1.27	1.19	1.07
15.0	135.00	37088	68680	85887	85923	107450	107477	134404
		1.68	1.77	1.63	1.49	1.35	1.27	1.14
15.5	144.15	68324	70969	88749	88787	111031	111060	138884
		1.79	1.89	1.74	1.59	1.44	1.36	1.22
16.0	153.60	71560	73259	91612	91651	114613	114643	143364
		1.91	2.01	1.85	1.69	1.53	1.44	1.29

附录 12-3　通风管道统一规格

圆形通风管道规格　　　　　　　　　　　　　　　　　　表1

外径 D (mm)	钢板制风道 外径允许偏差 (mm)	壁厚 (mm)	塑料制风道 外径允许偏差 (mm)	壁厚 (mm)	外径 D (mm)	除尘制风道 外径允许偏差 (mm)	壁厚 (mm)	气密性风道 外径允许偏差 (mm)	壁厚 (mm)
100					80 90 100				
120					110 (120)				
140		0.5		3.0	(130) 140				
160					(150) 160				
180					(170) 180				
200					190 200		1.5		
220			±1		(210) 220				2.0
250				4.0	(240) 250				
280					(260) 280				
320		0.75			(300) 320				
360					(340) 360				
400					(380) 400				
450	±1				(420) 450	±1		±1	
500					(480) 500				
560					(530) 560				
630			±1.5		(609) 630				
700					(670) 700				
800		1.0		5.0	(750) 800				3.0～4.0
900					(850) 900		2.0		
1000					(950) 1000				
1120					(1060) 1120				
1250					(1180) 1250				3.0～4.0
1400				6.0	(1320) 1400				
1600		1.2～1.5			(1500) 1600				
1800					(1700) 1800		3.0		4.0～6.0
2000					(1900) 2000				

矩形通风管道规格　　表2

外边长 A×B (mm×mm)	钢板制风道 外边长允许偏差(mm)	钢板制风道 壁厚(mm)	塑料制风道 外边长允许偏差(mm)	塑料制风道 壁厚(mm)
120×120				
160×120				
160×160		0.5		
220×120				
200×160				
200×200				
250×120				
250×160				3.0
250×200				
250×250				
320×160				
320×200				
320×250				
320×320	−2		−2	
400×200		0.75		
400×250				
400×320				
400×400				
500×200				4.0
500×250				
500×320				
500×400				
500×500				
630×250				
630×320		1.0		5.0
630×400				
630×500				
630×630				
800×320				
800×400				5.0
800×500				
800×630				
800×800		1.0		
1000×320				
1000×400				
1000×500				
1000×630				
1000×800				
1000×1000				6.0
1250×400	−2		−3	
1250×500				
1250×630				
1250×800				
1250×1000				
1600×500				
1600×630		1.2		
1600×800				
1600×1000				8.0
1600×1250				
2000×800				
2000×1000				
2000×1250				

注:1. 本通风管道统一规格系经"通风管道定型化"审查会议通过,作为通用规格在全国使用。

　　2. 除尘、气密性风管规格中分基本系列和辅助系列,应优先采用基本系列(即不加括号数字)。

附录 12-4　局 部 阻 力 系 数

序号	名称	图形和断面	局部阻力系数 ζ（ζ 值以图内所示的速度 v 计算）											
1	伞形风帽管边尖锐							h/D_0						
				0.1	0.2	0.3	0.4	0.5	0.6	0.7	0.8	0.9	1.0	∞
			排风	2.63	1.83	1.53	1.39	1.31	1.19	1.15	1.08	0.07	1.06	1.06
			进风	4.00	2.30	1.60	1.30	1.15	1.10	—	1.00	—	1.00	—
2	带扩散管的伞形风帽		排风	1.32	0.77	0.60	0.48	0.41	0.30	0.29	0.28	0.25	0.25	0.25
			进风	2.60	1.30	0.80	0.70	0.60	0.60	—	0.60	—	0.60	—

序号	名称	图形和断面	$\dfrac{F_1}{F_0}$	$\alpha(°)$				
3	渐扩管			10	15	20	25	30
			1.25	0.02	0.03	0.05	0.06	0.07
			1.50	0.03	0.06	0.10	0.12	0.13
			1.75	0.05	0.09	0.14	0.17	0.19
			2.00	0.06	0.13	0.20	0.23	0.26
			2.25	0.08	0.16	0.26	0.38	0.33
			3.50	0.09	0.19	0.30	0.36	0.39

序号	名称	图形和断面											
4	渐扩管		$\alpha(°)$	22.5		30		45		90			
			ζ_1	0.6		0.8		0.9		1.0			
5	突扩		$\dfrac{F_1}{F_2}$	0	0.1	0.2	0.3	0.4	0.5	0.6	0.7	0.9	1.0
			ζ_1	1.0	0.81	0.64	0.49	0.36	0.25	0.16	0.09	0.01	0
6	突缩		$\dfrac{F_1}{F_2}$	0	0.1	0.2	0.3	0.4	0.5	0.6	0.7	0.9	1.0
			ζ_1	0.5	0.47	0.42	0.38	0.34	0.30	0.25	0.20	0.09	0
7	渐缩管		当 $\alpha \leqslant 45°$ 时 $\zeta = 0.10$										

序号	名称	图形和断面	$\alpha(°)$	20	40	60	90	100
8	伞形罩		圆　形	0.11	0.06	0.09	0.16	0.27
			矩　形	0.19	0.13	0.16	0.25	0.33

续表

序号	名称	图形和断面	局部阻力系数 ζ(ζ 值以图内所示的速度 v 计算)										

9 圆方弯管

10 矩形弯头

r/b	a/b										
	0.25	0.5	0.75	1.0	1.5	2.0	3.0	4.0	5.0	6.0	8.0
0.5	1.5	1.4	1.3	1.2	1.1	1.0	1.0	1.1	1.1	1.2	1.2
0.75	0.57	0.52	0.48	0.44	0.40	0.39	0.39	0.40	0.42	0.43	0.44
1.0	0.27	0.25	0.23	0.21	0.19	0.18	0.18	0.19	0.20	0.27	0.21
1.5	0.22	0.20	0.19	0.17	0.15	0.14	0.14	0.15	0.16	0.17	0.17
2.0	0.20	0.18	0.16	0.15	0.14	0.13	0.13	0.14	0.14	0.15	0.15

11 弯头带导流叶片

1. 单叶式 $\zeta = 0.35$
2. 双叶式 $\zeta = 0.10$

12 乙字管

t_0/D_0	0	1.0	2.0	3.0	4.0	5.0	6.0
R_0/D_0	0	1.9	3.74	5.60	7.46	9.30	11.3
ζ	0	0.15	0.15	0.16	0.16	0.16	0.16

13 乙形弯

l/b_0	0	0.4	0.6	0.8	1.0	1.2	1.4	1.6	1.8	2.0
ζ	0	0.62	0.89	1.61	2.63	3.61	4.01	4.18	4.22	4.18
l/b_0	2.4	2.8	3.2	4.0	5.0	6.0	7.0	9.0	10.0	∞
ζ	3.75	3.31	3.20	3.08	2.92	2.80	2.70	2.50	2.41	2.30

14 Z形管

l/b_0	0	0.4	0.6	0.8	1.0	1.2	1.4	1.6	1.8	2.0
ζ	1.15	2.40	2.90	3.31	3.44	3.40	3.36	3.28	3.20	3.11
l/b_0	2.4	2.8	3.2	4.0	5.0	6.0	7.0	9.0	10.0	∞
ζ	3.16	3.18	3.15	3.00	2.89	2.78	2.70	2.50	2.41	2.30

续表

序号	名称	图形和断面	局部阻力系数 ζ（ζ值以图内所示的速度 v 计算）

序号 15　合流三通

$v_1 F_1$ → α → $v_3 F_3$；$v_2 F_2$
$F_1 + F_2 = F_3,\ \alpha = 30°$

ζ_2

$\dfrac{L_2}{L_3}$	\multicolumn{12}{c}{F_2/F_3}
	0.00	0.03	0.05	0.1	0.2	0.3	0.4	0.5	0.6	0.7	0.8	1.0
0.06	−1.13	−0.07	−0.30	1.82	10.1	23.3	41.5	66.2	—	—	—	—
0.10	−1.22	−1.00	−0.75	0.02	2.88	7.34	13.4	21.1	29.4	—	—	—
0.20	−1.50	−1.35	−1.22	−0.84	−0.05	1.4	2.70	4.46	6.48	8.70	11.4	17.3
0.33	−2.00	−1.80	−1.70	−1.40	−0.72	−0.12	0.52	1.20	1.89	2.56	3.30	4.80
0.50	−3.00	−2.80	−2.60	−2.24	−1.44	−0.90	−0.36	0.14	0.56	0.84	1.18	1.53

ζ_1

$\dfrac{L_2}{L_3}$	0.00	0.03	0.05	0.1	0.2	0.3	0.4	0.5	0.6	0.7	0.8	1.0
0.01	0.00	0.06	0.04	−0.10	−0.81	−2.10	−4.07	−6.60	—	—	—	—
0.10	0.01	0.10	0.08	0.04	−0.33	−1.06	−2.14	−3.60	−5.40	—	—	—
0.20	0.06	0.10	0.13	0.16	0.06	−0.24	−0.73	−1.40	−2.30	−3.34	−3.59	−8.64
0.33	0.42	0.45	0.48	0.51	0.52	0.32	0.07	−0.32	−0.83	−1.47	−2.19	−4.00
0.50	1.40	1.40	1.40	1.36	1.26	1.09	0.86	0.53	0.15	−0.52	−0.82	−2.07

序号 16　合流三通（分支管）

$v_1 F_1$ → α → $v_3 F_3$；$v_2 F_2$
$F_1 + F_2 > F_3$
$F_1 = F_3$
$\alpha = 30°$

ζ_2

$\dfrac{L_2}{L_3}$	\multicolumn{7}{c}{F_2/F_3}
	0.1	0.2	0.3	0.4	0.6	0.8	1.0
0	−1.00	−1.00	−1.00	−1.00	−1.00	−1.00	−1.00
0.1	0.21	−0.46	−0.57	−0.60	−0.62	−0.63	−0.63
0.2	3.1	0.37	−0.06	−0.20	−0.28	−0.30	−0.35
0.3	7.6	1.5	0.50	0.20	0.05	−0.08	−0.10
0.4	13.50	2.95	1.15	0.59	0.26	0.18	0.16
0.5	21.2	4.58	1.78	0.97	0.44	0.35	0.27
0.6	30.4	6.42	2.60	1.37	0.64	0.46	0.31
0.7	41.3	8.5	3.40	1.77	0.76	0.56	0.40
0.8	53.8	11.5	4.22	2.14	0.85	0.53	0.45
0.9	58.0	14.2	5.30	2.58	0.89	0.52	0.40
1.0	83.7	17.3	6.33	2.92	0.89	0.39	0.27

序号 17　合流三通（直管）

$v_1 F_1$ → α → $v_3 F_3$；$v_2 F_2$
$F_1 + F_2 > F_3$
$F_1 = F_3$
$\alpha = 30°$

ζ_1

$\dfrac{L_2}{L_3}$	\multicolumn{7}{c}{F_2/F_3}
	0.1	0.2	0.3	0.4	0.6	0.8	1.0
0	0	0	0	0	0	0	0
0.1	0.02	0.11	0.13	0.15	0.16	0.17	0.17
0.2	−0.33	0.01	0.13	0.18	0.20	0.24	0.29
0.3	−1.10	−0.25	−0.01	0.10	0.22	0.30	0.35
0.4	−2.14	−0.75	−0.30	−0.05	0.17	0.26	0.36
0.5	−3.60	−1.43	−0.70	−0.35	0	0.21	0.32
0.6	−5.40	−2.35	−1.25	−0.70	−0.20	0.06	0.25
0.7	−7.60	−3.40	−1.95	−1.2	−0.50	−0.15	1.10
0.8	−10.1	−4.61	−2.74	−1.82	−0.90	−0.43	−0.15
0.9	−13.0	−6.02	−3.70	−2.55	−1.40	−0.80	−0.45
1.0	−16.3	−7.30	−4.75	−3.35	−1.90	−1.17	−0.75

序号	名称	图形和断面	局部阻力系数 ζ（ζ值以图内所示的速度υ计算）

18　合流三通

图形：F_2L_2、F_1L_1、F_3L_3，45°

支管 ζ_{31}（对应 v_3）

$\frac{F_2}{F_1}$	$\frac{F_3}{F_1}$	L_3/L_2									
		0.2	0.4	0.6	0.8	1.0	1.2	1.4	1.6	1.8	2.0
0.3	0.2	−2.4	−0.01	2.0	3.8	5.3	6.6	7.8	8.9	9.8	11
	0.3	−2.8	−1.2	0.12	1.1	1.9	2.6	3.2	3.7	4.2	4.6
0.4	0.2	−1.2	0.98	2.8	4.5	5.9	7.2	8.4	9.5	10	11
	0.3	−1.6	−0.27	0.18	1.7	2.4	3.0	3.6	4.1	4.5	4.9
	0.4	−1.8	−0.27	0.07	0.66	1.1	1.5	1.8	2.1	2.3	2.5
0.5	0.2	−0.46	1.5	3.3	4.9	6.4	7.7	8.8	9.9	11	12
	0.3	−0.94	0.25	1.2	2.0	2.7	3.3	3.8	4.2	4.7	5.0
	0.4	−1.1	−0.28	0.42	0.92	1.3	1.6	1.9	2.1	2.3	2.5
	0.5	−1.2	−0.38	0.18	0.58	0.88	1.1	1.3	1.5	1.6	1.7
0.6	0.2	−0.55	1.3	3.1	4.7	6.1	7.4	8.6	9.6	11	12
	0.3	−1.1	0	0.88	1.6	2.3	2.8	3.3	3.7	4.1	4.5
	0.4	−1.2	−0.48	0.10	0.54	0.89	1.2	1.4	1.6	1.8	2.0
	0.5	−1.3	−0.62	−0.14	0.21	0.47	0.68	0.85	0.99	1.1	1.2
	0.6	−1.3	−0.69	−0.26	0.01	0.26	0.42	0.57	0.66	0.75	0.82
0.8	0.2	0.06	1.8	3.5	5.1	6.5	7.8	8.9	10	11	12
	0.3	−0.52	0.36	1.1	1.7	2.3	2.8	3.2	3.6	3.9	4.2
	0.4	−0.67	−0.05	0.43	0.80	1.1	1.4	1.6	1.8	1.9	2.1
	0.6	−0.75	−0.27	0.05	0.28	0.45	0.58	0.68	0.76	0.83	0.88
	0.7	−0.77	−0.31	−0.02	0.18	0.32	0.43	0.50	0.56	0.61	0.65
	0.8	−0.78	−0.34	−0.07	0.12	0.24	0.33	0.39	0.44	0.47	0.50
1.0	0.2	0.40	2.1	3.7	5.2	6.6	7.8	9.0	11	11	12
	0.3	−0.21	0.54	1.2	1.8	2.3	2.7	3.1	3.7	3.7	4.0
	0.4	−0.33	0.21	0.62	0.96	1.2	1.5	1.7	2.0	2.0	2.1
	0.5	−0.38	0.05	0.37	0.60	0.79	0.98	1.1	1.2	1.2	1.3
	0.6	−0.41	−0.02	0.23	0.42	0.55	0.66	0.73	0.80	0.85	0.89
	0.8	−0.44	−0.10	0.11	0.24	0.33	0.39	0.43	0.46	0.47	0.48
	1.0	−0.46	−0.14	0.06	0.16	0.23	0.27	0.29	0.30	0.30	0.29

支管 ζ_{21}（对应 v_2）

$\frac{F_2}{F_1}$	$\frac{F_3}{F_1}$	L_3/L_2									
		0.2	0.4	0.6	0.8	1.0	1.2	1.4	1.6	1.8	2.0
0.3	0.2	5.3	−0.01	2.0	1.1	0.34	−0.2	−0.6	−0.58	−1.2	−1.4
	0.3	5.4	3.7	2.5	1.6	1.1	0.53	0.16	−0.14	−0.38	−0.58

19　通风机出口变径管

图形：$v_0 A_0$、A_1、α

$\alpha(°)$	A_0/A_0					
	1.5	2	2.5	3	3.5	4
10	0.08	0.09	0.1	0.1	0.11	0.11
15	0.1	0.11	0.12	0.13	0.14	0.15
20	0.12	0.14	0.15	0.16	0.17	0.18
25	0.15	0.18	0.21	0.23	0.25	0.26
30	0.18	0.25	0.3	0.33	0.35	0.35
35	0.21	0.31	0.38	0.41	0.43	0.44

序号	名称	图形和断面	局部阻力系数 ζ（ζ值以图内所示的速度 v 计算）

20 分流三通（图：v_1, 45°, v_2, $1.5D_3$, D_3, v_3）

支管道（对应 v_3）

v_2/v_1	0.2	0.4	0.6	0.7	0.8	0.9	1.0	1.1	1.2
ζ_{13}	0.76	0.60	0.52	0.50	0.51	0.52	0.56	0.60	0.68
v_3/v_1	1.4	1.6	1.8	2.0	2.2	2.4	2.6	2.8	3.0
ζ_{13}	0.86	1.1	1.4	1.8	2.2	2.6	3.1	3.7	4.2

主管道（对应 v_2）

v_2/v_1	0.2	0.4	0.6	0.8	1.0	1.2	1.4	1.6	1.8
ζ_{12}	0.14	0.06	0.05	0.09	0.18	0.30	0.46	0.64	0.84

21 90°矩形断面吸入三通（图：v_3F_3, v_1F_1, v_2F_2）

$\dfrac{L_2}{L_1}$	$\dfrac{F_2}{F_3}$ 0.25	$\dfrac{F_2}{F_3}$ 0.50	$\dfrac{F_2}{F_3}$ 1.0	$\dfrac{F_2}{F_3}$ 0.5	$\dfrac{F_2}{F_3}$ 1.0
	ζ_2（对应 v_2）			ζ_3（对应 v_3）	
0.1	−0.6	−0.6	−0.6	0.20	0.20
0.2	0.0	−0.2	−0.3	0.20	0.22
0.3	0.4	0.0	−0.1	0.10	0.25
0.4	1.2	0.25	0.0	0.0	0.24
0.5	2.3	0.4	0.1	−0.1	0.20
0.6	3.6	0.7	0.2	−0.2	0.18
0.7	—	1.0	0.3	−0.3	0.15
0.8	—	1.5	0.4	−0.4	0.0

22 矩形三通（图：v_3F_3, v_2F_2, v_1F_1）

F_2/F_1	0.5	1
分流	0.304	0.247
合流	0.233	0.072

23 圆形三通（图：v_3F_3, v_2F_2, R_0, α, $\alpha=90°$, v_1F_1, D_1）

合流（$R_0/D_1=2$）

L_3/L_1	0	0.1	0.2	0.3	0.4	0.5	0.6	0.7	0.8	0.9	1.0
ζ_1	−0.13	−0.10	−0.07	−0.03	0	0.03	0.03	0.03	0.03	0.05	0.08

分流（$F_3/F_1=0.5$, $L_3/L_1=0.5$）

R_0/D_1	0.5	0.75	1.0	1.5	2.0
ζ_1	1.10	0.60	0.40	0.25	0.20

24 直角三通（图：v_2, v_3, v_1）

v_2/v_1	0.6	0.8	1.0	1.2	1.4	1.6
ζ_{12}	1.18	1.32	1.50	1.72	1.98	2.28
ζ_{21}	0.6	0.8	1.0	1.6	1.9	2.5

25 矩形送出三通（图：v_1, v_2, v_3, b, a）

$v_2/v_1<1$ 时可不计，$v_2/v_1>1$ 时

x	0.25	0.5	0.75	1.0	1.25
ζ_2	0.21	0.07	0.05	0.15	0.36
ζ_3	0.30	0.20	0.30	0.40	0.65

$$\Delta P = \zeta \frac{v_1^2}{2}\rho$$

序号	名称	图形和断面	局部阻力系数 ζ（ζ 值以图内所示的速度 v 计算）								
26	矩形吸入三通		v_1/v_3	0.4	0.6	0.8	1.0	1.2	1.5	$\Delta P = \zeta \dfrac{v_3^2}{2}\rho$	
			$\dfrac{F_1}{F_3}=0.75$	−1.2	−0.3	0.35	0.8	1.1	—		
			0.67	−1.7	−0.9	−0.3	0.1	0.45	0.7		
			0.60	−2.1	−0.3	−0.8	0.4	0.1	0.2		
			ζ_2	−1.3	−0.9	−0.5	0.1	0.55	1.4		

27	侧孔吸风		$\dfrac{F_2}{F_1}$	L_2/L_0							
				0.1	0.2		0.3		0.4		0.5
				ζ_0							
			0.1	0.8	1.3		1.4		1.4		1.4
			0.2	−1.4	0.9		1.3		1.4		1.4
			0.4	−9.5	0.2		0.9		1.2		1.3
			0.6	−21.2	−2.5		0.3		1.0		1.2
			$\dfrac{F_2}{F_1}$	L_2/L_0							
				0.1		0.2		0.3		0.4	
				ζ_1							
			0.1	0.1		−0.1		−0.8		−2.6	
			0.2	0.1		0.2		−0.01		−0.6	
			0.4	0.2		0.3		0.3		0.2	
			0.6	0.2		0.3		0.4		0.4	

28	调节式送风口		$\alpha(°)$	30	40	50	60	70	80	90	100	110
			流线型叶片	6.4	2.7	1.7	1.6	—	—	—	—	—
			简易叶片	—	—	—	1.2	1.2	1.4	1.8	2.4	3.5

| 29 | 带外挡板的条缝送风口 | | v_1/v_0 | 0.6 | 0.8 | 1.0 | 1.2 | 1.5 | 2.0 |
| | | | ζ_1 | 2.73 | 3.3 | 4.0 | 4.9 | 6.5 | 10.4 |

| 30 | 侧面送风口 | | $\zeta = 2.04$ | | | | | | |

31	45°固定金属百叶窗		F_1/F_0	0.1	0.2	0.3	0.4	0.5	0.6	0.7	0.8	0.9	1.0
			进风 ζ	—	45	17	6.8	4.0	2.3	1.4	0.9	0.6	0.5
			排风 ζ	—	58	24	13	8.0	5.3	3.7	2.7	2.0	1.5
			F_0——净面积										

续表

序号	名称	图形和断面	局部阻力系数 ζ（ζ值以图内所示的速度 v 计算）												

32　单面空气分布器

当网络净面积为 80% 时　$r_0=0.2D$　$R=1.2D$
$b=0.7D$　$l=1.25D$
$K=1.8D$
$\zeta=1.0$

33　侧面孔口（最后孔口）

$F=b\times h$，$h=0.875D_0$

F_1/F_0	0.2	0.3	0.4	0.5	0.6	0.7	0.8	0.9	1.0	1.2	1.4	1.6	1.8
送出 单孔 ζ	65.7	30.0	16.4	10.1	7.30	3.50	4.48	3.67	3.60	2.44	—	—	—
送出 双孔 ζ	67.7	33.0	17.2	11.6	8.45	6.80	5.86	5.00	4.38	3.47	2.90	2.52	2.52
吸入 单孔 ζ	64.5	30.0	14.9	9.00	6.27	4.54	3.54	2.70	2.28	1.60	—	—	—
吸入 双孔 ζ	66.5	36.5	17.0	12.0	8.76	6.85	5.50	4.54	3.84	2.76	2.01	1.40	1.10

34　墙孔

l/h	0.0	0.2	0.4	0.6	0.8	1.0	1.2	1.4	1.6	1.8	2.0	4.0
ζ	2.83	2.72	2.60	2.34	1.95	1.76	1.67	1.62	1.60	1.60	1.55	1.55

35　孔板送风口

v	开孔率					
	0.2	0.3	0.4	0.5	0.6	
0.5	30	12	6.0	3.6	2.3	$\Delta P = \zeta \dfrac{v^2}{2}\rho$
1.0	33	13	6.8	4.1	2.7	v 为面风速
1.5	35	14.5	7.4	4.6	3.0	
2.0	39	15.5	7.8	4.6	3.0	
2.5	40	16.5	8.3	5.2	3.4	
3.0	41	17.5	8.0	5.5	3.7	

序号	名称	图形和断面	局部阻力系数 ζ(ζ 值以图内所示的速度 v 计算)												
36	插板槽		ζ值(相应风速为管内风速 v_0)												

36 插板槽

ζ值(相应风速为管内风速 v_0)

h/D_0	0	0.1	0.13	0.2	0.3	0.4	0.5	0.6	0.7	0.8	0.9	1.0

1. 圆管

F_h/F_0	0	—	0.16	0.25	0.38	0.50	0.61	0.71	0.81	0.90	0.96	1.0
ζ	∞	—	97.9	35.0	10.0	4.60	2.06	0.98	0.44	0.17	0.06	0

2. 矩形管

ζ	∞	193	—	44.5	17.8	8.12	4.02	2.08	0.95	0.39	0.09	0

37 蝶阀

ζ值(相应风速为管内风速 v_0)

$\theta(°)$	0	10	20	30	40	50	60

1. 圆管

ζ_0	0.20	0.52	1.5	4.5	11	29	108

2. 矩形管

ζ_0	0.04	0.33	1.2	3.3	9.0	26	70

38 矩形风管平行式多叶阀

ζ值(相应风速为管内风速 v_0)

$\dfrac{l}{s}$	$\theta(°)$								
	80	70	60	50	40	30	20	10	0
0.3	116	32	14	9.00	5.00	2.30	1.40	0.79	0.52
0.4	152	38	16	9.00	6.00	2.40	1.50	0.85	0.52
0.5	188	45	18	9.0	6.0	2.4	1.5	0.92	0.52
0.6	245	45	21	9.0	5.4	2.4	1.5	0.92	0.52
0.8	284	55	22	9.0	5.4	2.5	1.5	0.92	0.52
1.0	361	65	24	10	5.4	2.6	1.6	1.0	0.52
1.5	576	102	28	10	5.4	2.7	1.6	1.0	0.52

$$\frac{l}{s}=\frac{n\times b}{2(a+b)}$$

l——合计的阀门叶片长度,mm;
s——风管的周长,mm;
n——阀门叶片的数量;
b——平行于叶片轴的风管尺寸,mm

39 矩形风管对开式多叶阀

ζ值(相应风速为管内风速 v_0)

$\dfrac{l}{s}$	$\theta(°)$								
	80	70	60	50	40	30	20	10	0
0.3	807	284	73	21	9.0	4.1	2.1	0.85	0.52
0.4	915	332	100	28	11	5.0	2.2	0.92	0.52
0.5	1045	377	122	33	13	5.4	2.3	1.0	0.52
0.6	1121	411	148	38	14	6.0	2.3	1.0	0.52
0.8	1299	495	188	54	18	6.6	2.4	1.1	0.52
1.0	1521	547	245	65	21	7.3	2.7	1.2	0.52
1.5	1654	677	361	107	28	9.0	3.2	1.4	0.52

参考文献

[1] 中华人民共和国住房和城乡建设部. 民用建筑供暖通风与空气调节设计规范：GB 50736—2012 [S]. 北京：中国建筑工业出版社，2012.

[2] 中华人民共和国住房和城乡建设部. 工业建筑供暖通风与空气调节设计规范：GB 50019—2015 [S]. 北京：中国计划出版社，2016.

[3] 中华人民共和国国家卫生健康委员会. 工作场所有害因素职业接触限值 第 1 部分：化学有害因素：GBZ 2.1—2019 [S]. 北京：中国标准出版社，2020.

[4] 中华人民共和国住房和城乡建设部. 民用建筑工程室内环境污染控制标准：GB 50325—2020 [S]. 北京：中国计划出版社，2020.

[5] 国家市场监督管理总局，国家标准化管理委员会. 室内空气质量标准：GB/T 18883—2022 [S]. 北京：中国标准出版社，2023.

[6] 国家环境保护局. 大气污染物综合排放标准：GB 16297—1996 [S]. 北京：中国标准出版社，1997.

[7] 中华人民共和国住房和城乡建设部. 建筑设计防火规范（2018 年版）：GB 50016—2014 [S]. 北京：中国计划出版社，2018.

[8] 中华人民共和国住房和城乡建设部. 车库建筑设计规范：JGJ 100—2015 [S]. 北京：中国建筑工业出版社，2015.

[9] 国家市场监督管理总局，国家标准化管理委员会. 房间空气调节器能效限定值及能效等级：GB 21455—2019 [S]. 北京：中国标准出版社，2020.

[10] 中华人民共和国住房和城乡建设部. 多联机空调系统工程技术规程：JGJ 174—2010 [S]. 北京：中国建筑工业出版社，2010.

[11] 中华人民共和国住房和城乡建设部. 洁净厂房设计规范：GB 50073—2013 [S]. 北京：中国计划出版社，2013.

[12] 中华人民共和国住房和城乡建设部. 民用建筑隔声设计规范：GB 50118—2010 [S]. 北京：中国建筑工业出版社，2011.

[13] 中华人民共和国国家质量监督检验检疫总局，中国国家标准化管理委员会. 多联式空调（热泵）机组：GB/T 18837—2015 [S]. 北京：中国标准出版社，2016.

[14] 中华人民共和国住房和城乡建设部. 绿色建筑评价标准：GB/T 50378—2019 [S]. 北京：中国建筑工业出版社，2019.